战争事典
WAR STORY /078

军用飞机图解百科
1945—1991年

AIRCRAFT
OF 1945-91

[英]托马斯·纽迪克——著   王聪——译

民主与建设出版社
·北京·

© 民主与建设出版社，2023

图书在版编目（CIP）数据

军用飞机图解百科：1945—1991 年 /（英）托马斯
·纽迪克著；王聪译 . -- 北京:民主与建设出版社，
2023.3
书名原文：Identification Guide: Aircraft of
the Cold War 1945 - 91
ISBN 978-7-5139-4121-1

Ⅰ . ①军… Ⅱ . ①托… ②王… Ⅲ . ①军用飞机－世
界－图解 Ⅳ . ① E926.3-64

中国国家版本馆 CIP 数据核字 (2023) 第 037315 号

著作权登记合同图字：01-2023-1230 号

军用飞机图解百科：1945—1991 年
JUNYONG FEIJI TUJIE BAIKE 1945-1991 NIAN

著 者	[英]托马斯·纽迪克	
译 者	王 聪	
责任编辑	彭 现	
封面设计	周 杰	
出版发行	民主与建设出版社有限责任公司	
电 话	（010）59417747 59419778	
社 址	北京市海淀区西三环中路 10 号望海楼 E 座 7 层	
邮 编	100142	
印 刷	重庆亘鑫印务有限公司	
版 次	2023 年 3 月第 1 版	
印 次	2023 年 3 月第 1 次印刷	
开 本	787 毫米 ×1092 毫米 1/16	
印 张	18.5	
字 数	200 千字	
书 号	ISBN 978-7-5139-4121-1	
定 价	129.80 元	

注:如有印、装质量问题，请与出版社联系。

目　录

CONTENTS

第一章

欧洲

从波罗的海的什切青，到亚得里亚海的滨海城市的里雅斯特（Trieste），一道铁幕已缓缓降下。被铁幕笼罩的，皆是昔日中东欧各古国的都城，如华沙、柏林、布拉格、维也纳、布达佩斯、贝尔格莱德、布加勒斯特……

——温斯顿·丘吉尔，密苏里州富尔顿市，1946 年 3 月

苏－9 截击机

在这张冷战时期的老照片中，苏联飞行员们正在讨论下一项作战任务，而一些地勤人员则在保养三架苏－9 截击机。随着核武器时代的到来和东西方局势的日益紧张，此类战斗机在二战后的国防任务中发挥着越来越重要的作用。

铁幕降临，1945—1955 年

西方诸国曾与苏联并肩作战击败了纳粹德国，但这种没有牢固根基的战时同盟，在二战结束之后不可避免地瓦解了。

温斯顿·丘吉尔（Winston Churchill）于 1946 年 3 月在富尔顿市发表演说，首次提出"铁幕"一词。部分史学家认为，丘吉尔此举揭开了"冷战"的序幕。在此之前，同盟国早已在一系列重大会议（从雅尔塔会议至波茨坦会议）上重新划分了战后的世界格局，丘吉尔的"铁幕演说"提出的这一术语（"铁幕"）则是清晰地概括了此后旷日持久的东西方对峙局势。

自 1945 年 5 月宣布投降后，德国便开始分崩离析。在 1944—1945 年间，得益于一系列解放德占区的行动，"一道牢固的冷战阵线在欧洲大地上建立起来"。直至 1989 年柏林墙被推翻后，"冷战阵线"才退出历史舞台。但紧随柏林墙倒塌之后的，便是苏联的解体。

在于 1945 年扑灭负隅顽抗的纳粹势力后，三大巨头（苏联、英国和美国）便在雅尔塔会议上划分了欧洲的大部分版图。由英美两国牵头的西方国家同盟（包含法国），致力于恢复国家机器的运转，以确保在各自占领区内重建民主制度。而苏联的做法则与西方诸国大相径庭：该国在自己的控制区内建立了所谓的"卫星国"。在苏联方面看来，被苏联红军合法解放的东欧领土属于苏联的私有财产。与之相对应的是，西方国家将自己的占领区视为势力范围。

苏联的扩张

由于苏联方面阻挠东欧各卫星国从马歇尔计划（Marshall Plan，由美国于 1947 年提出的欧洲重建援助计划）中受益，哈里·S.杜鲁门（Harry S.Truman）宣布，"美国将帮助西欧抵御共产主义的侵袭"。对此，苏联方面的回应是让 500 万大军继续保持战时状态。

1949 年 9 月，西方国家将其控制的三国占领区合并，使本就紧张的局势变得愈发剑拔弩张。西方国家试图重建德国工业和恢复德国经济的想法，也让苏联方面感到极为不安。而成立于 1949 年的北大西洋公约组织（NATO，简称"北约"），在 1955 年 5 月接纳了西德为成员国，更使得东西方对峙的局势进一步恶化。

共和飞机公司（Republic），P—47"雷霆式"战斗机
1945 年，美国陆军航空队，第 406 战斗机大队，第 512 战斗机中队（位于诺尔德霍尔茨基地）

P—47 是经典的美国陆军航空队战斗机，曾在欧洲胜利日之后的几个月在西欧领空执行任务。1945 年夏，P—47 的衍生机型（P—47D—30—RA）曾在占领德国的盟军中服役。图中的这架战斗机喷有特征鲜明的涂装，这表明它隶属于德国西北部的诺尔德霍尔茨基地的第 512 战斗机中队。二战期间，盟军曾使用这架战斗机击退过德军。

规格

机组成员：1 人
动力设备：1 台普拉特·惠特尼 R—2800-59W "双黄蜂"（Double Wasp）发动机（功率为 1891 千瓦）
最高速度：697 千米 / 时
航程：3060 千米
实用升限：12495 米
尺寸：翼展 12.42 米；机长 11.02 米；机高 4.47 米
重量：7938 千克
武器：两翼共配备 8 挺 12.7 毫米机枪；增设挂点可挂载 1134 千克重的炸弹或火箭弹

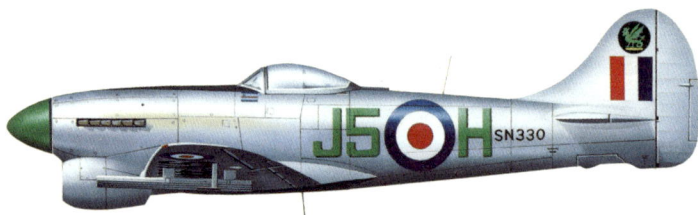

霍克公司（Hawker）"暴风式"（Tempest）战斗机 Mk V
20 世纪 40 年代末期，英国皇家空军，第 3 中队 [位于居特斯洛（Gütersloh）空军基地]

这架很具代表性的飞机，是第 3 中队的指挥官的座驾。二战结束后，该中队被部署到德国，并在此后三年内继续装备 "暴风式" 战斗机。1948 年中，第 3 中队开始逐步换装吸血鬼（Vampire）战斗机（这是英国皇家空军在德国部署的首款喷气式战机）。图中这架外观独特的飞机喷有银色涂装和第 3 中队的绿色标识。

规格

机组成员：1 人
动力设备：1 台纳皮尔（Napier）"佩刀"（Sabre）Ⅱ A H 型活塞发动机（功率为 1626 千瓦）
最高速度：686 千米 / 时
航程：2092 千米
实用升限：10975 米
尺寸：翼展 12.5 米；机长 10.26 米；机高 4.9 米
重量：6142 千克
武器：两翼共配备 4 门 20 毫米西斯帕诺机炮；可挂载 907 千克重的炸弹或火箭弹（2 枚炸弹或者 8 枚火箭弹）

伊留申设计局（Ilyushin）伊尔－10
20 世纪 40 年代中期至 20 世纪 50 年代初期，苏联驻德国部队集群
二战结束后，苏联航空兵仍驻扎在德国东部，常占用二战时期的原德国空军机场。图中这架伊尔－10 喷有独特的涂装，它是苏联驻德国部队集群（GSFG）在 20 世纪 50 年代初期装备的早期经典战机之一。

规格

机组成员：2 人
动力设备：1 台米库林（Mikulin）AM-42 型 V-12 液冷发动机（功率为 1320 千瓦）
最高速度：550 千米 / 时
航程：880 千米
实用升限：4000 米
尺寸：翼展 13.40 米；机长 11.12 米；机高 4.10 米
重量：6345 千克
武器：两翼各有 2 门 23 毫米诺德尔曼 - 苏阿诺夫（Nudelman-Suranov）NS-23 机炮；BU-9 后机炮手位装有 1 挺 12.7 毫米别津机枪；可携带 600 千克重的炸弹

　　为了应对西德被纳入北约，苏联于 1955 年 5 月成立了华沙条约组织，建立起一道纵跨欧洲的缓冲带，以防止西方国家从西线进攻苏联。苏联方面将《华沙公约》视作反击西方帝国主义的必要手段。由于《华沙公约》是在早期军事条约的基础上建立的，因此在西方国家看来，该公约"是在莫斯科的主导下缔结而成的，充满领土扩张主义色彩"。

　　事实上，冷战最终是在欧洲以外的附属国之间"打响"的，而德国则是"战争"的前沿地带。那些曾在 1944—1945 年间被纳粹占领的机场，排满了北约与华约的飞机。国际局势风云变幻，这些飞机始终保持着高度戒备状态，直至 1990 年 10 月两德统一。

柏林空运行动，1948—1949 年

　　冷战期间，苏联和西方国家的第一次重大冲突发生在柏林。苏联方面意图将西方国家的势力逐出柏林，并由此引发了"第一次柏林危机"。

洛克希德公司（Lockheed）[1] F—80A "流星"（Shooting Star）

1948 年，美国空军，第 62 战斗机中队和第 56 战斗机中队（位于菲斯滕费尔德布鲁克空军基地）

一架被部署至菲斯滕费尔德布鲁克空军基地的 F—80A。柏林空运行动期间，美国飞行员记录了苏联的雅克 —3 和拉 —9 袭扰柏林空中走廊的次数：俯冲轰炸 42 次、使用火炮骚扰运输机 14 次、险些击中美军飞机 96 次。因此，美国将两个 B—29 轰炸机大队部署至英国，将一个 F—80 联队部署至德国巴伐利亚州境内的菲斯滕费尔德布鲁克空军基地。

规格

机组成员：1 人

动力设备：1 台 J33-GE-11 发动机或 J33-A-9 涡轮喷气发动机（推力为 17.1 千牛）[2]

最高速度：792 千米 / 时

航程：2317 千米

实用升限：13716 米

尺寸：翼展 11.81 米；机长 10.49 米；机高 3.43 米

重量：6350 千克

武器：6 挺 12.7 毫米机枪；可挂载 907 千克重的炸弹或 10 枚 127 毫米火箭弹

参与柏林空运行动的美国空军与海军单位		
机型	所属作战单位	基地
C-47、C-54、C-82	第 60 战术空中控制大队（TCG）	莱茵 - 美因（Rhein-Main）、威斯巴登（Wiesbaden）
C-47、C-54	第 61 战术空中控制大队	莱茵 - 美因
C-54	第 313 战术空中控制大队	法斯贝格（Fassberg）
C-54	第 513 战术空中控制大队	莱茵 - 美因
R5D	舰队后勤支持第 6 中队（VR）、舰队后勤支持第 8 中队	莱茵 - 美因
B-29A	第 2 轰炸机大队（BG）	莱肯西斯（Lakenheath）
B-29A	第 28 轰炸机大队	斯卡普顿（Scampton）
B-29A	第 301 轰炸机大队	菲斯滕费尔德布鲁克（Fürstenfeldbruck）、斯卡普顿
B-29A	第 307 轰炸机大队	马勒姆（Marham）、沃丁顿（Waddington）
F-80A/B	第 36 战斗机大队、第 56 战斗机大队	菲斯滕费尔德布鲁克
WB-29A	第 18 气象中队（WS）	莱茵 - 美因

① 译者注：该公司为洛克希德·马丁公司的前身。

② 译者注：原文如此。在本书中，当动力设备为涡轮发动机和涡轮风扇发动机时，作者多援引发动机推力数据；当动力设备是活塞发动机和星形发动机时，作者常采用发动机功率数据。

在英美两国计划重建德国之时，担心德国东山再起的苏联，试图通过索要赔款的方式来攫取德国的财产。在柏林西部的英占区与美占区，工会、新闻自由与政治制度框架已初步建立。此后不久，英占区、美占区与法占区合并，联邦政府最终成立。此外，英美两国在同一时期推行的币制改革也令苏联方面如鲠在喉。

危机爆发

柏林虽然由四大盟国分区占领，但整个柏林却被包围在苏联占领区（以下简称"苏占区"）内，与西方国家的占领区（以下简称"西占区"）相距160千米。苏联方面试图将另外三国的势力逐出柏林，遂开始封锁进入西柏林的通道。从1948年3月31日开始，苏联宣布管制通往柏林的陆路交通，但西方国家拒不服从。于是，苏联方面切断了柏林与西占区之间的全部通道，仅允许运输食物与货物的列车进入柏林。

6月18日午夜，危机最终爆发。柏林与西占区之间的所有客运均被禁止。24小时后，所有运送食物的列车也全部停运。西方国家只能通过空运的方式来为柏林城内的驻军与平民提供补给——需要每日投送约2000吨重的食物与物资，才能满足柏林城内250万居民的日常所需。在当时，这是一项艰巨的任务。

霍克公司（Hawker）"暴风式" Mk Ⅱ
1948年，英国皇家空军，第33中队（位于居特斯洛空军基地）

在柏林空运行动期间，英国占领军空军编有10支英国皇家空军战斗机中队（有一半的中队装备了"暴风式"昼间战斗机）。为了在长达数月的封锁中应对苏联人的进攻，西方国家曾做出一系列部署，比如将第33中队部署在居特斯洛空军基地。本图中的"暴风式" MK Ⅱ战机，便隶属于第33中队。

规格

机组成员：1人
动力设备：1台布里斯托尔"人马座"（Bristol Centaurus）Ⅴ 17缸星形发动机（功率为1931千瓦）
最高速度：708千米/时
航程：2736千米
实用升限：11430千米
尺寸：翼展12.49米；机长10.49米；机高4.42米
重量：5352千克
武器：4门20毫米机炮；可外挂907千克重的炸弹与火箭弹

此时的英国皇家空军运输队装备简陋，仅可调用153架飞机[大多是老旧的"达科塔"（Dakota）运输机和"约克"（York）运输机]。尽管如此，全面的空运行动依旧如期展开。截至6月29日，英国皇家空军运输指挥部已将所有的达科塔运输队派遣至德国，并且得到了澳大利亚空军、新西兰空军甚至南非空军的支持。从7月1日开始，"约克"运输机、"桑德兰"（Sunderland）水上飞机，以及英国皇家空军运输队新引进的"黑斯廷斯"（Hastings）运输机也加入到了空运行动当中。至此，英国皇家空军运输队的一线力量已全部被投入了这场被英国人称为"平常伙食行动"（Plainfare）的空运行动中。

参与柏林空运行动的英国皇家空军单位		
机型	所属单位	基地
"达科塔"IV	第30中队、第46中队、第18中队、第240换装训练部队（OCU）	文斯托夫（Wunstorf）、法斯贝格、吕贝克（Lübeck）
"达科塔"IV、"黑斯廷斯"C.Mk 1	第53中队	文斯托夫、法斯贝格、吕贝克、石勒苏益格（Schleswigland）
"达科塔"IV	第77中队	法斯贝格、吕贝克
"达科塔"IV	第238中队、第10中队	文斯托夫、法斯贝格
"达科塔"IV	第27中队	石勒苏益格、文斯托夫、法斯贝格、吕贝克
"达科塔"IV	第62中队	法斯贝格、吕贝克
"达科塔"IV、"约克"C.Mk 1	第24中队	吕贝克、比克堡（Bückeburg）
"约克"C.Mk 1	第40中队、第51中队、第59中队、第99中队、第242中队、第511中队、第241换装训练部队、第206中队	文斯托夫
"桑德兰"Mk V	第201中队、第230中队	芬克威尔德（Finkenwerder）
"黑斯廷斯"C.Mk 1	第47中队、第297中队	石勒苏益格
"暴风式"Mk II	第135联队	居特斯洛（Gütersloh）

此外，英国皇家空军还征用了大量民用运输机，其中包括改造后的"哈尔顿"（Halton）运输机、"兰开斯特"（Lancaster）运输机和"解放者"（Liberator）运输机。虽然英国从8月开始使用民用运输机，但实际上为空运行动作出最大贡献的却是美国空军。美国空军最初提供了102架C-47运输机，后来又调遣了更为强悍的C-54运输队。从6月23日开始，共有八个C-54中队参与了此次空运行动[由威廉·腾纳尔少将（Maj Gen William H. Tunner）担任总指挥]。腾纳尔重新规划了空运体系，极大地提升了此次空运行动的效率。8月中旬，执行空运任务的美

国飞机开始从英占区 [策勒（Celle）和法斯贝格] 的机场起飞，大大减少了飞往被封锁城市的时间。

随着空运行动的开展，西方国家发现，最初估算的空投吨位已远远无法满足实际需求。由于冬季将近，西柏林方面每天至少需要 4000 吨空投物资。据统计，7 月的日空投物资重量已超过 2000 吨，而 9 月和 10 月的日空投物资重量则分别达到了 3839 吨和 4600 吨。

10 月中旬，腾纳尔意图改进空运行动的协调机制，遂临时组建了"联合空运特遣队"（the Combined Air Lift Task Force），用 300 架 C-54 运输机替代了现有的美国空军 C-47 运输机。随后，英国皇家空军开始在空运行动中"退居二线"，"达科塔"运输机和"约克"运输机相继飞离策勒和法斯贝格，让位于 C-54 运输机。此后，英国开始专注于人员、大件货物与柏林制造的产品的运输。

在此次空运行动的白热化阶段，每 90 秒就有一架飞机在柏林的滕伯尔霍夫（Tempelhof）和加图（Gatow）机场起降。本次空运行动仅在 9 月份有过一次短时间的间断，累计投送物资 230 万吨（其中包括 1586530 吨燃煤、92282 吨液体燃料和 538016 吨食物），柏林居民人均获得了 1 吨重的空投物资。

亨德利·佩吉公司（Handley Page）"哈尔顿"运输机
20 世纪 40 年代末，英国海外航空公司 [BOAC，该机后归庞德航空服务公司（Bond Air Services）所有]
曾有 12 架"哈尔法克斯"C.Mk 8 运输机被"肖特"（Shorts）公司改装为民用机型（机腹位置的货舱可携带更多货物），以供英国海外航空公司使用，图中这架飞机便是其中之一。柏林空运行动期间，该机被庞德航空服务公司用于执行空运任务，共计飞行 139 架次，运载了超过 750 吨重的货物。

规格

机组成员：视具体情况而定
动力设备：4 台里斯托尔"大力神"（Hercules）XVI 星形发动机（单台功率为 1205 千瓦）
最高速度：515 千米 / 时
航程：无详细数据
实用升限：7620 米
尺寸：翼展 31.60 米；机长 22.43 米；机高 6.32 米
重量：30844 千克
武器：无

阿芙罗公司（Avro）"兰开斯特"（Lancaster）Mk 3
1948年，飞机加油设备有限公司（Flight Refuelling Ltd，位于文斯托夫基地和石勒苏益格基地）
"兰开斯特" Mk 3是民用航空公司在柏林空运行动期间使用的几种专用机型之一，曾有两架"兰开斯特" Mk 3被改装为空中加油机。
图中这架"兰开斯特" Mk 3，在柏林空运行动期间执行了40次飞行任务（主要负责将液体燃料运入柏林）。

规格

机组成员：7人
动力设备：4台罗尔斯－罗伊斯"梅林"（Merlin）20（38）活塞发动机（单台功率为1088千瓦）
最高速度：452千米/时
航程：5567千米
实用升限：7467米
尺寸：翼展31.09米；机长21.18米；机高5.97米
重量：32658千克
武器：无

苏联方面于1949年5月12日凌晨解除了对柏林的封锁，但西方国家的空运行动仍持续至同年9月。慑于苏联随时可能采取的威胁行动，西方国家于1949年8月正式成立了北大西洋公约组织（NATO）。

第二次与第三次柏林危机，1961年

第一次柏林危机发生后，列强在柏林问题上的角逐仍在继续。在此期间，苏联总理尼基塔·赫鲁晓夫发现了"以非军事化手段解决德国问题"的契机，试图以此结束西方国家对柏林的控制。

赫鲁晓夫试图趁约翰·F.肯尼迪（John F. Kennedy）新任美国总统仅数月的机会，使用武力来解决柏林问题。但是，美国方面将西德视作北大西洋公约组织的根基，不肯就此善罢甘休。于是，赫鲁晓夫发出最后通牒：若柏林问题在1961年12月前得不到解决，苏联将被迫采取针对柏林的行动。

随后，美苏两国针对柏林问题召开了维也纳峰会（the Vienna Summit），但双方未能达成一致。1961 年 7 月，苏联增加军事预算。作为回应，肯尼迪也开始组建针对柏林问题的常规军事力量，征召后备役人员和国民警卫队成员入伍。

第二次与第三次柏林危机期间，美国空军及空军国民警卫队部署情况		
机型	所属作战单位	基地
F-100D	第 55 战术战斗机中队（TFS）	法国，肖蒙（Chaumont）
F-104A	第 151 战斗截击机中队（FIS）	德国，拉姆斯泰因航空基地（Ramstein AB）
F-104A	第 157 战斗截击机中队	西班牙，莫龙空军基地（Moron AFB）
F-86H	第 102 战斗机联队（FW）	法国，法尔斯堡（Phalbourg）
F-84F	第 110 战术战斗机中队	法国，图勒 – 罗西埃雷斯（Toul-Rosières）
F-84F	第 141 战术战斗机中队	法国，肖蒙
F-84F	第 163 战术战斗机中队	法国，尚布利（Chambley）
F-84F	第 166 战术战斗机中队	法国，埃坦（Etain）
RF-84F	第 106 战术侦察中队（TRS）	法国，德勒（Dreux）与埃坦

北美航空公司（North American）F—100D "超级佩刀"（Super Sabre）
1961 年，美国驻欧洲空军，第 20 战术战斗机联队［位于韦瑟斯菲尔德（Wethersfield）基地］
柏林危机期间，图中这架 F—100D 攻击机被部署在韦瑟斯菲尔德基地。除在英国境内执行任务的两支 F—100D 战术战斗机联队外，美国驻欧洲空军还在西德部署了两支战术战斗机联队。此外，美国在欧洲境内部署的战斗轰炸机作战单位为：一支 F—15D "雷公"（Thunderchief）联队和一支 F—101C "巫毒"（Voodoo）联队。

规格

机组成员：1 人
动力设备：1 台普拉特·惠特尼（Pratt & Whitney）J57-P-21/21A 涡轮喷气发动机（推力为 45 千牛）
最高速度：1380 千米 / 时
航程：3210 千米
实用升限：15000 米
尺寸：翼展 11.8 米；机长 15.2 米；机高 4.95 米
重量：13085 千克
武器：4 门 20 毫米 M-39 机炮；4 枚 AIM-9 "响尾蛇"导弹；可挂载 1 枚 3190 千克重的战术核弹

面对来自苏联的威胁，肯尼迪宣布，如果西方国家失去西柏林，美国将会发动核战争。苏联在稳定了东西德之间的边境局势后，为阻止东德居民移居西德，于8月中旬开始修建柏林墙，并最终将柏林一分为二。

随着紧张局势的加剧，西方国家也开始将后备飞机从美国输送至欧洲。10月，18500名空军国民警卫队队员入役。216架隶属美国空军与空军国民警卫队的飞机也从位于美国本土的基地调出，被派遣至欧洲执行战时驻扎任务。与此同时，一支F-104A飞行联队也被部署至前线。英国皇家空军亦提供增援，从英国本土派出了"闪电"（Lightning）战斗机支队与"标枪"（Javelin）战斗机支队。虽然柏林危机最终得以平息，但柏林城却被一分为二。

北约的中央防线，1949—1989年

毫无疑问，冷战一旦转为热战，欧洲的焦点地区将会成为北约军队与华约军队厮杀的战场。

加拿大飞机公司（Canadair）"佩刀"（Sabre）Mk 6
1963年，德国空军，第71战斗机联队 [位于维特蒙德（Wittmund）]

继加拿大之后，西德成为另一个主要装备"佩刀"Mk 6战斗机的国家。图中这架战机隶属第71战斗机联队 ["里希特霍芬"（Richthofen）联队]，曾于1963年执行任务。德国空军有三个列装了"佩刀"昼间战斗机的战斗机联队（德语：Jagdgeschwader），其中两个联队在1964年被改组为战斗轰炸机联队（德语：Jagdbombergeschwader）。

规格

机组成员：1人
动力设备：1台阿芙罗 - 奥伦达（Avro Orenda）马克14发动机（推力为32.3千牛）
最高速度：975千米/时
航程：无详细数据
实用升限：15450米
尺寸：翼展11.58米；机长11.58米；机高4.57米
重量：6628千克
武器：6挺12.7毫米勃朗宁（Browning）M2机枪；2枚AIM-9"响尾蛇"导弹；最大有效载荷为2400千克

加拿大飞机公司（Canadair）"佩刀"（Sabre）Mk 6
20世纪50年代末，加拿大皇家空军，第439"剑齿虎"中队 [位于马维尔（Marville）]
在引入 CF-104 之前，加拿大皇家空军在法国 [马维尔、格罗斯－唐屈安（Gros Tenquin）] 和西德 [兹韦布吕肯（Zweibrücken）]
境内的基地均长期部署着一支装备了加拿大造"佩刀"Mk 6 战斗机的飞行联队。20世纪50年代中期，各飞行联队都将一个中队的"佩
刀"Mk 6 战斗机替换为了 CF-100。20世纪50年代末，第439"剑齿虎"中队（439 'Sabre-Toothed Tiger'，基地设在马维尔）
还装备有"佩刀"Mk 6 战斗机。

规格

机组成员：1 人
动力设备：1 台阿芙罗－奥伦达（Avro Orenda）马克 14 发动机（推力为 32.3 千牛）
最高速度：975 千米/时
航程：无详细数据
实用升限：15450 米
尺寸：翼展 11.58 米；机长 11.58 米；机高 4.57 米
重量：6628 千克
武器：6 挺 12.7 毫米勃朗宁（Browning）M2 机枪；2 枚 AIM-9 "响尾蛇"导弹；最大载弹量为 2400 千克

　　二战结束后，德国西占区的社会氛围与苏占区形成了鲜明对比。在西占区，裁军整编蔚然成风。美国陆军航空队（USAAF）首当其冲，其在西占区的战斗群从218 个缩减至两个。与此同时，西方盟军部队的总人数也在短短 12 个月内从 500 万人锐减至 100 万人。此外，截至 1947 年年底，英国占领军空军（British Air Force of Occupation，简称 BAFO）部署的前线中队数量也从原先的 34 个缩减至 10 个。可以说，西占区仅保留了一些"警卫"力量。

　　柏林空运行动使欧洲各大国之间的嫌隙日深，而两大军事联盟之间的对峙也随之陷入僵局。为应对形势的变化，两大军事联盟开始重新装备和扩充空中力量，在一线部署了大批喷气式战斗机。柏林空运行动结束后，西方盟军将各空军作战单位向东及向前调动，以拱卫通向柏林的空中走廊，并为毗邻苏占区的防空区（约有 48 千米的纵深）提供保护。

北大西洋公约组织的建立

1948年3月，英国、法国、比利时、卢森堡和荷兰组建了"集体防御联盟"（Western Union，该联盟是北约的前身）。1949年4月，丹麦、冰岛、意大利、挪威、美国、加拿大加入"集体防御联盟"的阵营，并缔结了《北大西洋公约》。随后，希腊和土耳其于1952年加入北约，西德亦于1955年加入该组织。《北大西洋公约》规定，当任意一个缔约国遭到武装攻击时，全体缔约国将予以联合回击。

朝鲜战争爆发后，西方对苏联势力的扩张感到恐惧，遂进一步增强了北约的军事力量。朝鲜战争期间，米格-15（MiG-15）首次在朝鲜上空亮相。作为回应，英国皇家空军于1950—1951年间，在德国部署了13架"吸血鬼"FB.Mk 5战斗轰炸机。1951年4月，德怀特·戴维·艾森豪威尔（Dwight D.Eisenhower）将军组建了欧洲盟军司令部（Allied Command Europe）。与此同时，盟军中央欧洲空军（Allied Air Forces Central Europe）也在劳里斯·诺斯塔德上将（Lauris Norstad）的领导下成立。

英国电气公司（English Electric）"闪电"（Lightning）F.Mk 2A
1975年，英国皇家空军，第92中队（位于居特斯洛空军基地）
20世纪60年代中期，英国皇家空军德国（RAF Germany）部署了两个用来执行防空任务的"闪电"中队。图中这架装备了"火光"（Firestreak）空对空导弹的"闪电"F.Mk 2A，隶属第92中队，于1975年被部署至居特斯洛空军基地。另一个配备了该机型的作战单位，是同样位于居特斯洛空军基地的第19中队。20世纪70年代后期，第92中队和第19中队都换装了"鬼怪"FGR.Mk 2，并被部署至维尔登拉特（Wildenrath）基地。

规格

机组成员：1人
动力设备：2台罗尔斯-罗伊斯（Rolls-Royce）"埃汶"（Avon）301发动机（推力为72.7千牛）
最高速度：2112千米/时
航程：1290千米
实用升限：16770米
尺寸：翼展10.62米；机长16.84米；机高5.97米
重量：12717千克
武器：2门30毫米阿登（ADEN）机炮；外挂军械重量上限为2721千克

麦克唐纳－道格拉斯公司（McDonnell Douglas）F—15C "鹰"（Eagle）

20 世纪 80 年代初，第 32 战术战斗机中队 [位于苏斯特贝赫（Soesterberg）基地]

20 世纪 80 年代初，美国驻欧洲空军在荷兰的苏斯特贝赫基地部署了一支 F—15 空优战斗机独立中队。F—15C "鹰" 新增了超视距作战能力，第 36 战术战斗机联队（36th TFW）旗下的三支中队（位于西德的比特堡）都列装了该型号的战机。

规格

机组成员：1 人

动力设备：2 台普拉特·惠特尼 F100-PW-100 涡轮风扇发动机（单台推力为 105 千牛）

最高速度：2655 千米 / 时

航程：1930 千米

实用升限：30500 米

尺寸：翼展 13.05 米；机长 19.43 米；机高 5.63 米

重量：25424 千克

武器：1 门 20 毫米 M61A1 机炮；最大载弹量为 7620 千克

费尔柴尔德公司（Fairchild）A—10A "雷电"（Thunderbolt）Ⅱ

德国北部被称为 "坦克之乡"，此地的华约装甲战车（截至 20 世纪 80 年代中期，华约在此地部署的坦克多达 16400 辆）被美国驻欧洲空军视为 A—10A 的假想作战目标。

麦克唐纳 — 道格拉斯公司（McDonnell Douglas）"鬼怪"（Phantom）FGR.Mk 2

1970—1975 年，英国皇家空军，第 17 中队 [位于布吕根（Brüggen）基地]

第 17 中队原为被部署在瓦恩（Wahn）的"堪培拉"侦察单位，后于 1970 年 9 月被部署至布吕根基地（位于该基地的攻击机联队下辖三个中队）。直至 1975 年 12 月换装"美洲虎"（Jaguar）攻击机之前，第 17 中队都一直在使用"鬼怪" FGR.Mk 2。1985 年 1 月，该中队换装了"狂风"（Tornado）GP.Mk 1。

规格

机组成员：2 人

动力设备：2 台罗尔斯 - 罗伊斯"斯贝"（Spey）202 涡轮风扇发动机（单台推力为 91.2 千牛）

最高速度：2230 千米 / 时

航程：2817 千米

实用升限：18300 米

尺寸：翼展 11.7 米；机长 17.55 米；机高 4.96 米

重量：26308 千克

武器：4 枚 AIM-7"麻雀"（Sparrow）导弹；2 个机翼挂架（Wing pylons）可挂载 2 枚 AIM-7"麻雀"导弹或 4 枚 AIM-9"响尾蛇"导弹；可加装 20 毫米机炮；外挂架的最大有效载荷为 7257 千克

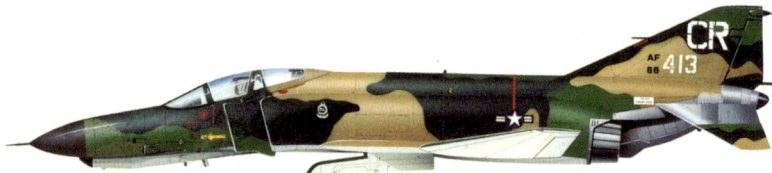

麦克唐纳 — 道格拉斯公司（McDonnell Douglas）F—4E"鬼怪"Ⅱ

20 世纪 70 年代，美国驻欧洲空军，第 32 战术战斗机联队（位于苏斯特贝赫基地）

多年以来，F—4E"鬼怪"Ⅱ一直是美国驻欧洲空军的主力机型。图中的战机隶属被部署在苏斯特贝赫基地 [又称"新阿姆斯特丹营地"（Camp New Amsterdam）] 的第 32 战术战斗机联队——该联队隶属第 17 航空队（17th Air Force）。虽然第 17 航空队的作战单位主要集中在西德，但第 32 战术战斗机联队的地位特殊，被单独部署在荷兰。

规格

机组成员：2 人

动力设备：2 台通用电气（General Electric）J79-GE-17 加力涡轮喷气发动机（单台推力为 79.6 千牛）

最高速度：2390 千米 / 时

航程：817 千米

实用升限：19685 米

尺寸：翼展 11.7 米；机长 17.76 米；机高 4.96 米

重量：26308 千克

武器：1 门 20 毫米火神式（Vulcan）机炮；可携带 4 枚 AIM-7"麻雀"导弹，或者 1370 千克重的其他武器；机翼挂架可挂载 2 枚 AIM-7"麻雀"导弹或 4 枚 AIM-9"响尾蛇"导弹

1951 年，原英国占领军空军改隶北约欧洲盟军最高司令部（Supreme Allied Commander Europe，简称 SACEUR），被编为第二战术空军（the 2nd Tactical Air Force，简称 2nd ATAF）。《共同防御援助计划》（the Mutual Defense Assistance Program，简称 MDAP）为盟军驻欧洲的多支空军部队提供了第一批装备。在此之后，北约从 20 世纪 50 年代末开始引入超音速飞机，进一步强化了其中央防线（the Central Front）的军力。1956 年 9 月，德国空军（Luftwaffe）得到重建，配套的组建计划也随之启动，在随后四年的时间内征召了 62000 人入伍（其中包括 1300 名飞行员）。

武力部署

北约中央防线的空中力量被平均划分为两部分，即位于北部的第二战术空军和位于南部的第四战术空军（the 4th Tactical Air Force，简称 4nd ATAF）。与之类似，北约中央防线的地面力量也被分为北方集团军群（Northern Army Groups）和中央集团军群（Central Army Group）。

北约的第二战术空军和第四战术空军均由盟军中央欧洲空军 [简称 AAFCE，司令部设在西德的拉姆施泰因（Ramstein）] 统领。到了 20 世纪 80 年代中期，约 45 支北约战斗机中队被部署至北约中央防线。空军的指挥权由各国共享。欧洲盟军最高司令部（Supreme Allied Powers Europe，简称 SHAPE）[1] 位于比利时的蒙斯（Mons，此前该司令部曾位于在巴黎），指挥官为欧洲盟军最高司令（Supreme Allied Commander Europe，简称 SACEUR，通常由美国人担任）。在空军的指挥系统中，盟军中央欧洲空军负责指挥战区内的所有空军，而位于荷兰布林瑟姆（Brunssum）的盟军中欧司令部（AFCENT）则负责协调陆上行动和空中行动。各国的截击单位的控制权在任何情况下均由北约掌控。如遇战事，北约将从各国手中收回其他飞行单位（截击单位以外的飞行单位）的控制权。

北约的第二战术空军由比利时、英国、美国和西德空军组成，其辖区为：东德边境北部—丹麦边境—北海、法德边界—卢森堡北端、西德 [沿卡塞尔（Kassel）

---

① 译者注：欧洲盟军最高司令部的官方名称应为 Supreme Headquarters Allied Powers Europe。

与哥廷根（Göttingen）之间的轴线贯穿西德]。如遇战事，第二战术空军将由英国皇家空军德国（RAF Germany，前身为英国皇家空军第二战术空军）指挥，后者的总部设在莱茵达伦（Rheindahlen）。

北约第二战术空军装备数量的增长迅速，主要得益于：美国本土的飞机被部署至德国；美国驻欧洲空军（USAFE）的 A-10A 攻击机在战时从英国起飞，分赴前哨作战基地或分散部署至机场，与英国皇家空军的"鹞式"（Harrier）战斗机协同作战。

北约第四战术空军负责保卫中央防线的南部，其作战范围为西德的下半部分，即从卢森堡东北至卡塞尔沿线以南的区域。第四战术空军由加拿大、比利时、荷兰、美国和西德空军组成，总部设在海德尔堡（Heidelberg），指挥官为美国人。值得一提的是，美国不仅在荷兰和西德部署了第 17 航空队，还从基地设在英国的第三航空队中抽调了部分力量。在英国能够制造后掠翼战斗机之前，英国皇家空军从加拿大购得了 430 架"佩刀"Mk 6，但仅将两个装备此机型的中队部署在德国。

在将"猎人"（Hunter）战斗机交付给 13 个中队之前的 3 年时间里，英国皇家空军用"佩刀"Mk 6 弥补了自身战力的不足。与此同时，9 架"流星"（Meteor）NF.Mk 11 战斗机[1]也被投入使用——这些战机于 1957 年被"标枪"（Javelin）战斗机所取代。截至 1961 年，已有两个装备"标枪"FAW.Mk 9 战斗机[2]的中队在德国的前卫防御区为英国皇家空军提供保护。此后，英国皇家空军还装备了"闪电"和"鬼怪"两种机型。其中，两架"鬼怪"战机被转隶给第二战术空军[被部署在维尔登拉特（Wildenrath）机场]，其任务也由"打击"转为了"防空"。

加拿大皇家空军在欧洲的作战单位最初装备的是"佩刀"Mk 6 和 CF-100（二者的基地分别设在法国与德国）。后来，加拿大皇家空军又将"佩刀"Mk 6 撤出了北约的防区。法国不仅单独为第四战术空军提供了战术战斗机，还履行了其在《柏林四国空航协定》（Berlin's four-power air traffic agreement）中所承诺的义务。截至 1962 年，法国空军依协定部署了"幻影"Ⅲ（Mirage Ⅲ）截击机和战斗轰炸机。1966 年 3 月，法国宣布了"脱离北约"的计划。

---

① 译者注：NF 代表"夜间战斗型"。
② 译者注：FAW 代表"全天候战斗型"。

通用动力公司（General Dynamics）F—111D
20 世纪 80 年代初，美国驻欧洲空军，第 20 战术战斗机联队 [位于上黑福德（Upper Heyford）空军基地]

美国驻欧洲空军部署在英国境内的 F—111 系列战机，是北约欧洲盟军最高司令部最强大的攻击武器。北约第二战术空军的 F—111E，主要被用来装备第 20 战术战斗机联队（驻上黑福德空军基地）下辖的三支中队。第 48 战术战斗机联队的 F—111F 更为先进，但该机型被划归北约第四战术空军所有。此外，北约第二与第四战术空军均得到了 EF—111A 的支援。

规格

机组成员：2 人
动力设备：2 台普拉特·惠特尼 TF30-P-100 加力涡轮风扇发动机（单台推力为 112 千牛）
最高速度：2655 千米 / 时
航程：2140 千米
实用升限：17270 米
尺寸：翼展 19.2 米（全展开）或 9.8 米（全后掠）；机长 22.4 米；机高 5.22 米
重量：37577 千克
武器：1 门 20 毫米火神式（Vulcan）机炮（可选配）；可携带 14300 千克重的炸弹

洛克希德·马丁公司（Lockheed Martin）F—16A "战隼"（Fighting Falcon）
20 世纪 80 年代中期，荷兰皇家空军，第 311 中队 [位于沃尔克尔（Volkel）空军基地]

1984 年时，荷兰已用 F—16 系列战机替换了原有的 F—104 战机。长期以来，北约中央防线的航空兵一直苦于所使用的武器缺乏统一标准，而 F—16A 战机的到来补齐了这一短板。图中这架装有 AGM—65 "小牛"（Maverick）空对地导弹的 F—16A 战机，在一支攻击 / 战斗轰炸机中队（驻沃尔克尔空军基地）里服役。

规格

机组成员：1 人
动力设备：1 台普拉特·惠特尼 F100-PW-200 涡轮风扇发动机（单台推力 105.7 千牛）
最高速度：2142 千米 / 时
航程：925 千米
实用升限：15240 米
尺寸：翼展 9.45 米；机长 15.09 米；机高 5.09 米
重量：16057 千克
武器：1 门通用电气 20 毫米 M61A1 六管机炮；最大有效载荷为 9276 千克

"鹞式"（Harrier）GR.Mk 3
"鹞式"战斗机采用了革命性的垂直起降技术，是英国皇家空军德国独有的高存活性战机。

欧洲战斗教练和战术支援飞机制造公司（SEPECAT）"美洲虎"（Jaguar）GR.Mk 1
1975—1985 年，英国皇家空军，第 14 中队（位于布吕根）
驻瓦恩的英国皇家空军第 14 中队最初装备的是"蚊式"战斗机，直至 1951 年才换装了"吸血鬼"战斗机。两年后，该中队又换装了"毒液"战斗机。1955 年，该中队接收了"猎人"战斗机。此后，第 14 中队被调至维尔登特拉基地，经改组后使用"堪培拉"轰炸机执行轰炸任务。1970 年，该中队换装"鬼怪"战斗机。1975 年，该中队换装"美洲虎"GR.Mk 1 战机。

规格

机组成员：1 人
动力设备：2 台罗尔斯 - 罗伊斯 / 透博梅卡（Turbomeca）阿杜尔（Adour）Mk 102 涡轮风扇发动机（单台推力为 32.5 千牛）
最高速度：1593 千米 / 时
航程：557 千米
实用升限：14020 米
尺寸：翼展 8.69 米；机长 16.83 米；机高 4.89 米
重量：15500 千克
武器：2 门 30 毫米"德发"（DEFA）机炮；可携带 4536 千克重的常规炸弹或核弹

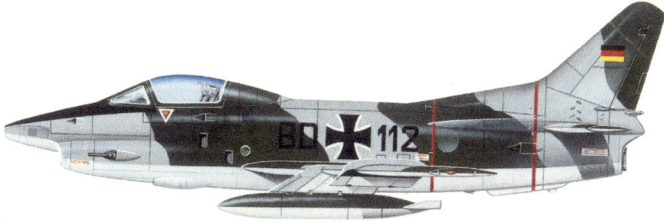

菲亚特公司（Fiat）G.91R/3
20世纪60年代中期，德国空军，德国空军第50航空学院 [Waffenschule der Luftwaffe 50，位于埃尔丁（Erding）]

G.91R满足了北约对轻型战术战斗机的需求。1960—1980年间，有两支"轻型"侦察联队和四支轻型战斗机联队（德语：Leichtes Kampfgeschwader）用G.91R取代了原有的"阿尔法喷气"战机。图中的G.91R/3，隶属于一个位于埃尔丁的德国空军训练机构（德国空军第50航空学院）。

规格

机组成员：1人

动力设备：1台布里斯托尔 - 斯德德利（Bristol-Siddeley）"奥菲斯"（Orpheus）803 涡轮喷气发动机（推力为22.2千牛）

最高速度：1075千米/时

航程：1150千米

实用升限：13100米

尺寸：翼展8.56米；机长10.3米；机高4米

重量：5440千克

武器：4挺12.7毫米勃朗宁M2机枪；可携带1814千克重的炸弹

格罗斯特公司（Gloster）"流星"（Meteor）PR.Mk 10
1954年，英国皇家空军，第541中队（位于比克堡基地）

截至1947年底，英国占领军空军仅有一个装备"喷火"战斗机的战术侦察机单位。1950—1951年，三支"流星"中队被编入英国占领军空军，负责执行侦察任务。从1956年开始，航程更远的侦察任务均由"堪培拉"承担。1954年，驻德国比克堡基地的第541中队列装了"流星"PR.Mk 10空中照相侦察机。

规格

机组成员：1人

动力设备：2台罗尔斯 - 罗伊斯"德温特"（Derwent）8涡轮喷气发动机（单台功率为15.56千瓦）

最高速度：925千米/时

航程：2253千米

实用升限：无详细数据

尺寸：翼展13.11米；机长13.49米

重量：6954千克

武器：无

格罗斯特公司（Gloster）"流星"（Meteor）PR.Mk 9
1951—1956 年，英国皇家空军，第 79 中队（位于比克堡基地）

1951 年年末，第 79 中队在比克堡基地进行改组，装备了"流星" PR.Mk 9、非武装型"流星" PR.Mk 10 和"堪培拉"。至于"流星"战斗侦察机，则被"褐雨燕" FR.Mk 5 和"猎人"战斗机所取代。此后，英国皇家空军德国增设了一支装备"鬼怪"战斗机的战术侦察单位。不久后，英国皇家空军德国又列装了"美洲虎"攻击机。

规格

机组成员：1 人
动力设备：2 台罗尔斯 – 罗伊斯"德温特"8 涡轮喷气发动机（单台推力 15.56 千牛）
最高速度：956 千米 / 时
航程：1110 千米
实用升限：无详细数据
尺寸：翼展 11.33 米；机长 13.26 米
重量：7103 千克
武器：4 门 20 毫米机炮

麦克唐纳 — 道格拉斯公司（McDonnell Douglas）RF—4E"鬼怪"Ⅱ
20 世纪 70 年代末，德国空军，第 52 侦察机联队 [Aufklärungsgeschwader 52，位于莱克（Leck）基地]

在冷战期间的大部分时间里，德国空军有两支侦察联队接受北约指挥。这两支侦察联队最初装备了 108 架 RF—84F（该机型后被 RF—104G 取代）。图中这架 RF—4E"鬼怪"Ⅱ，隶属驻德国北部莱克基地的第 52 侦察机联队（该联队隶属北约第二战术空军）。

规格

机组成员：2 人
动力设备：2 台通用电气 J79-GE-17A 涡轮喷气发动机（单台推力为 79.4 千牛）
最高速度：2370 千米 / 时
航程：2600 千米
实用升限：18300 米
尺寸：翼展 11.7 米；机长 19.2 米；机高 5 米
重量：18825 千克
武器：9 个外挂点，最多可挂载 8480 千克重的武器虽然重建后的德国空军主要承担的是进攻任务，但其依旧装备了225架由加拿大飞机公司生产的"佩刀"Mk 6（用于执行防空任务）。与此同时，全天候型F-86K战斗机也被部署至德国和荷兰。最终，在两支空军联队（分别隶属北约第二战术空军和北约第四战术空军，其中一支空军联队装备的是F-104G截击机，而另一支空军联队装备的是F-4F战斗机）的支持下，重建后的德国空军具备了一定的防空能力。

20世纪50年代，比利时与荷兰开始接收"猎人"昼间战斗机。这一时期，《美国境外采购法案》（the U.S. Offshore Procurement Act）为欧洲各国生产飞机提供了资金。得益于此，"猎人"战斗机在比利时与荷兰两地顺利投产，取代了荷兰产的"流星"F.Mk 8战斗机。此外，《美国境外采购法案》还为英国皇家空军生产"标枪"战斗机和"堪培拉"（Canberra）轰炸机提供了资金。

到了1961年，美国驻欧洲空军的防空任务被一分为二：一部分防空任务由装备了F-102A的空军联队负责（该联队的驻地在西德），一部分防空任务由被部署在荷兰的飞行中队（该中队同样准备了F-102A）负责。20世纪80年代初，美国驻欧洲空军进行了重大调整，通过引入F-15和F-16的方式实现了部队的现代化：将一支驻扎在荷兰苏斯特贝赫（Soesterberg）的F-15C分队划归北约第二战术空军，将装备了F-15C的第36战术飞行联队划归北约第四战术空军。

1978年，北约宣布了组建北约空中预警机队（the NATO Airborne Early Warning Force）的计划。随后，北约购得的18架装备了机载预警与控制系统（Airborne Warning and Control System，AWACS，简称AWACS）的E-3A预警机于1983年投入使用 [基地位于西德的格林克钦（Geilenkirchen）]。这批预警机在卢森堡完成注册，由北约成员国的飞行机组人员负责驾驶和操纵。

空中打击与近距离支援

起初，西方盟国在德国上空发起空中进攻的能力有限。截至1947年年末，英国占领军空军（BAFO）仅有四支装备"蚊式"（Mosquito）轻型轰炸机的中队。因此，如何研发和部署战术核武器，成为北约在中央防线配置打击编队的主思路。

战术核武器出现于20世纪50年代中期，主要是美国产的Mk 5、Mk 7和Mk 12轻型核弹。此时，在《共同防御援助计划》的支持下，北约空军已装备了数百架

F-84E，另有数百架 F-84G 也已在 1952 年前服役。这些战斗机被部署在比利时和荷兰。后掠翼改进型 F-84F 和 RF-84F（照相侦察机）出现的时间较晚，多被部署在西德。法国在退出北约前，通过《共同防御援助计划》接收了一些 F-100、"雷电喷气"（Thunderjet）和 "雷霆"（Thunderstreak）战机。但在退出北约后，法国便开始使用国产喷气式飞机来替代美国产的飞机。与此同时，"新" 德国空军也开始初具规模（拥有 5 个联队共 375 架 F-84F，主要承担打击任务）。

F-100 开创了 "超音速打击/攻击时代"，该机型最早由美国驻欧洲空军（USAFE）于 1956 年 3 月部署在西德的比特堡。1960 年，法国要求美国空军（USAF）撤走其部署在法国领地内的有核打击能力的飞机。因此，到了 1961 年，西德境内仅剩两支美国驻欧洲空军的 F-100D 联队和一支 F-105D 独立联队。与此同时，英国还领导着美国驻欧洲空军的两支 F-100D 联队、一支 F-101 联队和一支装备 B-66 的轰炸机联队。另外，还有少量的战术侦察单位为北约的进攻单位提供了支持。例如，美国空军一开始将 RF-101 部署在法国，后又将其部署至英国。柏林危机期间，装备 RF-101 超音速侦察机的第 66 战术侦察联队（the 66th TRW）被部署在了法国，另有一支装备轰炸机的侦察联队接受英国领导。

急于采购更多先进装备的西德，订购了大量 F-104G "多任务" 战机（可用于执行核打击、歼击、轰炸、防空和侦察等多种任务）。最终，有 916 架战机被交付使用。经由欧洲大会（European assembly）①牵头，比利时、加拿大和荷兰均选用 F-104G 来充实中央防线。

1962 年，加拿大第一航空大队（No. 1 Canadian Air Group）开始为下辖的一支打击联队装备 CF-104，以取代 "佩刀" Mk 6 和 CF-100。20 世纪 80 年代中期，加拿大第一航空大队又开始换装 CF-188。20 世纪 80 年代初期，因为不用再承担核打击任务，所以加拿大的八支飞行中队被缩编至三支飞行中队。这三支飞行中队受加拿大驻欧洲部队（Canadian Forces Europe）指挥，从西德的巴登 - 瑟林根（Baden-Söllingen）基地起飞执行常规对地攻击任务。在法国退出北约前，法国空军曾部署了可搭载法国自研战术核弹的 "幻影" Ⅲ 战斗轰炸机。

---

① 译者注：1958 年，欧洲经济共同体和欧洲原子能共同体成立。欧洲煤钢共同体、欧洲经济共同体和欧洲原子能共同体共有的议会，在当时被称为 "欧洲大会"（the European Assembly）。

罗克韦尔公司（Rockwell）OV−10A "野马"（Bronco）
20 世纪 70 年代，美国驻欧洲空军，第 601 控制联队 [位于申巴赫（Sembach）空军基地]
20 世纪 70 年代，OV−10A "野马" 空中前进管制飞机开始在驻西德申巴赫空军基地的第 601 战术控制联队中服役。此时，该联队还下辖一支 CH−53C 直升机中队。20 世纪 80 年代，申巴赫空军基地不仅是 A−10A 近距离支援飞机的前沿行动基地，还是 C−130 电子战飞机的大本营。

规格

机组成员：2 人
动力设备：2 台盖瑞特（Garrett）T−76−G−410/412 涡轮螺旋桨发动机（单台功率为 533 千瓦）
最高速度：452 千米 / 时
航程：358 千米
实用升限：7315 米
尺寸：翼展 12.19 米；机长 12.67 米；机高 4.62 米
重量：6552 千克
武器：4 挺 7.62 毫米 M60C 机枪；火箭弹发射巢可装载 70 毫米或 125 毫米航空火箭弹；最大载弹量为 226 千克

比奇飞机公司（Beecraft）RC−12D
20 世纪 80 年代，美国陆军，第 1 军事情报旅（位于威斯巴登基地）
20 世纪 80 年代，图中这架 RC−12D 曾作为电子情报（简称 ELINT）作战平台在美国陆军中服役，并被部署在威斯巴登基地。RC−12D 可承担战场侦察任务，其装备的改进型 "护栏"（Improved Guardrail）电子战套件配备了大量天线。位于西德和朝鲜的美国陆军，均装备了该飞机。

规格

机组成员：2 人
动力设备：2 台普拉特·惠特尼加拿大公司 PT6A−41 涡轮螺旋桨发动机（单台功率为 634 千瓦）
最高速度：491 千米 / 时
续航时间：5 小时
实用升限：9449 米
尺寸：翼展 16.92 米；机长 13.34 米；机高 4.57 米
重量：6412 千克
武器：无

韦斯特兰公司（Westland）"山猫"（Lynx）AH.Mk 1

20世纪80年代初，英国陆军航空队，英国驻联邦德国莱茵军（BAOR）第1联队

北约部署在中央防线上的直升机最初仅被用来执行侦察、伤员后送和配合陆军作战等任务，后来这些直升机又开始承担战场运输任务和反坦克任务。图中这架英国的"山猫"AH.Mk 1直升机便具备反坦克能力［装备有"陶氏"（TOW）反坦克导弹］。

规格

机组成员：2人

动力设备：1台罗尔斯 - 罗伊斯 BS 360-07-26 发动机（功率为662千瓦）

最高速度：296千米/时

航程：1850千米

实用升限：无详细数据

尺寸：旋翼直径12.8米；机长12.34米；机高3.4米

重量：3878千克

武器：8枚BGM-71"陶氏"反坦克导弹

英国的核打击装备

朝鲜战争后，扩编英国第二战术空军（British 2nd TAF）成为北约的当务之急。在此背景下，英国第二战术空军被扩编为25个联队。其中，部分联队使用"毒液"（Venom）FB.Mk 1来执行常规对地攻击任务。到了1958年，英国第二战术空军共有四个中队装备了"堪培拉"FB.Mk 1和B（Ⅰ）.Mk 8轰炸机，具备战术核打击能力。英国第二战术空军的各作战单位可确保每15分钟就有一架飞机处于待飞状态。在《1957年国防白皮书》发表后，英国第二战术空军缩减了近一半的规模，仅剩的18个联队被重新部署在靠近荷兰边境的基地，用于防范"来自华沙的突然袭击"。

在执行低空投掷自由落体炸弹（Free-fall）战术任务方面，位于英国本土的"勇士"（Valiant）轰炸机和"火神"（Vulcan）轰炸机充实了英国皇家空军德国的力量，为原有的"堪培拉"轰炸机提供了战力补充。1964年，老迈的"勇士"轰炸机因机身金属疲劳而退役，"堪培拉"轰炸机（可搭载一枚Mk 28战术核弹）则一直服役至 20 世纪 70 年代初。从 1970 年起，"鬼怪"战斗机开始列装三支英国打击和攻击中队，取代"堪培拉"轰炸机执行进攻任务。但随着"美洲虎"（Jaguar）攻击机投入使用，"鬼怪"战斗机开始被用于执行防空任务。

冷战末期，美国驻欧洲空军（USAFE）的打击力量包含两支 F-111 飞行联队——分别被部署在英国的莱肯西斯（Lakenheath）空军基地和上黑福德空军基地，由北约第二战术空军和北约第四战术空军共享，并且在"对敌防空压制"（defence suppression）方面得到了 EF-111A 电子对抗机的支援。与此同时，还有 100 余架位于美国本土的 F-111 可随时部署至欧洲。这一时期，美国在欧洲保有约 1850 枚自由落体核弹，其中一部分核弹可根据"双钥匙协议"（dual-key arrangement）提供给北约内部其他国家的空军。

法国航宇工业公司（Aérospatiale）"美洲豹"（Puma）HC.Mk1
20 世纪 80 年代初，英国皇家空军，第 230 中队（位于居特斯洛空军基地）
在战术部署上，英国皇家空军德国的支援直升机被分配给了北约第二战术空军。但实际上，驾驶此类直升机执行任务的却是英国驻联邦德国莱茵军。图中这架直升机被部署在西德的居特斯洛空军基地。因为要参加每年的"北约老虎会"（NATO Tiger Meet）[①]，所以这架直升机的机身被喷上了"老虎条纹"涂装。20 世纪 80 年代，另有两支英国皇家空军的"鹞式"战斗机中队和一支"支奴干"（Chinook）中队被部署在居特斯洛空军基地。

规格
机组成员：3 人
动力设备：2 台透博梅卡"透默"（Turbomeca Turmo）Ⅲ C4 涡轮轴发动机（单台功率为 1070 千瓦）
最高速度：263 千米 / 时
航程：570 千米
实用升限：4800 米
尺寸：旋翼直径 15 米；机长 18.15 米；机高 5.14 米
重量：7400 千克
武器：8 门 20 毫米机炮和 7.62 毫米机枪

---

① 译者注："北约老虎会"是北约国家空军的一种年度集会活动，因与会飞机都喷涂了老虎图案而得名。

西科斯基公司（Sikorsky）CH-53G

20 世纪 80 年代初，德国轻型飞机大队（Heeresflieger），第 35 中型陆航运输团 [Mittleres Transporthubscrauberregiment 35, 位于门迪希（Mendig）[1]]

德国陆军与德国空军为北约部队提供了一支举足轻重的运输力量，其主力是一支由大约 90 架"协同"（Transall）运输机和 110 架 CH-53 运输直升机组成的机队。驻赖讷－本特勒齐（Rheine Bentlage）、洛菲行埃姆（Lauphiem）和尼德尔门迪希（Niedermendig）空军基地的德国轻型飞机大队的前线运输团，均配备了 CH-53G 大载重直升机。

规格

机组成员：3 人
动力设备：2 台通用电气 T64-GE-413 涡轮轴发动机（单台功率为 2927 千瓦）
最高速度：395 千米 / 时
航程：1000 千米
实用升限：5106 米
尺寸：旋翼直径 22.01 米；机长 26.97 米；机高 7.6 米
重量：15227 千克
武器：2 挺 7.62 毫米 MG3 机枪

截至 20 世纪 80 年代中期，北约第二战术空军的打击与攻击力量包含八支英国皇家空军"狂风"（Tornado）战斗机中队 [被部署在西德的布吕根（Brüggen）和拉尔布鲁赫（Laarbruch），其中一支中队主要承担侦察任务]，以及一支装备"狂风"战斗机和 F-4F 战斗轰炸机的德国空军独立联队。

此外，两支英国皇家空军"鹞式"飞行中队也可从前线分散部署的机场上起飞，与 A-10A 攻击机一起执行任务。这些通常与第 81 战术飞行联队一起被部署在英国本特沃特（Bentwaters）基地和伍德布里奇（Woodbridge）基地的 A-10A 攻击机，由北约第二战术空军、第四战术空军和轮值分遣队（Rotating detachment）共享，供四支轮值分遣队在西德的四个前哨作战基地执行任务时使用。这一时期的北约常规对地攻击单位包括：一支装备"阿尔法喷气"（Alpha Jet）战斗机的德国空

---

① 译者注：原文如此。

28

军联队，三支比利时"幻影"（Mirage）5BA分队，以及四支荷兰NF–5A中队。在战术侦察方面，承担相关任务的是一支荷兰F–16分队、一支比利时"幻影"5BR中队、一支德国空军RF–4E联队、一支英国皇家空军"美洲虎"联队、半支英国皇家空军"鹞式"中队，以及部署在奥尔肯伯里（Alconbury）的美国驻欧洲空军第一战术侦察中队（装备了RF–4E战术侦察机）。

北约第四战术空军的进攻任务由以下单位负责：三支德国空军"狂风"联队、三支加拿大CF–188中队、德国空军的"阿尔法喷气"独立联队和F–4F独立联队，以及部署在哈恩（Hahn）的美国驻欧洲空军第50战术飞行联队与部署在拉姆施泰因（Ramstein）的美国驻欧洲空军第86战术飞行联队（这两个联队装备的都是F–16战机）。在北约第四战术空军中，可为电子战和特殊任务提供支持的飞机有：部署在斯潘达勒姆（Spangdahlem）基地的"野鼬鼠"（Wild Weasel）F–4G和F–4E、部署在上黑福德的EF–111A，以及部署在拉姆施泰因的MC–130E。此外，北约第四战术空军的侦察任务由部署在兹韦布吕肯（Zweibrücken）的第38战术侦察中队（装备有RF–4E）和德国空军的RF–4E独立联队负责执行。

梅塞施密特公司（Messerschmitt）波–105
20世纪70年代末，荷兰皇家空军，第300中队 [位于迪伦（Deelen）]
截至20世纪80年代中期，荷兰一直在为北约中央防线的陆军提供空中协作与空中联络——执行这些任务的飞机是云雀Ⅲ型直升机（共列装了两个作战单位，分别部署在苏斯特贝赫和迪伦）和波–105直升机（隶属第300中队，该中队从1976年开始就被部署在迪伦）。此外，荷兰还组建了一支固定翼运输机独立中队，即装备F.27"运兵船"（Troopship）的第334中队。

规格

机组成员：1人或2人，还可搭载4名乘客
动力设备：2台"阿里森"（Allison）250–C20B涡轮轴发动机（单台功率为313千瓦）
最高速度：270千米/时
航程：550千米
实用升限：5182米
尺寸：旋翼直径9.84米；机长11.86米；机高3米
重量：2400千克
武器：无

道格拉斯公司（*Douglas*）OH—58A "基奥瓦"（*Kiowa*）
20 世纪 80 年代，美国陆军，第 25 航空连

除近距离支援直升机 AH—1G 和 AH—1Q/S（该机型装备了"陶式"反坦克导弹）外，驻欧洲美国陆军航空兵还装备了用于战场观察与联络的 OH—58A "基奥瓦"。此外，为了提升空中机动能力，美国陆军还在德国境内部署了 CH—47 "支奴干"和 UH—60A "黑鹰"（*Black Hawk*）直升机。

规格

机组成员：1 人或 2 人
动力设备：2 台"阿里森"T63—A—700 涡轮轴发动机（单台功率为 236 千瓦）
最高速度：222 千米 / 时
航程：481 千米
实用升限：5800 米
尺寸：旋翼直径 10.77 米；机长 9.8 米；机高 2.92 米
重量：1360 千克
武器：1 挺 7.62 毫米 M134 速射机枪或 1 门 40 毫米 M129 榴弹发射器

道格拉斯公司（*Douglas*）C—124C "全球霸主"（*Globermaster*）Ⅱ
20 世纪 60 年代初，美国空军，第 63 空降兵运输联队

在局势紧张时，美国会通过空运的方式来加强本土与欧洲之间的海上交通线（*Sea lines of communication*）。1961 年柏林危机期间，美国空军曾使用图中这架 C—124C 运输机将兵力和装备部署至欧洲。在这一时期，美国空军还曾频繁出动 C—97 运输机。C—97 与 C—124C 的任务目的地均为法国境内的原第 13 航空队的空军基地。

规格

机组成员：6 人
动力设备：4 台普拉特·惠特尼 R—4360 发动机（单台功率为 1834 千瓦）
最高速度：502 千米 / 时
航程：3500 千米
实用升限：10000 米
尺寸：翼展 53.06 米；机长 40 米；机高 14.7 米
重量：98000 千克
武器：无

从 1967 年开始，随着 35000 名美方人员陆续从欧洲撤出，完善"构筑双基地"理论和提升大本营空中与地面单位的快速增援能力成了北约的当务之急。于是，北约在这一时期对常规部署进行了调整，于 1969 年组织了首场重大演习 [冠帽行动 I （Crested Cap I ）]，并在演习期间将 96 架 F-4D 和 3500 名美国驻欧洲空军人员部署至西德。

北约统一空军标准

在通过《共同防御援助计划》筹建战后西欧空军的基础上，北约开始制定自己的空军标准——G.91 轻型攻击机由此诞生，该机型主要被部署在北约中央防线。

然而，北约的空军标准化设想从未真正得到落实。例如，在 20 世纪 60 年代末，比利时和荷兰分别选用"幻影"5 和 NF-5 来替代 RF-84F 与 F-84F。后来，两国都采购了授权生产版 F-16，以替代 F-104——此举令北约空军标准化的情况得到了一定的改观。截至 1982 年，比利时与荷兰订购的 F-16 的数量分别累积达到了 116 架和 124 架。其中，比利时使用采购的飞机装备了四支冷战中队（仍旧保留了两支"幻影"5 战斗轰炸机联队）。与此同时，转隶北约第二战术空军的荷兰战术空军司令部（Dutch Tactical Air Command）也部署了五支 F-16 分队和四支 NF-5 中队。

洛克希德·马丁公司（Lockheed Martin）C-5A "银河"（Galaxy）
20 世纪 70 年代，美国空军，第 436 军事空运联队 [Military Airlift Wing，位于多佛尔（Dover）空军基地]
倘若没有美国的大量增援，欧洲的北约特遣队便无法在战时维持强有力的防御。负责向欧洲运送美国军队和物资的是美国空军军事空运司令部（USAF's Military Airlift Command），其派遣的主力机型为 C-5A 和 C-141B 运输机。

规格

机组成员：6 人
动力设备：4 台通用电气 TF-39-GE-1C 涡轮风扇发动机（单台推力为 191 千牛）
最高速度：908 千米 / 时
航程：9560 千米
实用升限：10895 米
尺寸：翼展 67.88 米；机长 75.54 米；机高 19.85 米
重量：379657 千克
武器：无

洛克希德·马丁公司（Lockheed Martin）C—141B "运输星"（Starlifter）
20 世纪 80 年代初，美国空军，第 438 军事空运联队（位于麦克奎尔空军基地）
冷战期间，美国为防范华约进攻西德，制定了一种部署美国本土作战单位的策略。[①] 在 1976 年的演习期间，C—141B 出动了 125 架次，将 101 空降师（U.S. 101st Airborne Division）的 11000 名士兵运送到了西德。

规格

机组成员：5—6 人
动力设备：4 台普拉特·惠特尼 TF33-7 涡轮风扇发动机（单台推力为 93.4 千牛）
最高速度：912 千米 / 时
航程：4723 千米
实用升限：12500 米
尺寸：翼展 48.74 米；机长 51.29 米；机高 11.96 米
重量：155582 千克
武器：无

希腊与土耳其，1946—1974 年

虽然希腊与土耳其同为北约成员国，但是两国长期处于对峙状态，曾不止一次爆发冲突，是北约内部的不安定因素。

与中央防线和北部防线相比，北约南部防线的战略地位较低。在南部防线内部，希腊与土耳其长期处于对立状态，并由此产生了诸多纷争与公开冲突，两国与美国的关系也因此受到了影响。

希腊与土耳其之间最早的冲突是在冷战期间爆发的。二战刚刚结束时，革命运动便在希腊国内形成了气候。为了应对革命运动，英国的空军力量被部署至希腊，希腊被划入了英国的势力范围。最终，希腊国内的君主派在美国派遣军的帮助下战胜了反对派。

---

① 译者注：该策略要求一些驻守在美国本土的作战单位应当拥有两套完全相同的装备——一套装备被放在美国本土，而另一套装备则被放在西德的预部署设施储存点中。一旦西德遇袭，上述作战单位就将放在美国本土的装备留给当地的国民警卫队，然后集结士兵乘飞机到西德接收当地的装备并立即投入作战。

塞浦路斯的战争

1960 年，英国承认塞浦路斯独立后，希腊和土耳其军队仍驻扎在塞浦路斯岛，并接受联合国维和部队的监视。希腊裔塞浦路斯人（Greek-Cypriot）希望塞浦路斯能并入希腊，遂于 1963 年 8 月袭击了塞浦路斯首都尼科西亚（Nicosia）附近的村庄。土耳其迅速做出回应，出动 F-84G、F-100C 和 F-100D 战机攻击希腊裔塞浦路斯人的阵地。

1974 年 7 月，希腊裔塞浦路斯人试图发动政变。土耳其立即派兵入侵塞浦路斯岛，出动 AB.204 直升机、C.160D 和 C-47 运输机投送部队，并派遣 F-100 和 F-104 战机为两栖登陆行动提供空中掩护。

土耳其空军与陆军，1974 年		
机型	所属作战单位	基地
F-100D、F-100F	第 111 中队、第 132 中队、第 181 中队	亚达那（Adana）
F-104G	第 141 中队	亚达那
C.160D	第 221 中队	埃尔基莱特（Erkilet）
C-47	第 223 中队	埃蒂梅斯古特（Etimesgut）
UH-1、AB.204	陆军	安塔利亚（Antalya）

北美航空公司（North American）F—100C"超级佩刀"（Super Sabre）
20 世纪 60 年代中期，土耳其空军，第 111 中队 [位于埃斯基谢希尔（Eskisehir）空军基地]
图中这架 F—100C 原属于美国空军，后又在土耳其空军中服役（常驻埃斯基谢希尔空军基地，主要担负对地攻击任务）。1964 年，该飞机被部署至亚达那，参与了针对塞浦路斯岛内的希腊军事目标的空袭。1974 年，当土耳其发动新一轮攻势时，F—100C 已不再参与行动，但 F—100D 与 F—100F 仍在继续参战。

规格

机组成员：1 人
动力设备：4 台普拉特·惠特尼 J57-P-21/21A 涡轮风扇发动机（单台推力 45 千牛）
最高速度：1380 千米 / 时
航程：3210 千米
实用升限：15000 米
尺寸：翼展 11.8 米；机长 15.2 米；机高 4.95 米
重量：13085 千克
武器：4 门 20 毫米 M39 机炮；4 枚 AIM-9"响尾蛇"导弹；可挂载 1 枚 3190 千克重的战术核弹

在发起进攻的过程中，土耳其空军误将本国的一艘驱逐舰击沉。与此同时，英国皇家空军的运输机，以及英国皇家空军和美国海军陆战队的直升机参与了撤侨行动。1974 年 8 月，土耳其发起新一轮攻势，再次派遣 F-100 战机袭击希腊裔塞浦路斯人控制的目标。随后，交战双方宣布停火，塞浦路斯岛因此陷入了分裂状态。

对抗华沙条约组织的中央防线，1955—1989 年

"欧洲胜利日"（VE-Day）之后，部署在前线的英美空军力量迅速收缩。但是在东线，飞机将成为北约对抗华沙条约组织（简称"华约"）的主要力量，它们的数量仅略有减少。

1955 年 5 月，西德加入北约。9 天后，苏联组织各国签署了《友好合作互助条约》（Treaty of Friendship，Mutual Assistance and Cooperation），即人们熟知的"华沙条约"。根据此条约，苏联与阿尔巴尼亚（后退出华约）、保加利亚、捷克斯洛伐克、东德、匈牙利、波兰和罗马尼亚结成军事同盟，共同保卫中东欧的社会主义国家——各国将出动飞机对抗北约成员国，形成对抗铁幕的屏障。新建的华约将东欧的各苏联卫星国整合为一整块防御缓冲区，可以防范日后来自西方的进攻，对莫斯科方面有着极为重要的意义。

截至 20 世纪 80 年代中期，部署在北约中央防线附近的华约空中力量拥有约 2700 架固定翼飞机。相比之下，部署在此的北约第二战术空军和第四战术空军仅有 1300 架固定翼飞机。华约在北欧和中欧部署了 4750 架固定翼飞机，而北约仅在这些地方部署了 2000 余架固定翼飞机。如爆发战事，美国本土的空中力量固然可以为北约提供增援，但苏联亦可调动部署在本国中部和东部的作战单位来补充空中战力。

华约各成员国均受苏联控制，由苏联人担任总司令和参谋长。这种组织方式有助于构筑稳固的指挥体系并实现高度的标准化，但却无法打消苏联对各卫星国的不信任感。为此，各卫星国纷纷在 1956 年的"匈牙利十月事件"和 1968 年的"布拉格之春"中向苏联表明了立场。

在和平时期，苏联共有 16 个军区（Military District，简称 MD）。与此同时，苏联还在各卫星国部署了四个"前沿陆（空）集团军群"，以对抗中央防线附近的北约军队，这四大集团军群分别是：驻德集群、北方集群（驻波兰）、中央集

群（驻捷克斯洛伐克）和南方集群（驻匈牙利）。此外，苏联为了对抗北约先进的低空攻击机，还在波兰累计部署了约 300 余架飞机，其中包括苏 -24 强击机（于 1982 年引入波兰）和苏 -27 截击机。随后，苏联又在捷克斯洛伐克部署了 200 架作战飞机。不过，担负主要作战任务的是隶属于驻德集群的第 16 航空兵集团军。该集团军的司令部设在东德的佐森 - 温斯多夫（Zossen-Wünsdorf）基地，在 1989 年前拥有 1500 余架飞机，下设三个歼击航空兵师、两个歼击轰炸航空兵师（每个师下辖三个团）、两个对地攻击机团、三个侦察团和两个运输团。

1994 年 4 月，最后一个苏联空中作战单位（装备米格 -29 的第 733 歼击机团）从东德撤出。在此之前，苏联为完成从东德的撤军，共向东调动了 700 架固定翼飞机、600 架直升机、4000 辆坦克、8000 辆装甲车和 3500 门火炮。这批装备曾被用于武装总人数约为 338000 人的部队。

伊留申设计局（Ilyushin）伊尔 —10
20 世纪 40 年代末至 20 世纪 50 年代初，苏联前线航空兵
从 1944 年 10 月起，苏联对地攻击航空兵便开始用改进后的伊尔 —10 来替代伊尔 —2 "斯图莫维克"。[①] 二战结束后，伊尔 —10 仍是苏联前线航空兵的重要作战机型，曾随驻德集群一同被部署至前沿阵地。

规格

机组成员：2 人
动力设备：1 台米库林（Mikulin）AM-42 型 V-12 液冷发动机（功率为 1320 千瓦）
最高速度：550 千米 / 时
航程：800 千米
实用升限：4000 米
尺寸：翼展 13.40 米；机长 11.12 米；机高 4.10 米
重量：6345 千克
武器：两翼各有 2 门 23 毫米诺德尔曼 - 苏阿诺夫（Nudelman-Suranov）NS-23 机炮；BU-9 后机炮手位装有 1 挺 12.7 毫米别列津机枪；可携带 600 千克重的炸弹

---

① 译者注：俄语为 Sturmovik，即"对地攻击机"。

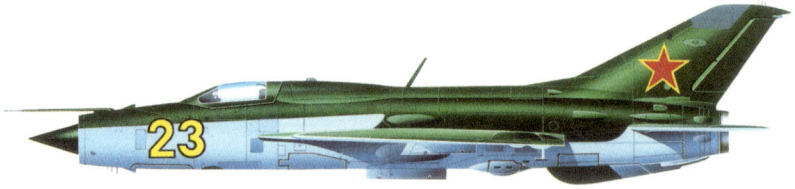

米高扬 — 格林维奇设计局（Mikoyan–Gurevich）米格 –21PF

20 世纪 60 年代，苏联前线航空兵

在美国推行"大规模报复战略"（Massive retaliation）期间，苏联前线空中力量的任务以防空为主，仅具备有限的近距离支援和对地攻击能力。20 世纪 70 年代，米格 –21 成为苏联方面部署在中央防线附近的主力战机，图中这架战机是更换了 R–11 新型发动机的米格 –21PF。

规格

机组成员：1 人

动力设备：1 台图曼斯基（Tumansky）推力加力涡轮喷气发动机（推力为 60.8 千牛）

最高速度：2050 千米 / 时

航程：1800 千米

实用升限：17000 米

尺寸：翼展 7.15 米；机长 15.76 米（含空速管）；机高 4.1 米

重量：9400 千克

武器：1 门 23 毫米机炮；最大有效载荷为 1500 千克，可搭载空对空导弹、火箭弹发射巢、凝固汽油弹或副油箱等武器装备

苏霍伊设计局（Sukhoi）苏 –7BMK

20 世纪 70 年代初，苏联前线航空兵

苏 –7 是苏联首款专门用于对地攻击的喷气式攻击机，曾被大量部署在中央防线附近。图中这架战机携带了非制导空对地火箭弹。最终，采用固定几何形状机翼的苏 –7 被苏 –17 系列机型所取代，后者配备了可变几何形状机翼。

规格

机组成员：1 人

动力设备：1 台留里卡（Lyulka）AL-7F 涡轮喷气发动机（推力为 88.2 千牛）

最高速度：1700 千米 / 时

航程：320 千米

实用升限：15150 米

尺寸：翼展 8.93 米；机长 17.37 米；机高 4.7 米

重量：13500 千克

武器：1 门 30 毫米 NR-30 机炮；共有四个外挂架，可挂载 2 枚 500 千克重的航空炸弹和 2 枚 750 千克重的航空炸弹；由于机身外挂了两个油箱，所以该机型仅能挂载 1000 千克重的外挂军械

米高扬－格林维奇设计局（Mikoyan－Gurevich）米格－27

20 世纪 80 年代中期，苏联前线航空兵

当北约转为实施"灵活应对"战略后，苏联开始重视发展战斗轰炸机，并为苏联航空兵装备了性能更强的强击机（攻击机）。冷战末期，米格－27 已成为第 16 航空兵集团军的主力机型。东德境内共有 4 个航空兵团装备了米格－27。

规格

机组成员：1 人
动力设备：1 台图曼斯基 R-29B-300 涡轮喷气发动机（推力为 103.4 千牛）
最高速度：1885 千米 / 时
航程：540 千米
实用升限：高于 14000 米
尺寸：翼展 13.97 米（全展开）或 7.78 米（全后掠）；机长 17.07 米；机高 5 米
重量：20300 千克
武器：1 门 23 毫米机炮；最大有效载荷为 4000 千克

米里设计局（Mil）米－8T

20 世纪 70 年代末，苏联前线航空兵

米－8 和米－24 系列直升机均具有机动性强和武器装备精良等优点，它们可在必要时将部队投送至敌人的后方。图中这架米－8T 的两侧加挂了火箭弹发射巢，发射巢内装有 57 毫米航空火箭弹。苏联的各突击团通常会同时装备米－8 和米－24 直升机。

规格

机组成员：3 人
动力设备：2 台克里莫夫 TV3-117Mt 涡轮轴发动机（单台功率为 1454 千瓦）
最高速度：260 千米 / 时
航程：450 千米
实用升限：4500 米
尺寸：旋翼直径 21.29 米；机长 18.17 米；机高 5.65 米
重量：11100 千克
武器：最大有效载荷为 1500 千克

米里设计局（Mil）米—24D

20 世纪 80 年代初，苏联前线航空兵

米—24 直升机可运载 8 人步兵班，或者携带反坦克导弹和非制导火箭弹。图中这架米—24D 的前机身经过了重新设计，驾驶舱座椅被改为纵列双座布局，驾驶员与射手各拥有一个独立的透明座舱。

规格

机组成员：2—3 人

动力设备：2 台伊索托夫（Isotov）TV-3-117 涡轮发动机（单台功率为 1600 千瓦）

最高速度：335 千米 / 时

航程：450 千米

实用升限：4500 米

尺寸：旋翼直径 17.3 米；机长 17.5 米；机高 6.5 米

重量：12000 千克

武器：1 挺 12.7 毫米加特林机枪；可携带 57 毫米航空火箭弹和 AT-2C "蝇拍"（SWATTER）反坦克导弹；最大载弹量为 500 千克

米里设计局（Mil）米—24P

20 世纪 80 年代初，苏联前线航空兵

米—24P 是苏联基于阿富汗战争期间的作战经验而研发的，北约方面称其为"雌鹿"（Hind—F）。米—24P 是米—24 的衍生机型。专为反装甲作战而设计的米—24P，用杀伤力更强的 30 毫米双管机炮替换了原先的 12.7 毫米四管机枪。

规格

机组成员：2—3 人

动力设备：2 台伊索托夫（Isotov）TV-3-117 涡轮发动机（单台功率为 1600 千瓦）

最高速度：335 千米 / 时

航程：450 千米

实用升限：4500 米

尺寸：旋翼直径 17.3 米；机长 17.5 米；机高 6.5 米

重量：12000 千克

武器：右侧机身有一门 30 毫米固定式机炮；可携带 57 毫米航空火箭弹和 AT-6C "螺旋"（SPIRAL）反坦克导弹

安东诺夫设计局（Antonov）安－22
20 世纪 70 年代，苏联运输航空兵
美国驻欧洲空军和其他北约驻欧洲部队都十分依赖来自美国本土的战略空运能力（Strategic Airlift Capacity）。苏联部署在东欧前线的作战单位均由苏联运输航空兵负责投送。在冷战期间的大部分时间里，苏联实际投入使用的最大的运输机是装备了四台涡轮螺旋桨发动机的安－22。

规格

机组成员：5—6 人

动力设备：4 台库兹涅佐夫（Kuznetsov）NK-12MA 涡轮螺旋桨发动机（单台功率为 11030 千瓦）

最高速度：740 千米 / 时

航程：5000 千米

实用升限：8000 米

尺寸：翼展 64.4 米；机长 57.9 米；机高 12.53 米

重量：250000 千克

武器：无

质的提升

位于中央防线附近的苏联空军享有优先列装新武器的特权。最早一批米格 -15 的飞行员便被派往了东德。与此同时，最早的一批"伊尔 -28"轰炸机、米格 -17、米格 -19 和米格 -21 也都被送往了驻东德的各作战单位。20 世纪 60 年代，东德地区引入了苏 -7 和雅克 -28。20 世纪 70 年代，东德驻军列装了米格 -23、米格 -27 和苏 -17。到了 20 世纪 80 年代初，苏军在航电设备和武器方面取得了重大技术进步。苏 -24 成了北约决策层的心腹大患，就连不算先进的米格 -27（出口型为米格 -23BN）和苏 -17M（出口型为苏 -22M，从 1977 年开始出口至华约各国）也装备了精确制导武器，同样具备全天候作战能力。苏联根据战时经验进行了战术部署，利用前线战斗机和对地攻击机来掌握战场制空权，并为大规模地面进攻提供火力支持。

为了应付北约在欧洲部署的 F-15 与 F-16，苏联方面计划优先部署米格 -29。第 16 航空兵集团军共有 9 个歼击航空兵团，其中 8 个陆续列装了米格 -29。冷战末期，苏联开始为华约的其他作战单位列装米格 -29。在苏联前线航空兵（Frontal

Aviation）内部，米格-25R 和苏-24MR 最终取代雅克-28R，被用于执行侦察任务。在此之前，苏联已部署了一批装备有侦察设备的米格-15 和米格-17，并在 20 世纪 70 年代中期引入了米格-21R。最后一批雅克-28 一直被用于执行对敌防空压制任务，直至 1988—1989 年才被米格-25BM 和苏-24MP 所取代。

直升机在华约的早期军事行动中扮演了重要角色。华约最早使用的直升机是米-4（于 20 世纪 70 年代被多用途直升机米-8 所取代）。苏联向大部分华约盟国提供了米-8 直升机。后来，大载重直升机米-6、空降突击直升机米-24，以及米-8 的专用衍生型（电子战直升机与指挥直升机等）取代了米-8 基础型。

1974 年，驻东德的苏联军队开始列装米-24 基础型。1976 年，苏军开始用在米-24 基础型的基础上进行了重大改进的米-24D 来取代前者。三年后，米-24V 也开始在苏军中服役。20 世纪 80 年代，苏联陆军航空兵从前线航空兵中独立了出来，直升机开始接受各地面部队指挥官的直接指挥。每支苏联陆军均设有陆军航空兵这一编制。

部署在德国的苏联空军单位，1990 年		
机型	所属作战单位	基地
米格-29、米格-23	第 33 歼击航空兵团	维特施托克（Wittstock）
米格-29、米格-23	第 733 歼击航空兵团	普特尼茨（Pütnitz）
米格-29、米格-23	第 787 歼击航空兵团	埃伯斯瓦尔德（Eberswalde）
米格-29、米格-23	第 31 歼击航空兵团	旧勒纳维茨（Alt-Lönnewitz）
米格-29、米格-23	第 85 歼击航空兵团	梅泽堡（Merseburg）
米格-29、米格-23	第 968 歼击航空兵团	诺比茨（Nobitz）
米格-29、米格-23	第 35 歼击航空兵团	泽布斯特（Zerbst）
米格-29、米格-23	第 73 歼击航空兵团	科腾（Köthen）
米格-23	第 833 歼击航空兵团	旧拉格尔（Altes Lager）
米格-27、米格-23	第 559 轰炸航空兵团	芬特斯沃德（Finsterwalde）
米格-27、米格-23	第 296 轰炸航空兵团	格罗森海恩（Grossenhain）
米格-27、米格-23	第 911 轰炸航空兵团	布兰德（Brand）
米格-27、米格-23	第 19 轰炸航空兵团	米罗-莱尔茨（Mirow-Lärz）
苏-17	第 20 轰炸航空兵团	格罗斯·多恩（Groß Dölln）
苏-17	第 730 轰炸航空兵团	诺伊鲁平（Neuruppin）
苏-24	第 11 侦察航空兵团	韦尔措（Welzow）
苏-17	第 294 侦察航空兵团	阿尔施泰德（Allstedt）
米格-25	第 931 侦察航空兵团	韦尔诺伊兴（Werneuchen）
苏-25	第 357 强击航空兵团	布兰迪斯（Brandis）
苏-25	第 368 强击航空兵团	图托（Tütow）

米高扬－格林维奇设计局（Mikoyan–Gurevich）米格－21M

20 世纪 80 年代初，东德空军，第 7 战斗机联队 [位于德雷维茨（Drewitz）空军基地]

东德空军将米格－21 用于执行防空、对地攻击和空中侦察任务。在"两德统一"前，米格－21 的后期改进机型一直在前线服役。图中这架米格－21M 隶属于驻德雷维茨空军基地 [位于科特布斯（Cottbus）附近] 的第 7 战斗机联队。

规格

机组成员：1 人

动力设备：1 台图曼斯基 R–13–300 推力加力涡轮喷气发动机（推力为 60.8 千牛）

最高速度：2229 千米 / 时

航程：1160 千米

实用升限：17500 米

尺寸：翼展 7.15 米；机长 15.76 米（含空速管）；机高 4.1 米

重量：10400 千克

武器：1 门 23 毫米机炮；可携带约 1500 千克重的军械，包括空对空导弹、火箭弹发射巢、凝固汽油弹或副油箱等

西德加入北约后，苏联也开始重新武装东德军队。东德空军 [官方名称为"国家人民军空军"（Luftstreitkräfte und Luftverteidigungthe），简称 LSK/LV] 成立于 1956 年，其鼎盛时期装备有近 270 架固定翼战斗机（其中 65 架具有核打击能力）、75 架武装直升机和 25 架海军战斗机。东德空军的主力防空战机为 60 架米格－23MF 和米格－23ML，以及 100 架米格－21MF 和米格－21 比斯，这些战机以南北向的地理曲线为界，被分配给了第 1 防空师和第 3 防空师。虽然东德空军的规模小于捷克斯洛伐克空军和波兰空军，但却被苏联视为忠诚的盟友，是首个接收米格–29 战机（接收时间为 1988 年）的华约成员国。1989 年之前，东德空军已装备了 28 架米格－23BN 和 25 架苏－22M–4 可变翼强击 / 攻击机（主要用于执行进攻任务），至于米格－17，已改为承担对地攻击任务。在东德空军中，米格－21R 的数量较少，这些战机主要被用于执行侦察任务。东德空军还拥有 48 架米–24 和 80 架配备了战斗突击装备的米–8。此外，东德空军不仅装备了 24 架标准型米–8 运输直升机，还组建了一支小规模的固定翼运输部队（主要机型为安–26 运输机）。

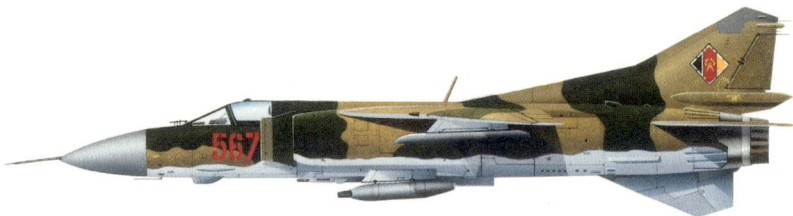

米高扬－格林维奇设计局（Mikoyan－Gurevich）米格－23MF
20 世纪 80 年代中期，东德空军，第 3 战斗机联队 [位于佩内明德（Peenemünde）]

20 世纪 80 年代，华约在中央防线附近部署的主力截击机为米格－23。除六个苏联航空兵团外，华约方面还在东德本土部署了一支米格－23 独立截击机联队（驻佩内明德的第 3 战斗机联队），该联队同时装备了米格－23MF 及其后续衍生机型（如米格－23ML）。

规格

机组成员：1 人
动力设备：1 台图曼斯基 R-27F2M-300 推力加力涡轮喷气发动机（推力为 98 千牛）
最高速度：约 2445 千米 / 时
航程：966 千米
实用升限：高于 18290 米
尺寸：翼展 13.97 米（全展开）或 7.78 米（全后掠）；机长 16.71 米；机高 4.82 米
重量：18145 千克
武器：1 门 23 毫米 GSh-23L 机炮；可携带 AA-3、AA-7 或 AA-8 空对空导弹

波兰空军

虽然波兰不与北约的领地接壤，但却被苏联视为预备队的重要集结点。为此，苏联在波兰部署了苏 -24 战斗轰炸机，并安排部署在战略空军第 46 集团军基地的战术轰炸机在局势紧张时提供增援。苏联北方集群的空军基地主要分布在西德边境附近，可为发生在中央防线附近的战事提供支援。

波兰境内的苏联空军战斗单位，1992 年		
机型	所属作战单位	基地
苏 -24	第 3 轰炸航空兵团	克什瓦（Krzywa）
苏 -24	第 42 轰炸航空兵团	克佩尼亚（Kopernia）
苏 -24	第 89 轰炸航空兵团	什普罗塔瓦（Szprotawa）
苏 -27	第 159 歼击航空兵团	克鲁切沃（Kluczewo）
苏 -27	第 582 歼击航空兵团	霍伊纳（Chojna）
米格 -25、苏 -24	第 164 侦察航空兵团	克什瓦

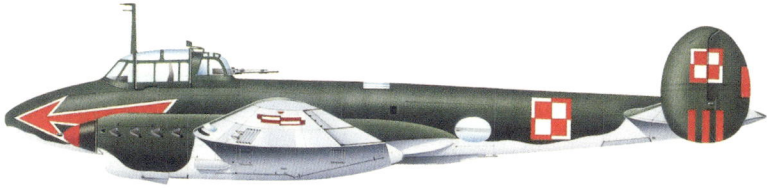

佩特利亚科夫设计局（Petlyakov）佩 -2FT
20 世纪 40 年代末，波兰空军

二战期间，佩 -2 轻型轰炸机是苏军的主力机型之一。欧洲胜利日后，佩 -2 仍在苏军中继续服役。与此同时，苏联还向其卫星国提供了该轰炸机。图为 20 世纪 40 年代末，波兰空军装备的佩 -2FT，该机型取消了机腹位置的机枪。

规格

机组成员：3 人
动力设备：2 台克里莫夫 M-105PF 活塞发动机（单台功率为 903 千瓦）
最高速度：580 千米 / 时
航程：1160 千米
实用升限：8800 米
尺寸：翼展 17.16 米；机长 12.66 米；机高 3.5 米
重量：7563 千克
武器：4 挺 7.62 毫米 ShKAS 机枪；可携带 1600 千克重的炸弹

伊留申设计局（Ilyushin）伊尔 -10
1951 年，波兰空军

1951 年，波兰对地攻击机团用伊尔 -10 替换了二战经典机型伊尔 -2 "斯图莫维克"。在 20 世纪 50 年代以前，东方阵营各国的空军均大规模装备了伊尔 -10。与伊尔 -2 "斯图莫维克" 不同的是，伊尔 -10 采用了全金属结构并且改进了气动外形。

规格

机组成员：2 人
动力设备：1 台米库林（Mikulin）AM-42 型 V-12 液冷发动机（功率为 1320 千瓦）
最高速度：550 千米 / 时
航程：880 千米
实用升限：4000 米
尺寸：翼展 13.40 米；机长 11.12 米；机高 4.10 米
重量：6345 千克
武器：两翼各有 2 门 23 毫米诺德尔曼 - 苏阿诺夫（Nudelman-Suranov）NS-23 机炮；BU-9 后机炮手位装有 1 挺 12.7 毫米别列津机枪；可携带 600 千克重的炸弹

在所有苏联卫星国中，波兰的空军规模最大。有资料显示，在冷战结束时，波兰空军拥有480架战机（其中108架战机具有核打击能力）和43架直升机。波兰空军被划分为三大兵团，分别是第1兵团、第2兵团和第3兵团。这些兵团共装备了约350架米格-21系列战机，以及45架用于执行防空任务的米格-23MF。自1989年起，上述三大兵团开始列装米格-29战机。波兰国家防空部队（Wojska Oborony Powietrznej Kraju）原为独立作战单位，后被并入了波兰空军（Polskie Wojska Lotnicze，简称PWL）。

伊留申设计局（Ilyushin）伊尔-28
20世纪60年代，波兰空军
苏联驻东欧作战单位和许多苏联卫星国均列装有伊尔-28。图中这架伊尔-28被喷涂了波兰空军的标识。波兰空军同时装备了两种伊尔-28衍生机型（轰炸机和侦察机）。除苏联外，捷克斯洛伐克的阿维亚公司（Avia）也可生产伊尔-28。

规格
机组成员：3人
动力设备：2台克里莫夫VK-1涡轮喷气发动机（单台推力为26.3千牛）
最高速度：902千米/时
航程：2180千米
实用升限：12300米
尺寸：翼展21.45米；机长17.65米；机高6.70米
重量：21200千克
武器：4门23毫米机炮；内部炸弹舱可装载1000千克重的炸弹；最大载弹量为3000千克

波兰空军的"强击/打击单位"装备了170架苏-20和苏-22M-4，以及40架Lim-6战斗轰炸机（授权生产版米格-17）。波兰空军的侦察单位装备了米格-21R和配有侦察设备的苏-20。此外，波兰空军还将约60架米-24武装直升机部署至两个团，并派遣约30架米-8和大量米-2（包括波兰国产版米-2）为这两个团提供支援。在运输机方面，波兰空军装备了20架安-20和少量安-24与安-26。

米里设计局（Mil）米－2
20 世纪 80 年代初，波兰空军

米－2 最初由苏联设计制造，后又被苏联交由波兰的 PZL 公司进行量产。米－2 被华约各国的空军广泛使用，主要用于执行各种战斗支援任务和二线任务。图中这架米－2 外挂了火箭弹发射巢，可充当轻型攻击直升机。

规格

机组成员：1 人
动力设备：2 台 PZL GTD–350 涡轮轴发动机（单台功率为 298 千瓦）
最高速度：220 千米 / 时
航程：340 千米
实用升限：4000 米
尺寸：旋翼直径 14.6 米；机长 11.9 米；机高 3.7 米
重量：3550 千克
武器：可携带各类武器

捷克斯洛伐克空军

捷克斯洛伐克空军（Ceskoslovenské Letectvo）是最早推行改革的苏联卫星国军队之一，其最初装备的是 S.199 战斗机、拉 -5 战斗机和拉 -7 战斗机。1968 年的"布拉格之春"事件后，捷克斯洛伐克空军面临被解散的危险。但是，捷克斯洛伐克地处西德南部，是毗邻北约的缓冲地带，有着重要的战略地位。所以，捷克斯洛伐克尚未完全失去苏联人的信任。在这种情况下，一个奇特的现象出现了：冷战的"铁幕"刚刚降临时，捷克斯洛伐克空军号称拥有 407 架战机 [包含 137 架强击机（攻击机）] 和 101 架武装直升机。在苏联卫星国中，捷克斯洛伐克的空军规模仅次于波兰。

捷克斯洛伐克的空军第 7 军主要承担防空任务，该军于 1989 年开始列装米格 -29。空军第 7 军和空军第 10 军一共装备了约 305 架米格 -21。其中，主要承担攻击和战场支援任务的空军第 10 军，还装备了 35 架苏 -25、35 架米格 -23BN 和 35 架苏 -22M-4（该机型还负责执行侦察任务）。此外，捷克斯洛伐克空军还拥有 45 架米 -24、45 架米 -8（米 -17）、32 架米 -2 和一些电子战飞机。在运输机方面，捷克斯洛伐克空军主要装备了安 -12、安 -26 和安 -24 等机型。

雅克福列夫设计局（Yakovlev）雅克－23
20 世纪 40 年代末，捷克斯洛伐克空军

虽然大多数华约国家的空军都是通过"换装米格－15进入的喷气式战机时代"，但仍有少数华约国家的空军首先装备的是雅克家族的平直翼喷气式战斗机。由雅克福列夫设计局研发的雅克－23（雅克－15和雅克－17系列机型的最终改版），是一款单座喷气式战机。图中的这架雅克－23曾被捷克斯洛伐克空军用来充当列装米格－15之前的过渡机。

规格

机组成员：1 人
动力设备：1 台克里莫夫 RD-500 涡轮喷气发动机（推力为 15.6 千牛）
最高速度：923 千米 / 时
航程：1400 千米
实用升限：14800 米
尺寸：翼展 8.73 米；机长 8.12 米；机高 3.31 米
重量：3384 千克
武器：4 门 23 毫米努杰里曼 - 里希特（Nudelman-Rikhter）NR-23 机炮

米高扬 － 格林维奇设计局（Mikoyan－Gurevich）米格－15 比斯
20 世纪 50 年代中期，捷克斯洛伐克空军

捷克斯洛伐克曾大量生产米格－15系列战机。捷克斯洛伐克将米格－15比斯命名为 S.103，用来取代该国之前装备的 S.102（米格－15）。因为要参加华约的防空军演，所以图中这架米格－15比斯被喷涂了蓝色条纹标识。

规格

机组成员：1 人
动力设备：1 台克里莫夫 VK-1 涡轮喷气发动机（推力为 26.5 千牛）
最高速度：1100 千米 / 时
航程：1424 千米
实用升限：15545 米
尺寸：翼展 10.08 米；机长 11.05 米；机高 3.4 米
重量：5700 千克
武器：1 门 37 毫米 N-37 机炮；2 门 23 毫米 NS-23 机炮；翼下挂架（Underwing pylons）可挂载多种军械（最大有效载荷为 500 千克）

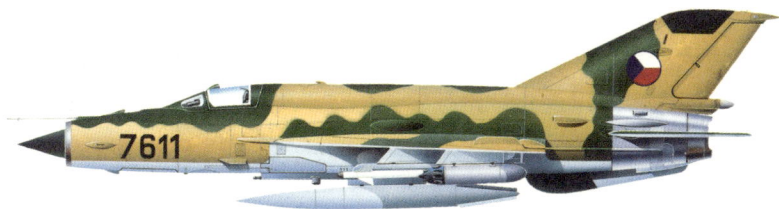

米高扬－格林维奇设计局（Mikoyan－Gurevich）米格－21MF

20 世纪 80 年代初，捷克斯洛伐克空军

华约解体后，图中这架米格 21－MF 仍在军队中服役。米格 21－MF 机翼下的挂架，可同时挂载 R－3 空对空导弹与非制导火箭弹。米格－21MF 被北约称为"鱼窝－J"（Fishbed－J），在 20 世纪 70 年代初问世。

规格

机组成员：1 人

动力设备：1 台图曼斯基 R-13-300 加力涡轮喷气发动机（推力为 60.8 千牛）

最高速度：2229 千米／时

航程：1160 千米

实用升限：17500 米

尺寸：翼展 7.15 米；机长 15.76 米（含空速管长度）；机高 4.1 米

重量：10400 千克

武器：1 门 23 毫米机炮；可携带约 1500 千克重的装备，包括空对空导弹、火箭弹发射巢、凝固汽油弹或副油箱等

米高扬－格林维奇设计局（Mikoyan－Gurevich）米格－23BN

20 世纪 80 年代初，捷克斯洛伐克空军

米格－23BN 是米格－23 的对地攻击机型，苏联方面曾针对该机的出口型进行了优化改进。米格－23BN 曾在保加利亚、捷克斯洛伐克和东德等东欧国家服役。该机型不仅可携带自由落体炸弹与非制导火箭弹，还可以发射 Kh－23 空对地导弹。

规格

机组成员：1 人

动力设备：1 台图曼斯基 R-27F2M-300 涡轮喷气发动机（推力为 98 千牛）

最高速度：约 2245 千米／时

航程：966 千米

实用升限：高于 18290 米

尺寸：翼展 13.97 米（全展开）或 7.78 米（全后掠）；机长 16.71 米；机高 4.82 米

重量：18145 千克

武器：1 门 23 毫米 GSh-23L 机炮；最大有效载荷为 3000 千克

米里设计局（Mil）米－24D
20 世纪 80 年代初，捷克斯洛伐克空军

1989 年时，捷克斯洛伐克的地面部队已能够呼叫驻皮尔森空军基地的米－24D(米－24 的后期改进型)提供空中支援。这一时期，捷克斯洛伐克的第 1 军和第 4 军还装备了其他直升机，如改进后的米－17 运输机、米－8 运输机，以及配备了电子战装备的米－8 直升机。

规格

机组成员：2—3 人

动力设备：2 台伊索托夫（Isotov）TV-3-117 涡轮发动机（单台功率为 1600 千瓦）

最高速度：335 千米 / 时

航程：450 千米

实用升限：4500 米

尺寸：旋翼直径 17.3 米；机长 17.5 米；机高 6.5 米

重量：12000 千克

武器：1 挺 12.7 毫米加特林机枪；可携带 57 毫米航空火箭弹和 AT-2C "蝇拍"（SWATTER）反坦克导弹；最大载弹量为 500 千克

匈牙利空军

由于保加利亚和罗马尼亚不在中央防线区域内，所以该区域内的华约空军只有匈牙利空军（Magyar Légierö，匈牙利空军是所有华约空军中规模最小的）。受 1956 年发生的 "匈牙利十月事件" 的影响，苏联解散了匈牙利空军。之后，匈牙利空军又得到了重建，并主要承担防御任务。为了便于对南方集群提供支援，苏联空军在匈牙利境内集结了一些作战单位 [指挥部设在托科尔（Tokol）]。截至 1991 年，在匈牙利境内的苏联空军共有三个截击航空兵团（装备了米格 -29 和米格 -23）、一个攻击航空兵团（装备了苏 -17）、一个电子战中队、一个战术侦察中队（装备了苏 -17）和两个直升机航空兵团。

冷战结束时，匈牙利空军拥有 113 架固定翼战机和 96 架武装直升机。匈牙利空军有三个受国家防空司令部（the National Air Defence Command）指挥的截击机中队——主要承担防空任务，仅有一个对地攻击单位为这三个中队提供支援。

米高扬 - 格林维奇设计局（Mikoyan-Gurevich）米格 -15 比斯

20 世纪 60 年代末，匈牙利空军

匈牙利空军是中央防线区域内规模最小的空军。匈牙利空军下辖一个空军师（装备有战斗机、战斗轰炸机和运输机）和一个独立防空师（装备有截击机和地对空导弹），可参与战斗支援行动。

规格

机组成员：1 人

动力设备：1 台克里莫夫 VK-1 涡轮喷气发动机（推力为 26.5 千牛）

最高速度：1100 千米 / 时

航程：1424 千米

实用升限：15545 米

尺寸：翼展 10.08 米；机长 11.05 米；机高 3.4 米

重量：5700 千克

武器：1 门 37 毫米 N-37 机炮；2 门 23 毫米 NS-23 机炮；机翼下的挂架可挂载多种军械（最大有效载荷为 500 千克）

米高扬 - 格林维奇设计局（Mikoyan-Gurevich）米格 -17PF

20 世纪 60 年代初，匈牙利空军

米格 -17PF 仅在米格 -17 基本型的基础上进行了微小改动（增加机载雷达并换装了加力发动机）。机载雷达的加入改变了米格 -17PF 的机头的外形。米格 -17PF 的发动机进气道上方装有扫描天线，而位于机头中央位置的雷达天线罩内则装有跟踪与测距天线。

规格

机组成员：1 人

动力设备：1 台克里莫夫 VK-1F 加力推力涡轮喷气发动机（推力为 33.1 千牛）

最高速度：1480 千米 / 时

航程：2200 千米

实用升限：17900 米

尺寸：翼展 9 米；机长 11.68 米；机高 4.02 米

重量：6350 千克

武器：3 门 23 毫米 NS-23 机炮；最大载弹量为 500 千克，可挂载炸弹或火箭弹

伊留申设计局（Ilyushin）伊尔 —10
20 世纪 50 年代初，匈牙利

直到 20 世纪 50 年代末，伊尔 —10 都一直在匈牙利空军中服役（与图 —2 轰炸机一起被部署在四个对地突袭和强击轰炸团里）。捷克斯洛伐克曾获准生产伊尔 —10[捷克斯洛伐克人称其为"阿维亚"（Avia）B—33]。受"匈牙利十月事件"影响，声誉良好的匈牙利空军被苏联解散，但随后又得到了重建。

规格

机组成员：2 人
动力设备：1 台米库林（Mikulin）AM-42 型 V-12 液冷发动机（功率为 1320 千瓦）
最高速度：550 千米 / 时
航程：880 千米
实用升限：4000 米
尺寸：翼展 13.40 米；机长 11.12 米；机高 4.10 米
重量：6345 千克
武器：两翼各有 2 门 23 毫米诺德尔曼 - 苏阿诺夫（Nudelman-Suranov）NS-23 机炮；BU-9 后机炮手位装有 1 挺 12.7 毫米别列津机枪；最大载弹量为 600 千克

在匈牙利空军中负责拦截敌方战机的作战单位构成如下：一个被部署在帕波（Pápa）空军基地的中队（装备了 10 架米格 -23MF 和两架米格 -21 比斯）、一个被部署在凯奇凯梅特（Kecskemét）的中队（装备了米格 -21MF 与米格 -21 比斯）和一个被部署在陶萨尔（Taszár）的中队（装备了米格 -21MF 与米格 -21 比斯）。匈牙利空军共列装了约 65 架米格 -21 系列战机，以及 10 架苏 -22M-3 对地攻击机（隶属一个位于陶萨尔的独立作战单位）。可为匈牙利地面部队提供支援的直升机有：50 架米 -8（米 -17）、26 架米 -24 和 25 架米 -2。此外，匈牙利还拥有少量安 -24、安 -26 和 L-410 运输机。

欧洲的北部防线，1949—1989 年

作为一个高度军事化的地区，波罗的海对北约和华约都有相当重要的意义。

北约的北方防线地形复杂多变，唯一的缺口就在波罗的海地区 [包括日德兰半岛（Jutland peninsula）和丹麦、斯卡格拉克海峡（Skaggerak strait）与挪威]。丹麦与挪威是北约成员国，而同处波罗的海的芬兰与瑞典则保持中立。在和平时期，波罗的海与波的尼亚湾（Gulf of Bothnia）是北约与华约活动频繁的北方前沿地带，两大集团常年在此收集情报和进行军事演习。

波罗的海的地理位置十分特殊：一方面，这里不可能像东欧那样成为苏联的前哨防御缓冲带；另一方面，这里毗邻苏联控制的波罗的海各国与圣彼得堡，具有重要的战略地位。

华约方面负责守卫波罗的海海域的是苏联波罗的海舰队。在 20 世纪 80 年代中期以前，苏联有一支海军航空兵部队负责为苏联波罗的海舰队提供支援。值得一提的是，这支海军航空兵部队装备了 275 架强击（攻击）机和侦察机。北约方面预判，苏联可能有两种作战计划：一是穿过芬兰和瑞士兵临挪威，二是通过波罗的海入海口的狭窄水道突入北海。

北美航空公司（North American）F-100D "超级佩刀"（Super Sabre）
20 世纪 70 年代末，丹麦皇家空军，730 战斗机中队 [位于斯克吕斯楚普（Skrydstrup）空军基地]
图中这架 F-100D 原隶属美国空军，后又在丹麦皇家空军的 730 战斗机中队中服役。从 1959 年开始，丹麦陆续收到美国交付的F-100 系列战机。1982 年，丹麦的最后一批 F-100D 从军中退役，取而代之的是 F-16 战斗机。丹麦皇家空军中有三个中队装备了 F-100 系列战机，并将其当成战斗轰炸机来使用。

规格

机组成员：1 人
动力设备：1 台普拉特·惠特尼（Pratt & Whitney）J57-P-21/21A 涡轮喷气发动机（推力为 45 千牛）
最高速度：1380 千米 / 时
航程：3210 千米
实用升限：15000 米
尺寸：翼展 11.8 米；机长 15.2 米；机高 4.95 米
重量：13085 千克
武器：4 门 20 毫米 M-39 机炮；4 枚 AIM-9 "响尾蛇"导弹；可挂载 1 枚 3190 千克重的战术核弹

北美航空公司（North American）F—86F "佩刀"（Sabre）
1960年，挪威皇家空军，第336中队 [位于立格（Rygge）]
图中这架F—86F于1960年列装挪威皇家空军第336中队（位于立格），主要用于防范苏联的轰炸机。F—86F在执行任务时，会有装备了雷达的F—86K为其提供支援。挪威皇家空军在波多（Bodo）、立格和奥兰德三地部署了F—86F昼间战斗机。1967年，挪威最后一支装备F—86F的中队换装了F—5战斗机。

规格

机组成员：1人
动力设备：1台阿芙罗 - 奥伦达（Avro Orenda）马克14涡轮喷气发动机（推力为32.3千牛）
最高速度：965千米/时
航程：530千米
实用升限：14600米
尺寸：翼展15.8米；机长11.4米；机高4.4米
重量：6628千克
武器：6挺12.7毫米机枪

在战时，北约各成员国的任务是切断波罗的海的航运通道，截击华约方面派往中央防线区域的援军并掌握制空权。其中，掌握制空权尤为重要——既可以防止华约空军从右翼迂回至北约后方地带，也可以防止华约空军飞越北海对英国发起攻击。对华约与北约来说，丹麦是一处极为重要的战略要地，既可以用于集结军队发动反攻，也可以成为开辟新防线的要冲。北约如果控制了丹麦，便可派兵挫败华约军队穿越北德平原（North German Plain）的任何企图。

北欧盟军

北约北方的空中防务主要是由北欧盟军 [Allied Forces Northern Europe，简称AFNORTH，总部设在挪威的柯尔萨斯（Kolsaas）] 承担，该军负责戍守丹麦、挪威和西德北部。北约方面以一条南北走向的轴线为界，将挪威划分为南挪威司令（Commander South Norway，简称COMSOR）辖区和北挪威司令（Commander

North Norway，简称 COMNON）辖区。

位于丹麦卡鲁普（Karup）的波罗的海盟军司令部（BALTAP，隶属北欧盟军司令部），主要负责封锁波罗的海。波罗的海盟军司令部分为四个作战指挥部，负责统领丹麦与西德陆海军、西德海军航空兵（Marineflieger）、丹麦空军和德国空军驻北欧部队。其中，德国空军驻北欧部队下设一支轻型攻击机联队（装备"阿尔法喷气"战机）和一支侦察联队（装备 RF-4E 战机）。

为波罗的海防务提供支援的还有北约欧洲盟军司令部机动部队（NATO Allied Command Europe Mobile Force，简称 AMF）。这是一支由多国部队组成的快速机动联军，可根据实际情况部署至丹麦或挪威，以增强这两个国家的"防御性空中武装"。丹麦和挪威的空军规模相对较小，两国空军的核心力量均为四支 F-16 联队。此外，北约方面还有一些部队可为波罗的海地区提供支援，包括：英国机动部队（UK Mobile Force，包含一支"美洲虎"联队和一支"鹞式"中队）、美国海军陆战队（the U.S. Marine Corps）、荷兰—英国两栖部队、美国陆军和美国空军。截至 20 世纪 80 年代，北约已在挪威的欧兰（Ørland）设立了一个 E-3"哨兵"预警机前哨作战基地。

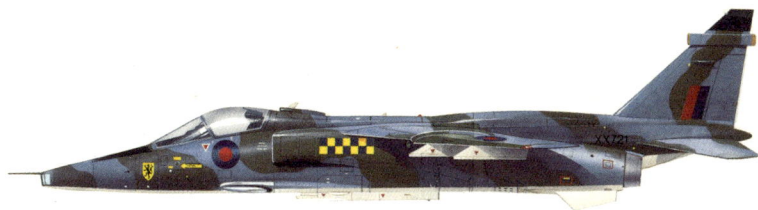

欧洲战斗教练和战术支援飞机制造公司（SEPECAT）"美洲虎"（Jaguar）GR.Mk 1
20 世纪 80 年代，英国皇家空军，第 54 中队 [位于科尔蒂瑟尔（Coltishall）]
和平时期，驻英国本土的三支"美洲虎"中队被部署在科尔蒂瑟尔。如遇战事，这三支"美洲虎"中队便会被作为战略储备力量投入北约北部防线。英国皇家空军会定期派遣"美洲虎"（Jaguar）GR.Mk 1 参与演习，以积累在挪威北部恶劣条件下作战的经验。

规格

机组成员：1 人
动力设备：2 台罗尔斯 - 罗伊斯 / 透博梅卡（Tubomeca）"阿杜尔"Mk 102 涡轮风扇发动机（单台推力为 32.5 千牛）
最高速度：1593 千米 / 时
航程：557 千米
实用升限：14020 米
尺寸：翼展 8.69 米；机长 16.83 米；机高 4.89 米
重量：15500 千克
武器：2 门 30 毫米"德发"（DEFA）机炮；可携带 4536 千克重的常规炸弹或核弹

挪威和丹麦一样，也是北约与华约的必争之地。挪威与苏联接壤，后者可直接入侵前者的领土，或者从北部发起两栖登陆作战。对北约来说，挪威是进攻苏联北方舰队（the Soviet Northern Fleet）及其导弹潜艇的桥头堡，控制挪威便可以封锁波罗的海的入海口。对苏联来说，在控制挪威的同时，于挪威与冰岛之间部署一道潜艇防线，便可以封闭挪威海，从而阻止北约援军进入该海域。

如遇战事，挪威可以得到北约作战单位（包括地面部队）的快速增援。美国定期在挪威海部署航母战斗群，英国皇家海军陆战队第3突击旅（UK's 3rd Commando Brigade）与荷兰海军也在此地活动频繁。为挪威提供空中支援的是北约欧洲盟军司令部机动部队和加拿大海空混合运输旅（Canada's Air-Sea Transportable Brigade Group，拥有两支 CF-5A 中队，通常被部署在加拿大，仅在战时前往挪威执行任务）。

第二章

空中力量在海上

制海权是北约和华约争夺的另一个焦点，双方均为此部署了用于进攻和防御的战机。舰载航空力量（Carrier-based air power）可以直观地显示海军的实力，与陆基巡逻机和强击机（攻击机）有着同等重要的地位。总的说来，舰载航空力量、陆基巡逻机与强击机（攻击机）、舰载与陆基直升机共同充实了海军的实力，它们可在保护海上航道与海洋资源、保护舰队，以及应对敌军舰船和潜艇等方面为海军提供支援。

卡尔文森号航母（USS Carl Vinson）
卡尔文森号航空母舰（以下简称"航母"）展现了美国海军航母舰队的实力。在这张照片中，停泊在该舰甲板上的，是20世纪80年代时的飞行联队所拥有的各式战机，其中包括F—14战斗机、A—6攻击机、A—7攻击机、EA—6电子战飞机、E—2预警机和A—3轰炸机。二战结束后，航母成为美国海军的主力战舰。

美国航母与舰载机，1945—1989年

自从在太平洋战争中大显身手以来，航母便开始取代战列舰成为决定海战胜负的关键力量。美国海军就是一个发展航母的典范。

虽然航母在第二次世界大战中证明了自己的价值，但是欧洲胜利日后，美国海军的航母数量却在逐渐减少。截至1950年，美国海军在役的航母仅有15艘。此外，美国建设"合众国"号超级航母（the USS United States）的计划也于1948年被取消。

"埃塞克斯"级航母（Essex-class carriers）未能在二战期间服役，但在朝鲜战争期间参与了兵力投送。"中途岛"级各航母的体形更大，被率先用于运载携带核弹的舰载轰炸机 [最早服役的机型是 AJ-1 "野人"（Savage）]。

喷气式飞机时代的航母

喷气式飞机的出现，让美国海军对航母提出了新的要求。美国海军对13艘"埃塞克斯"级航母进行了现代化改造，重新配置了甲板与升降机，以更好地适应喷气式飞机的操作需求。修订后的"埃塞克斯"级航母设计方案已可以用于新的战略部署，但当时的美国更担忧苏联潜艇的部署情况。为了应对苏联潜艇的威胁，美国部署了新的轻型航母、经过改建的护航航母和专为反潜作战改造的飞机。与此同时，美国还计划研发一种新型航母，以期在大西洋的军事基地内就可以派出携带核弹的轰炸机，直接打击苏联境内目标。作为"中途岛"级航母的继任者，新型航母[1]的首舰——"福莱斯特"号航母（the USS Forrestal）就此诞生了。该航母于1955年服役，是首艘专为喷气式飞机设计建造的航母，拥有由英国首创的两大革命性特征：斜角甲板（Angled deck）与蒸汽弹射器（Steam catapult）。

1953—1958年间，美国海军每年都会新购一艘"超级航母"。1961年，第一艘核动力航母——"企业"（Enterprise）号正式服役。这艘核动力航母无须填充燃料，只需补充仓储物资、舰载机的航空燃油和火炮弹药。越南战争时期，"企业"

---

① 译者注：即"福莱斯特"级。

号航母、"福莱斯特"级各航母和仅存的几艘"埃塞克斯"级航母（已进行升级，装备了斜角甲板等设施）在越南沿海地带频繁活动。

迄今为止，承担反潜任务的轻型航母的吨位都很小。后来，一些经过改造的"埃塞克斯"级航母也被用于执行反潜任务 [搭载了 AF"守护者"（Guardian）和 S2F"追踪者"（Tracker）等专用战机]。这类执行反潜任务的航母被称为"反潜航母"（CVS），在反潜特混大队（task group）中服役。第一艘反潜航母于 1958 年下水。此外，还有一些"埃塞克斯"级航母被改造为直升机航母，负责承担两栖突击任务。

"中途岛"级航母和 AJ–1 舰载轰炸机验证了舰载核打击力量的发展潜力。美国海军于 20 世纪 50 年代末引入了首个舰载携核弹喷气式机型——A3D"天空勇士"（Skywarrior）。A4D"天空勇士"的尺寸更小，但同样能够携带核弹，并且能够在更短的飞行甲板上起降。此外，美国海军首批最大飞行速度能够达到 2 马赫的舰载截击机 [装备导弹的 F8U"十字军战士"（Crusader）和 F4H"鬼怪"Ⅱ] 也充实了军队的空中进攻力量。

格鲁曼公司（Grumman）F8F–1"熊猫"（Bearcat）
1949—1950 年，美国海军，"雷伊泰"号航母（USS Leyte），第 72 海军战斗机中队
F8F–1 是一款性能极佳的活塞式战斗机。不过，随着喷气式战斗机的快速发展，F8F–1 只能在美国海军后备队（the U.S. Naval Reserve）中服役。最后一批 F8F–1 共生产了 770 架，图中这架 F8F–1 便是其中之一（1949—1950 年间被部署在"雷伊泰"号航母上）。

规格

机组成员：1 人
动力设备：1 台普拉特·惠特尼 R–2800–34W"双黄蜂"星形活塞发动机（功率为 156 千瓦）
最高速度：678 千米 / 时
航程：1778 千米
实用升限：11796 米
尺寸：翼展 10.92 米；机长 8.61 米；机高 4.21 米
重量：5873 千克
武器：4 挺 12.7 毫米 M2 机枪；最多可携带 454 千克重的炸弹或 4 枚 127 毫米航空火箭弹

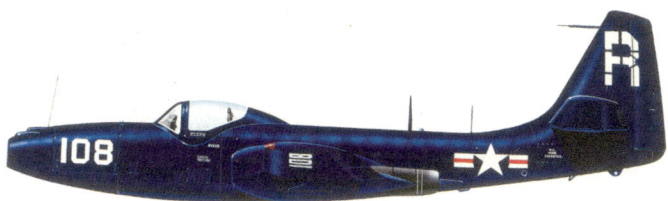

麦克唐纳飞机公司（*McDonnell*）*FH-1*"鬼怪"（*Phantom*）
20 世纪 40 年代末，美国海军，第 171 海军战斗机中队［位于昆锡点（Quonset Point）海军基地］
图中这架 *FH-1* 隶属美国海军第 171 海军战斗机中队（前身为第 17A 海军战斗机中队，是美国海军中唯一一个在航母上驾驶 *FH-1* 的作战单位）。作为美国海军订制的首款全喷气式飞机，*FH-1* 于 1947 年 7 月开始在美国海军的飞行中队中服役。后来，*FH-1* 被降格部署至美国海军后备队和海军陆战队。

规格

机组成员：1 人
动力设备：2 台西屋 J30-WE-20 涡轮喷气发动机（单台推力为 7.1 千牛）
最高速度：771 千米 / 时
航程：1120 千米
实用升限：12525 米
尺寸：翼展 12.42 米；机长 11.35 米；机高 4.32 米
重量：4552 千克
武器：4 挺 12.7 毫米机枪

北美航空公司（*North American*）*FJ-1*"狂怒"（*Fury*）
20 世纪 40 年代末，美国海军，第 5A 海军战斗机中队［位于圣地亚哥（San Diego）］
北美航空公司仅试产了 30 架采用平直翼设计的 *FJ-1*"狂怒"。此后，该公司在 *F-86*"佩刀"的设计基础上，研发并生产了采用后掠翼设计的 *FJ-2*"狂怒"（*FJ-2 Fury*）及其后续机型。至于 *FJ-1*"狂怒"，则在一个独立飞行作战单位（位于圣地亚哥的第 5A 海军战斗机中队）该中队从 1948 年 3 月开始执行作战任务，是首个参与实战的美国海军喷气式战斗机中队）中服役。

规格

机组成员：1 人
动力设备：1 台阿里森 J35-A-2 涡轮喷气发动机（推力为 17.8 千牛）
最高速度：880 千米 / 时
航程：2414 千米
实用升限：9754 米
尺寸：翼展 9.8 米；机长 10.5 米；机高 4.5 米
重量：7076 千克
武器：6 挺 12.7 毫米机枪

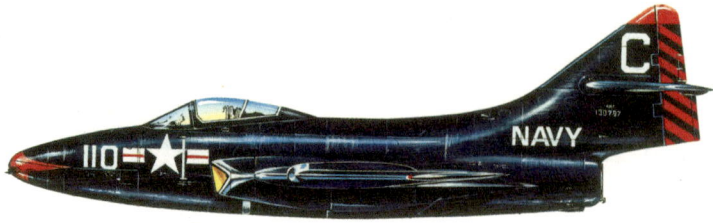

格鲁曼公司（Grumman）F9F—7"美洲狮"（Cougar）

1953 年，美国海军，第 21 海军战斗机中队 [位于奥西阿纳（Oceana）]

采用后掠翼设计的 F9F—7"美洲狮"，是 F9F"黑豹"（Panther，曾参与朝鲜战争）的后续机型。图中这架 F9F—7"美洲狮"，装备了一台阿里森 J33 发动机，于 1953 年开始服役。F9F—7"美洲狮"在 20 世纪 50 年代中期成为美国航母舰队的标配舰载战斗机。

规格

机组成员：1 人

动力设备：1 台阿里森 J33 发动机（推力为 28.25 千牛）

最高速度：1041 千米 / 时

航程：2111 千米

实用升限：12800 米

尺寸：翼展 10.5 米；机长 12.9 米；机高 3.7 米

重量：9116 千克

武器：4 门 20 毫米 M2 机炮；6 枚 127 毫米航空火箭弹；4 枚 AIM-9"响尾蛇"导弹；2 枚 454 千克重的炸弹

"尼米兹"级航母的时代

越南战争末期，美国海军的航母在战争中扮演着至关重要的角色，在西太平洋完成了 71 次巡航任务——"小鹰"（Kitty Hawk）号常规动力航母（实际上是"福莱斯特"级航母的改进型）也参与了这些任务。于 1975 年服役的"尼米兹"级航母的首舰，拉开了新一轮技术大进步的序幕。此时，战略核打击的任务已由潜艇接替，而航母则被视为"有限战争"（Limited warfare）的常规主战力量。在冷战结束前，"尼米兹"级航母一直是美国最先进的航母。截至 1989 年，共有 5 艘"尼米兹"级航母服役。

"尼米兹"级航母的满载排水量约为 90000 吨，可以执行反潜任务和攻击任务，是美国海军首批真正意义上的多用途航母。每艘"尼米兹"级航母上，都可以部署一支拥有 74—86 架舰载机的飞行联队。1986 年，美国进攻利比亚时，一支标准的美国海军舰载机飞行联队编成内有 2 个 F-14A 截击机中队、1 个 A-6E 攻击机中队、2 个 A-7E 攻击机中队和若干独立中队（各独立中队均装备有 EA-6B 电子战飞机、E-2C 空中预警机和 SH-3H 反潜直升机）。

格鲁曼公司（Grumman）S2F—2 "追踪者"（Tracker）
20 世纪 50 年代末，美国海军，第 21 海上控制中队
在冷战期间的大部分时间里，S2F—2 "追踪者"都是美国海军舰载反潜机中队里的主力机型。与当时的其他反潜机相比，S2F—2 "追踪者"的弹舱容量更大，尾翼的翼展更宽。该机型的生产时间为 1954—1955 年。

规格

机组成员：4 人
动力设备：2 台赖特 R-1820-82 星形活塞发动机（单台功率为 1135 千瓦）
最高速度：438 千米 / 时
航程：1558 千米
实用升限：6949 米
尺寸：翼展 21 米；机长 12.8 米；机高 4.9 米
重量：11069 千克
武器：鱼雷；火箭弹；普通深水炸弹或 1 枚 Mk 47 深水炸弹或 1 枚 Mk101 核深水炸弹

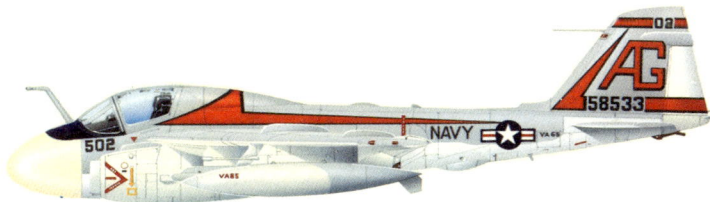

格鲁曼公司（Grumman）A—6E "入侵者"（Intruder）
20 世纪 70 年代中期，美国海军，"独立"号航母（USS Independence），第 65 海军攻击中队
A—6 系列全天候远程攻击机从 1964 年开始服役，直至冷战结束。在此期间，A—6 系列战机在越南和利比亚等地参与了战争。A—6E 是 A—6 的最终改进型，图中这架 A—6E 隶属第 65 海军攻击中队。第 65 海军攻击中队的绰号是 "老虎中队"，隶属 "独立"号航母编成内的第 7 航母舰载机联队（Carrier Air Wing 7，简称 CVW—7）。

规格

机组成员：2 人
动力设备：2 台普拉特·惠特尼 J52-P-8A 涡轮喷气发动机（单台推力为 41.4 千牛）
最高速度：1043 千米 / 时
航程：1627 千米
实用升限：14480 米
尺寸：翼展 16.15 米；机长 16.69 米；机高 4.93 米
武器：5 个外挂点，最大有效载荷为 8165 千克（可挂载核弹、常规炸弹、制导炸弹、空对地导弹和副油箱）

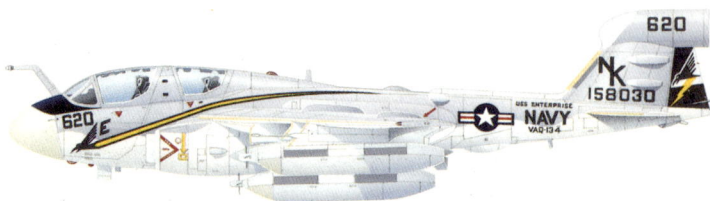

格鲁曼公司（Grumman）EA—6B"徘徊者"（Prowler）
20世纪70年代末，美国海军，"企业"号航母（USS Enterprise），第134海军电子攻击中队

EA—6B电子战飞机曾在"企业"号航母上服役，该机的核心装备是AN/ALQ—99战术干扰吊舱。EA—6B是EA—6A的衍生机型，后者是格鲁曼公司在A—6A的基础上专为美国海军改装的电子战飞机。

规格

机组成员：4人
动力设备：2台普拉特·惠特尼J52-P-408涡轮喷气发动机（单台推力为49.8千牛）
最高速度：982千米/时
航程：1769千米
实用升限：11580米
尺寸：翼展16.15米；机长18.24米；机高4.95米
重量：29484千克
武器：早期机型未携带武器，后加装了外挂点，可挂载6枚AGM-88"哈姆"（HARM）高速反辐射导弹

沃特飞机公司（Vought）A—7B"海盗Ⅱ"（Corsair Ⅱ）
20世纪70年代初，美国海军，"肯尼迪"号航母（USS John F. Kennedy），第46海军攻击中队

图中这架A—7B"海盗Ⅱ"曾在"肯尼迪"号航母上服役，该机机身上喷涂有其服役初期流行的各种标识。A—7系列战机是A—4的后续机型，前者是美国海军轻型攻击中队里的"标准配置"。图中这架A—7B"海盗Ⅱ"隶属大西洋舰队（the Atlantic Fleet）下辖的第1航母舰载机联队。

规格

机组成员：1人
动力设备：2台普拉特·惠特尼TF30-P-8推力涡轮风扇发动机（单台推力为54.2千牛）
最高速度：1123千米/时
航程：1150千米
实用升限：无详细数据
尺寸：翼展11.8米；机长14.06米；机高4.9米
重量：19050千克
武器：2门20毫米柯尔特（Colt）Mk 12转管机炮；可携带6804千克重的炸弹或空对地导弹等武器

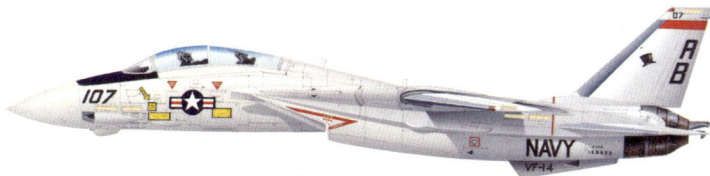

格鲁曼公司（Grumman）F—14A"雄猫"（Tomcat）

20世纪70年代初，美国海军，"肯尼迪"号航母（USS John F. Kennedy），第14海军战斗机中队

F—14A"雄猫"是美国海军在冷战期间装备的主力截击机，该机型配备了强大的AWG—9雷达系统和"不死鸟"（Phoenix）远程空对空导弹。截至20世纪80年代中期，共有22支前线中队列装了F—14系列战机。图中这架F—14A"雄猫"在"肯尼迪"号航母编成内的第14海军战斗机中队（隶属第1航母舰载机联队）中服役。

规格

机组成员：2人

动力设备：2台普拉特·惠特尼TF30-P-412A涡轮风扇发动机（单台推力为92.9千牛）

最高速度：2517千米/时

航程：3220千米

实用升限：17070米

尺寸：翼展19.55米（全展开）或11.65米（全后掠）；机长19.1米；机高4.88米

重量：33724千克

武器：1门20毫米"火神"（Vulcan）多管机炮；可同时携带AIM-7"麻雀"导弹、AIM-9中程空对空导弹和AIM-54"不死鸟"远程空对空导弹

洛克希德公司（Lockheed）S—3A"北欧海盗"（Viking）

20世纪80年代初，美国海军，"尼米兹"号航母（USS Nimitz），第24海上控制中队

冷战后期，美国海军用S—3系列战机取代了S—2，大幅提升了舰载反潜能力。S—3A"北欧海盗"配备了先进的传感器与航电设备，拥有卓越的续航能力与远程巡逻能力。图中这架S—3A"北欧海盗"在"尼米兹"号航母编成内的第24海上控制中队里服役（该中队被部署在弗吉尼亚州的奥希阿纳）。

规格

机组成员：4人

动力设备：2台通用电气涡轮风扇发动机（单台推力为41.26千牛）

最高速度：828千米/时

航程：5121千米

实用升限：12465米

尺寸：翼展20.93米（机翼展开）或9米（机翼折叠）；机长16.26米；机高6.93米

重量：17324千克

武器：最大载弹量为2220千克

英国航母与舰载机，1945—1989 年

英国皇家海军与美国海军类似，在第二次世界大战中充分地发挥了航母的作用。不仅如此，英国的舰载航空力量也在冷战期间于各类战争中扮演了重要角色。

二战结束时，英国皇家海军的航母舰队或是被裁撤，或是被交付给了他国海军。20 世纪 50 年代初，英国海军在现有的"二战舰队"的基础上，组建了新的航母编队。20 世纪 50 年代，新的"巨人"（Colossus）级航母开始服役。英国可搭载喷气式飞机的航母的发展速度比美国慢，截至 1953 年 7 月，英国海军航空兵（Fleet Air Arm）的主力战机依然是使用活塞发动机的"海喷火"（Seafire）舰载战斗机、"萤火虫"（Firefly）舰载战斗机和"海怒"（Sea Fury）舰载战斗机。不过，无论是在马来亚（Malaya），还是在伊拉克等地，英国航母的活动都很频繁。比如，英国航母曾参与了 1956 年的苏伊士运河战争——这是英国航母参与的最为重大的军事行动。需要说明的是，参与苏伊士运河战争的英国航母已搭载了喷气式飞机。

英国宇航公司（British Aerospace）"海鹞"（Sea Harrier）FRS.Mk 1
20 世纪 80 年代初，英国皇家海军，"无敌"号航母（HMS Invincible），第 800 海航中队
图中这架"无敌"号航母搭载的"海鹞"FRS.Mk 1，与英国皇家空军的"海鹞"GR.Mk 3 基本相同——只是机头经过了重新设计 [内部装有"蓝狐"（Blue Fox）雷达]，并抬高了驾驶舱的位置。在空对空武器方面，该机型通常会装备两枚 AIM-9"响尾蛇"导弹和 30 毫米机炮吊舱。

规格

机组成员：1 人
动力设备：1 台罗尔斯 - 罗伊斯"飞马"（Pegasus）推力矢量涡轮风扇发动机（推力为 95.6 千牛）
最高速度：1110 千米 / 时
航程：740 千米
实用升限：15545 米
尺寸：翼展 7.7 米；机长 14.5 米；机高 3.71 米
重量：11884 千克
武器：2 门 30 毫米机炮；可携带 AIM-9"响尾蛇"导弹或马特拉"魔术"（Matra Magic）空对空导弹、"鱼叉"（Harpoon）或"海鹰"（Sea Eagle）反舰导弹；最大载弹量为 3629 千克

1950 年发生的战争推动了英国新航母——特别是"半人马"（Centaur）级航母和"鹰"号（HMS Eagle）航母的建造。1951 年，英国海军航空兵首次装备了舰载喷气式飞机 ["攻击者"（Attacker）]。接下来，刚刚列装了"飞龙"（Wyvern）攻击机（装备了涡轮螺旋桨发动机）与"空中袭击者"（Skyraider）预警机（搭载了机载预警平台，由美国提供）的英国海军航空兵参与了苏伊士运河战争。此后，英国将注意力放到了反潜作战上，引入了专用的舰载反潜机。

喷气式飞机时代

于 1955 年完工的"皇家方舟"（Ark Royal）号，是世界上首艘斜角甲板航母。[①] 因为装备了蒸汽弹射器，所以该航母可以起降重型飞机。此外，"蜻蜓"（Dragonfly）搜救直升机在朝鲜战争中的出色表现，也让英国皇家空军迅速认识到了舰载直升机的价值。

1953 年，得益于"旋风"（Whirlwind）直升机在马来亚陆续投入使用，英军开创了利用舰载直升机发起机降突击行动的先河。在苏伊士运河战争期间，英军使用"旋风"直升机实施了第一次大规模直升机机降突击行动。20 世纪 60 年代初，最后一批"半人马"（Centaur）级航母陆续服役，其中两艘不久后便接受了改造，被用于承担直升机机降突击任务。在此之后，新一代舰载机开始列装部队，其中专为承担低空核打击任务而设计的"海盗"（Buccaneer）攻击机于 1963 年服役。

20 世纪 60 年代，英国皇家海军舰载航空兵参与了在科威特、婆罗洲岛（Borneo）、亚丁、东非和罗德西亚（Rhodesia）等地进行的空中军事行动。与此同时，英国海军部（Admiralty）正计划设计一种新级别的"超级航母"——CVA-01 航母。1966 年，英国宣布从苏伊士运河以东撤走全部军队，并因此取消了"新航母计划"，终结了英国皇家海军的常规动力航母时代。而英国海军航空兵，则引入了"鬼怪"舰载战斗机。在这里有两点值得注意，一是"鬼怪"舰载战斗机仅从"皇家方舟"号航母上起降并参与作战，二是"皇家方舟"号是英国最后一艘舰队型航母（一直服役至 1978 年）。

---

① 译者注：英国历史上有多艘"皇家方舟"号航母，此处指的是"鹰"级航母中的"皇家方舟"号，舷号为 R 09。

当英国皇家海军将战略重点转为"在大西洋地区实施反潜作战"后，英国又引入了一种新型航母——"无敌"（Invincible）级航母。"无敌"级航母主要装备"海王"（Sea King）反潜直升机、防空型"海鹞"（Sea Harrier）垂直 / 短距起降（Vertical/short take-off and landing，简称 V/STOL）战斗机，并为"海鹞"战斗机配备了滑跃（Ski-jump）甲板，摒弃了弹射器和拦阻尾钩（Arrestor gear）。"无敌"级航母的首舰是"无敌"号航母。此外，改造后的"竞技神"（Hermes）号航母也为"海鹞"战斗机起降加装了滑跃甲板。这两艘航母后来在 1982 年的福克兰岛战争（Falklands campaign）中发挥了重要作用。

苏联航母与舰载机，1968—1989 年

冷战期间，苏联海军从未部署过任何常规航母，但却在反潜航母领域活动频繁——这折射出了苏联发展海军的宏大规划。

在二战刚刚结束时，美国海军无人能敌。但到了冷战末期，苏联海军凭借其舰基核武器的优势异军突起，对美国及其盟友构成了极大的威胁。

1973 年，苏联海军元帅谢尔盖·戈尔什科夫（Sergey Gorshkov）表示："苏维埃海军的旗帜在全球各大洋上空高高飘扬。假以时日，美国人定会丧失海洋霸权。"这句话表明了海战的重要性，以及建立"蓝水海军"（Blue-water navy）在苏联的战略思想中的重要地位。同时，这句话也宣告了苏联的早期航母发展战略的失败。

反潜航母

曾经以防御战略为主的苏联海军，在掌握了舰基战略导弹技术后，已能够部署战略核潜艇，并最终形成了强大的海军核打击能力。鉴于核潜艇已成为影响战略博弈的重要因素，反潜便成了苏联海军在冷战期间的首要任务。

苏联的"莫斯科"（Moskva）级航母虽然拥有 14600 吨的排水量，但却并非真正意义上的航母。"莫斯科"级航母被苏联定义为"携载航空军械的反潜巡洋舰"，其搭载的飞行联队装备的是卡 -25 反潜直升机。"莫斯科"级航母共有两艘，均在黑海舰队服役，其中第一艘于 1968 年下水。

雅克福列夫设计局（Yakovlev）雅克 −38
20 世纪 80 年代初，苏联海军航空兵（AVMF）

雅克 −38 是苏联海军航空兵装备的新型舰载固定翼飞机。虽然该机型主要担负轻型攻击任务，但理论上也可以携载自由落体核弹。1975 年，雅克 −38 被部署至"基辅"号航母上。

规格

机组成员：1 人
动力设备：2 台雷宾斯克（Rybinsk）RD-36-35VFR 升力涡轮风扇发动机（单台推力为 29.9 千牛）和 1 台图曼斯基 R-27V-300 推力矢量发动机（推力为 68 千牛）
最高速度：1009 千米／时
航程：370 千米
实用升限：12000 米
尺寸：翼展 7.32 米；机长 15.5 米；机高 4.37 米
重量：11700 千克
武器：有效载荷为 2000 千克

卡莫夫设计局（Kamov）卡 −27
20 世纪 80 年代初，苏联海军航空兵

卡 −27 舰载直升机是卡 −25 的后续机型，被北约称为"蜗牛"（Helix）。卡 −27 是一种多用途军用直升机，在服役之初便拥有反潜与通用（搜救）等机型。从 20 世纪 80 年代中期开始，在卡 −27 的基础上改装而成的卡 −29 被用于两栖作战。

规格

机组成员：1—3 人
动力设备：2 台伊索托夫涡轮轴发动机（单台功率为 1660 千瓦）
最高速度：270 千米／时
航程：980 千米
实用升限：5000 米
尺寸：旋翼直径 15.80 米；机长 11.30 米；机高 5.50 米
重量：11000 千克
武器：1 枚鱼雷，或者 36 枚 RGB–NM 与 RGB–NM–1 声呐浮标苏联共建成了四艘"基辅"（Kiev）级航母。"基辅"级航母沿用了"莫斯科"级航母的设计，但作战能力得到了一定提升。"基辅"级航母虽然被苏联定义为"重型载机巡洋舰"（Heavy aircraft-carrying cruiser），但却是真正意义上的航母。该级航母能够搭载雅克 -38 垂直 / 短距起降战斗机或卡 -25（后期可搭载卡 -27）反潜直升机。该级航母的首制舰于 1975 年服役。四艘"基辅"级航母被分配给了北方舰队和太平洋舰队。随着冷战接近尾声，苏联开始着手设计一种新的常规航母。遗憾的是，由于苏联的解体，新的常规航母注定再也无法挂上苏联的旗帜出征远洋。

苏联海上打击能力，1955—1989 年

面对强大的美国航母舰队，苏联也针锋相对，在冷战期间集结舰载强击机，构建起一支强悍的海上打击力量。

在空军战略轰炸机或战术轰炸机的基础上改装而成的"导弹强击机"，是苏联海军在冷战期间独创的战机类型，属于陆基远程轰炸机。

图波列夫设计局（Tupolev）图 －16
图 －16 是冷战时期苏联海军的主力机型，可承担多种作战任务。例如，图中这架图 －16 正在执行导弹运载任务。

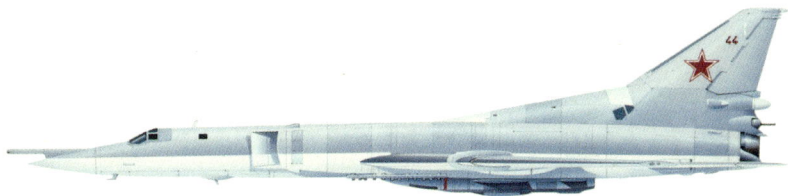

图波列夫设计局（Tupolev）图－22M－2
20世纪80年代，苏联海军航空兵

苏联空军与海军均装备了图－22M－2。苏联海军为图－22M－2装备了Kh－22反舰导弹，将其用于执行海上远程打击任务。在1988年以前，苏联海军中有约150架图－22系列战机（隶属黑海舰队、北方舰队和太平洋舰队）。至1991年，苏联方面共有8个航空兵团装备了图－22M－2。

规格

机组成员：4人
动力设备：2台库兹涅佐夫（Kuznetsov）涡轮喷气发动机（单台推力为196千牛）
最高速度：1800千米/时
航程：5100千米
实用升限：13000米
尺寸：翼展34.28米（全展开）或23.3米（全后掠）；机长41.46米；机高11.05米
重量：122000千克
武器：2门23毫米GSH-23机炮；最多可携带3枚Kh-22空对地导弹

图-16、图-22和图-22M可挂载导弹的衍生机型均属于"导弹强击机"，它们在战时的作战目标为：打击美国海军的航母战斗群和为欧洲提供重要补给与增援的后勤船只。

反航母作战思想

20世纪60年代末，苏联元帅瓦西里·索科洛夫斯基（Vasily Sokolovsky）指出，很有必要"在敌方战机从航母上起飞前就击沉航母"——装备了导弹的海军飞机、潜艇、水面舰艇，甚至洲际弹道导弹（ICBM）均可承担此作战任务。

海上巡逻，1946—1989年

想要发展核动力潜艇，就必须部署与之配套的空中巡逻力量。为此，各国开始在冷战期间考虑部署海上巡逻任务。

二战期间，各国利用海上巡逻飞机有效地应对了潜艇带来的威胁。但在20世纪 50 年代，随着潜艇技术的发展（各大强国均研发出了速度更快、机动性更强的潜艇），局势发生了逆转。最终，拥有"近乎无限的续航能力"的核动力潜艇出现在了军备竞赛的舞台上。这些核动力潜艇很快就装备了核导弹，成了影响战略平衡的决定性因素。

截至 1946 年，英国皇家空军海防总队（RAF Coastal Command）仅装备了 50 架前线作战飞机——由此可见海上巡逻力量当时并没有得到英国的重视。

别里耶夫设计局（Beriev）别－6
20 世纪 70 年代初，苏联海军航空兵
在整个冷战期间，苏联海军装备了大量用于执行反潜作战任务的水上飞机，别－6[北约代号为"马奇"（Madge）] 便是其中之一。别－6 的尾桁内装有醒目的"磁异常探针"。该机型在苏联一直服役到 20 世纪 70 年代初。

规格

机组成员：7 人
动力设备：2 台库什韦佐夫（Shvetsov）ASh-73TK 星形发动机（单台功率为 1800 千瓦）
最高速度：414 千米 / 时
航程：5000 千米
实用升限：6100 米
尺寸：翼展 33 米；机长 23.5 米；机高 7.64 米
重量：23456 千克
武器：2 门 23 毫米努杰里曼 - 里希特（Nudelman-Rikhter）NR-23 机炮；2 枚 1000 千克重的鱼雷或 8 枚水雷

被淘汰的水上飞机

鉴于上文所述的原因，反潜武器再次得到重视，各国开始使用水上飞机为陆基远程飞机提供支援。因为新研发的海上巡逻飞机拥有更强的续航能力，所以大多数国家很快就淘汰了水上飞机。唯有苏联是一个例外，该国一直到冷战结束都还在使用水陆两用飞机。

朝鲜战争结束后，慑于苏联潜艇力量的增长，北约开始推动海军扩张。战后首款大规模列装北约部队的美国海军海上巡逻飞机是 P2V "海王星"（Neptune）

巡逻机，该机型在多个北约成员国中的服役时间长达 30 年以上，直至更先进的机型服役。这些"更先进的机型"包括：美国的 P-3"猎户座"（Orion）、加拿大的 CL-28"阿尔戈斯"（Argus），以及英国皇家空军的"猎迷"（Nimrod）。加拿大十分重视海上巡逻机，该国于 20 世纪 80 年代初在 P-3 的基础上自主研发出了 CL-28"阿尔戈斯"——该机型后被 CP-140"曙光女神"（Aurora）取代。加拿大将 CP-140"曙光女神"部署在该国的东西海岸线附近，并由航程相对较短的 S-2"追踪者"（Tracker）提供支援。

北约各国对 P2V"海王星"的替代品的需求推动了"大西洋巡逻机"的研发。1961 年，采用全新设计的"大西洋巡逻机"完成了试飞。随后，西德、法国、荷兰和意大利均获得了该巡逻机的相关技术。通常说来，冷战期间的海上巡逻机均由高效率的涡轮螺旋桨发动机来提供动力，而这类飞机的庞大机身也足以容纳综合传感器与攻击性武器。英国的"猎迷"、美国的 P-3，以及苏联的伊尔 -38 都是在现有大型客机的设计基础上改造而成的。P-3 和伊尔 -38 使用的是涡轮螺旋桨发动机，而"猎迷"使用的是喷气式发动机（Jet engines）。因此，就某些方面而言，"猎迷"要更为先进。

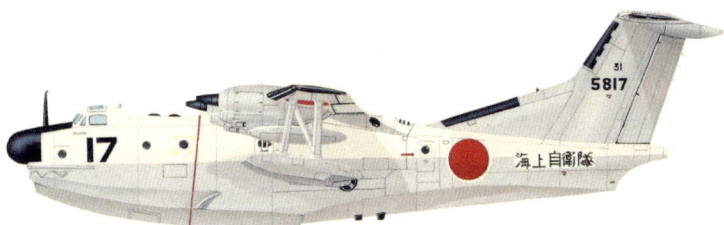

日本新明和工业株式会社（Shin Meiwa）PS-1
20 世纪 80 年代初，日本海上自卫队，第 31 航空队
作为紧邻苏联的海上国家，日本在冷战期间的防御策略更侧重反潜作战。PS-1 是日本本土生产的水上飞机，在被由美国提供的 P-3"猎户座"取代前一直负责执行巡逻任务。PS-1 可携载各式反潜探测器与武器，巡航时间长达 15 个小时。

规格

机组成员：9 人
动力设备：4 台通用电气 T-64-IHI-10J 涡轮螺旋桨发动机（单台功率为 2250 千瓦）
最高速度：545 千米 / 时
航程：4700 千米
实用升限：9000 米
尺寸：翼展 33.1 米；机长 33.5 米；机高 9.7 米
重量：43000 千克
武器：炸弹、鱼雷或深水炸弹

别里耶夫设计局（Beriev）别－12
20 世纪 70 年代初，苏联海军航空兵

别－12 是苏联专为海上巡逻和反潜作战设计的水陆两用飞机，装备了搜索雷达与磁异常探测尾桁等水上侦测装置。随着潜艇技术的发展，别－12 被逐渐淘汰。不过，有部分经改装的别－12 被用于执行运输与搜救任务。

规格

机组成员：4 人
动力设备：2 台伊夫琴科 - 进步设计局（Ivchenko-Progress）AI-20D 涡轮螺旋桨发动机（单台功率为 3864 千瓦）
最高速度：530 千米 / 时
航程：3300 千米
实用升限：8000 米
尺寸：翼展 29.84 米；机长 30.11 米；机高 7.94 米
重量：36000 千克
武器：可携带 1500 千克重的炸弹、深水炸弹或鱼雷

洛克希德公司（Lockheed）P2V－1 "海王星"（Neptune）
20 世纪 40 年代末，美国海军，第 8 巡逻机中队

在二战结束后的 30 年内，P2V 系列机型都是西方国家主要的"陆基海上空中巡逻平台"。1947 年 3 月，P2V－1 开始服役。P2V－1 可乘坐 7 名机组成员[1]，内置弹舱可携带 2 枚鱼雷或多达 12 颗深水炸弹，另装有 6 挺自卫机枪。

规格

机组成员：9—11 人
动力设备：2 台赖特 R-3350-8A 发动机（单台功率为 1715 千瓦）
最高速度：487 千米 / 时
航程：6618 千米
实用升限：8230 米
尺寸：翼展 30.4 米；机长 22.9 米；机高 8.6 米
重量：263030 千克
武器：6 挺 12.7 毫米机枪；翼下挂架可携带 16 枚火箭弹[2]

---

① 译者注：原文如此。
② 译者注：原文如此。

洛克希德公司（Lockheed）P—2J "海王星"（Neptune）

20 世纪 70 年代中期，日本海上自卫队

从 20 世纪 70 年代开始，苏联潜艇在日本各岛屿周边海域的活动日渐频繁。为提升反潜能力，日本不得不增加部署固定翼飞机和直升机。图中这架 P—2J 是日本川崎重工生产的本土改进型"海王星"。机身更长的 P—2J，由 2 台涡轮螺旋桨发动机与 2 台涡轮喷气发动机提供动力。

规格

机组成员：9 人

动力设备：2 台通用电气 T64-IHI-10 涡轮螺旋桨发动机（单台功率为 2121 千瓦）和 2 台 IHI-JE 涡轮喷气发动机（单台推力为 13.7 千牛）

最高速度：650 千米 / 时

航程：5663 千米

实用升限：无详细数据

尺寸：翼展 30.9 米；机长 27.9 米；机高 8.9 米

重量：34020 千克

武器：最多可携带 16 枚 127 毫米航空火箭弹，以及 3628 千克重的炸弹、深水炸弹或鱼雷

阿芙罗（Avro）飞机公司"沙克尔顿"（Shackleton）MR.Mk 1A

1959 年，英国皇家空军，第 120 中队（位于阿达高夫）

作为"海王星"的继任者，"沙克尔顿"MR.Mk 1A 长期在英国皇家空军海防总队执行海上巡逻任务。后来，该机型被改装为空中预警平台，一直服役到冷战结束。图中这架飞机于 1959 年服役，是第三批出厂的"沙克尔顿"MR.Mk 1A 之一。

规格

机组成员：10 人

动力设备：4 台罗尔斯 - 罗伊斯"格里芬"（Griffon）57 液冷 V12 发动机（单台功率为 1460 千瓦）

最高速度：480 千米 / 时

航程：3620 千米

实用升限：6200 米

尺寸：翼展 36.58 米；机长 26.61 米；机高 5.33 米

重量：39000 千克

武器：2 门 20 毫米西斯帕诺（Hispano）马克 5 型机炮；最多可携带 4536 千克重的炸弹

格鲁曼公司（Grumman）S—2A "追踪者"
20 世纪 60 年代，荷兰皇家空军，第 320 中队 [位于瓦尔肯堡（Valkeburg）]

冷战期间，荷兰海军航空兵在北海上空扮演着举足轻重的角色，是西欧北约航空兵的重要组成部分。1960—1962 年，荷兰海军航空兵通过北约欧洲盟军最高司令部获得了 28 架 S2F—1（S—2A）；1960—1961 年，荷兰海军航空兵从加拿大引进了 17 架同型号的飞机。荷兰地面空军基地和 "卡雷尔·多尔曼"（Karel Doorman）号航母均部署有 S—2A。

规格

机组成员：4 人
动力设备：2 台赖特 R1820-82WA 星形发动机（单台功率为 1137 千瓦）
最高速度：450 千米 / 时
航程：2170 千米
实用升限：6700 米
尺寸：翼展 22.12 米；机长 13.26 米；机高 5.33 米
重量：11860 千克
武器：2 枚鱼雷

洛克希德公司（Lockheed）P—3A "猎户座"
20 世纪 60 年代初，美国海军，第 19 巡逻机中队

图中这架飞机是最早在美国海军中服役的几架 P—3A "猎户座"之一，属于第四批出厂的 P—3A "猎户座"。该飞机在服役初期采用了蓝白色涂装。1962 年，P—3A "猎户座"取代了"海王星"，开始在第 8 巡逻机中队里服役。

规格

机组成员：11 人
动力设备：4 台阿里森 T56-A10W 涡轮螺旋桨发动机（单台功率为 3356 千瓦）
最高速度：766 千米 / 时
航程：4075 千米
实用升限：8625 米
尺寸：翼展 30.37 米；机长 35.61 米；机高 10.27 米
重量：60780 千克
武器：可携带炸弹、水雷和鱼雷（最大载弹量为 9070 千克）

洛克希德公司（Lockheed）P–3B"猎户座"
20 世纪 80 年代初，挪威皇家空军，第 333 中队 [位于安德亚岛（Andøya）]

挪威不仅拥有绵长的海岸线，还毗邻克拉半岛上的苏联海军基地。因此，加强海上巡逻是挪威的一项重大国防策略。被部署在安德亚岛的第 333 中队，是欧洲第一个列装 P–3B"猎户座"（于 1969 年首次引入 5 架该型号的飞机）的作战单位。

规格

机组成员：11 人
动力设备：4 台阿里森 T56-A14 涡轮螺旋桨发动机（单台功率为 3700 千瓦）
最高速度：766 千米 / 时
航程：4075 千米
实用升限：8625 米
尺寸：翼展 30.37 米；机长 35.61 米；机高 10.27 米
重量：60780 千克
武器：可携带炸弹、水雷和鱼雷（最大载弹量为 9070 千克）

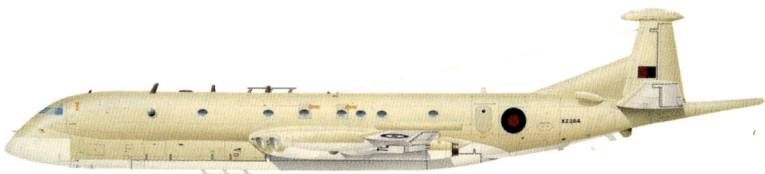

英国宇航公司（British Aerospace）"猎迷"（Nimrod）MR.Mk 2P
20 世纪 80 年代初，英国皇家空军，第 42 中队 [位于金洛斯（Kinloss）空军基地]

"猎迷"取代"沙克尔顿"的衍生机型，成为冷战期间英国皇家空军最为先进的海上巡逻机，其性能在同级别的飞机中也是出类拔萃的。"猎迷"MR.Mk 2P 曾参与福克兰岛战争。该机型在机身上加装有前置加油受油头，具备空中加油能力。

规格

机组成员：12 人
动力设备：4 台罗尔斯 - 罗伊斯"斯贝"Mk 250 涡轮风扇发动机（单台推力为 53.98 千牛）
最高速度：925 千米 / 时
航程：9265 千米
实用升限：12800 米
尺寸：翼展 35 米；机长 38.65 米；机高 9.14 米
重量：87090 千克
武器：最大载弹量为 6123 千克

"猎迷"与冷战后期的其他海上巡逻机一样，使用一台强大的数据处理计算机来收集不同任务传感器和导航系统提供的数据，以对抗潜在的电子干扰与电子反制手段。一般来说，海上巡逻机执行任务所需的装备包括：搜索雷达、声呐浮标（Sonobuoys）、磁异常探测仪（Magnetic anomaly detection，简称 MAD），以及其他水面和水下威胁侦测系统。搜索雷达能够发现水面目标或潜艇潜望镜，磁异常探测仪能够侦测水下目标。主动与被动声呐可利用声波探测法来搜寻目标：反潜飞机通过各种方式将一次性声呐浮标空投到水中 → 声呐浮标搜寻到目标后向飞机发射无线电信号 → 相关人员接收到信号。声呐截获的信息既可以被反馈给海上巡逻机内的雷达操作员、战术领航员和标绘员，也可通过安全无线电链路（Secure radio link）传输至其他空中或水面单位。

海军直升机，1948—1989 年

冷战期间，直升机一直都是对抗潜艇的有力武器，很多国家都将直升机视为水面舰船的"辅助工具"。

二战期间，直升机的使用场景十分有限。但很明显，直升机特别适合在舰船上起降。虽然第一架海军直升机在航程和有效载荷方面存在明显短板，但随着设计的改进，直升机在海军中的重要性获得了成倍提升。事实上，截至冷战末期，世界上绝大部分海军均已部署了直升机。

在冷战时期，海军直升机除执行反潜任务外，还承担了常规搜索救援（SAR）、飞机（航母舰载机）救护、两栖突击、地雷反制、垂直补给（Vertrep）、日常联络与通信等任务。冷战末期，很多直升机都装备了反舰导弹，更多地被用于打击水面目标。此外，苏联创造性地将直升机用于为苏联海军舰船发射对地导弹和反舰导弹提供目标锁定和中程制导。

陆基直升机

除了专门为水面舰船设计的紧凑型舰载直升机外，一些国家的海军还部署了陆基直升机，并将其用于在沿海地区执行反潜和搜救任务。

反潜直升机与固定翼反潜机一样，都需要依靠传感器来完成任务，这类传感器

包括：雷达、磁异常探测仪（通常为吊舱式磁异常探测仪）和声呐浮标。反潜直升机的显著优势是：能够在投放一次性声呐浮标的同时，操作吊放式声呐。不过，反潜直升机的座舱空间较小，仅能容纳数量有限的传感器操作员。值得一提的是，反潜直升机携带的武器与固定翼反潜机大体相同，只是更加轻量化而已，很多反潜直升机都加装了鱼雷和深水炸弹。

北约部署的"标准型"舰载直升机是"西科斯基"系列直升机——早期机型是 S–55 的舰载版本，后期机型则是在 S–58 的基础上进行了改装。专为执行海上反潜任务而设计的 S–61 "海王"，最早是在 1959 年出现的。随后，S–61 被 S–70 "海鹰"（Seahawk）所取代。S–55、S–58 和 S–61 均是北约在英国的授权下生产制造的，这些机型被广泛出口至世界各地。与此同时，英国也授权其他国家生产此类机型。此外，英国专为小型舰船设计的"山猫"（Lynx）直升机也在冷战末期得到了广泛部署。

卡莫夫设计局（Kamov）卡 –25
20 世纪 70 年代中期，苏联海军航空兵

卡 –25 采用了独特的同轴主旋翼设计，机身结构紧凑，是一款兼具"陆基与舰载特性"的反潜直升机。除了图中的反潜机型外，卡 –25 还衍生出了通用（搜救）机型和电子战机型（可为导弹提供超视距制导）。

规格

机组成员：4 人
动力设备：2 台格卢什科夫（Glushnekov）GTD-3 发动机（单台功率为 671 千瓦）
最高速度：220 千米 / 时
航程：400 千米
实用升限：3500 米
尺寸：旋翼直径 15.7 米；机长 9.8 米；机高 5.4 米
重量：7100 千克
武器：无

韦斯特兰公司（Westland）"山猫"（Lynx）HAS.Mk 2
英国设计的"山猫"直升机是轻型反潜直升机的代表作，可在驱逐舰和护卫舰上起降。

米里设计局（Mil）米 —14
20 世纪 70 年代中期，苏联海军航空兵
米 —14 是苏联的主力陆基反潜直升机，可携带火箭助推鱼雷和核深水炸弹。图中这架反潜型米 —14 的机身后部装有吊舱式磁异常探测仪。

规格

机组成员：4 人
动力设备：2 台克里莫夫（Klimov）TV3-117MT 涡轮轴发动机（单台功率为 1400 千瓦）
最高速度：230 千米 / 时
航程：1135 千米
实用升限：3500 米
尺寸：旋翼直径 21.29 米；机长 18.38 米；机高 6.93 米
重量：14000 千克
武器：1 枚 E45-75A 鱼雷或 B-1 核深水炸弹

美国海军航空兵，1950—1989 年

虽然参与冷战的其他国家也具备两栖作战的能力，但战斗力均不如美国海军陆战队。组织有序的"固定翼空中力量"，足以让美国海军陆战队引以为傲。

二战期间，两栖作战能力是决定战场胜负的关键因素。二战结束后，美国海军陆战队（U.S. Marine Corps）开始用舰载直升机和固定翼飞机（包括能够进行垂直或短距起降的 AV-8"鹞式"战斗机）为两栖攻击舰提供支援。

20 世纪 50 年代，通过苏伊士运河战争等一系列军事行动，美军进一步认识到了两栖突击作战的重要性。与此同时，"将直升机用作攻击型运输工具的有效性"也在苏伊士运河战争中得到了印证。因此，直升机在某种程度上取代了登陆艇。苏伊士运河战争后，能够将部队和装备运送到滩头阵地甚至更远的地方的直升机航母开始崭露头角。

美国海军陆战队的作战单位

在冷战期间，美国海军陆战队被视为一支独立的快速反应部队，能够被部署在动乱地区。越南战争期间，美国海军陆战队在进行地面战斗时，美国海军陆战队的战机也会从陆地上起飞，与美国空军的飞机一同行动。不仅如此，美国海军陆战队的空中力量还担负了其他类型的作战任务，比如与美国海军的飞行中队一起参与军事行动。

此外，美国海军陆战队还可以充当两栖部队，迅速介入全球范围内的任何一场危机。1983年的黎巴嫩战争中，美国曾在当地参与维和行动。当两名美国军人在贝鲁特（Berirut）遇袭身亡时，恰有一艘美国两栖攻击舰（"硫磺岛"号）携海军陆战队第24远征分队（24th Marine Expeditionary Unit）在岸边待命。于是，AH-1T"海眼镜蛇"（SeaCobra）突击直升机立即在海军火炮的支援下做出了响应。

麦克唐纳 — 道格拉斯公司（McDonnell Douglas）RF—4B"鬼怪"Ⅱ
20世纪80年代初，美国海军陆战队，第3战术侦察中队 [位于艾尔托洛（El Toro）]
图中这架 RF—4B"鬼怪"Ⅱ采用了20世纪80年代常见的低可视涂装，隶属被部署在加利福尼亚艾尔托洛的美国海军陆战队第3战术侦察中队。虽然 RF—4B 是一款专为美国海军陆战队设计的战机，但该机型也曾在美国海军舰载机联队中服役，并有效提升了后者的战术侦察能力。

规格

机组成员：2人
动力设备：2台通用电气 J79-GE-8 发动机（单台推力为75.5千牛）
最高速度：2390千米/时
航程：3701千米
实用升限：18898米
尺寸：翼展11.7米；机长17.77米；机高4.95米
重量：20231千克
武器：无

截至20世纪80年代初，美国海军陆战队有三个机动师，共计约200000名士兵。每个机动师均部署有一支陆战队航空联队（Marine Air Wing，简称MAW），装备约

315 架飞机。陆战队航空联队拥有突击直升机（主要负责将战斗人员和物资运上岸）、战斗机、攻击机、近距离空中支援机、侦察与电子战飞机，以及前进空中管制与联络单位。截至 1987 年，有约 60 艘两栖作战舰艇可被用于支援海军陆战队。

20 世纪 80 年代中期，美国海军陆战队的三个现役陆战队航空联队共有人员 35600 名、固定翼飞机 440 架、武装直升机 100 架。

虽然早在 20 世纪 80 年代初，F/A-18 便已开始服役，但陆战队航空联队编成内的 12 个战斗机中队中的大部分装备的仍是 F-4。此外，陆战队航空联队还有 13 个攻击机中队——其中 3 个中队装备的是 AV-8 攻击机，10 个中队装备的是 A-4M 攻击机和 A-6E 攻击机。陆战队航空联队编成内的独立中队，装备的则是 RF-4B 照相侦察飞机和搭载了电子战设备的 EA-6B。上述战斗机中队与攻击机中队都隶属舰载机联队，均被部署在航母上以执行常规任务。

麦克唐纳－道格拉斯公司（McDonnell Douglas）与英国宇航公司（British Aerospace）AV-8A "鹞式"
20 世纪 70 年代末，美国海军陆战队，第 231 攻击中队 [位于切里波因特（Cherry Point）海军陆战队航空站]
至 20 世纪 80 年代中期，美国海军陆战队已将现役的 "鹞式" 战斗机从 AV-8A 升级为 AV-8C 基本型，并为其装备了改进后的防御对抗系统。图中这架 AV-8A 在第 231 攻击中队 [该中队的绰号是 "黑桃 A"（Ace of Spades），被部署在位于北加利福尼亚的切里波因特海军陆战队航空站] 中服役，其翼下挂架可挂载火箭弹发射巢和机炮吊舱。

规格

机组成员：1 人
动力设备：1 台罗尔斯－罗伊斯 "飞马" 10 推力矢量涡轮风扇发动机（推力为 91.2 千牛）
最高速度：1186 千米 / 时
航程：5560 千米
实用升限：15240 米
尺寸：翼展 7.7 米；机长 13.87 米；机高 3.45 米
重量：11340 千克
武器：1 门 30 毫米阿登机炮或其他机炮（备弹 150 发）[1]；火箭弹和炸弹；配有机腹挂架和翼下挂点，最大有效载荷为 2268 千克

[1] 译者注：英文原文提供的数据有误。经查证，英国版 "鹞式" 战机的机腹专用挂架上有两个吊舱，每个吊舱内均装有一门 30 毫米 "阿登" 机炮；而美国版和西班牙版 "鹞式" 战机的机腹左侧的吊舱内装有一门 25 毫米 GAU－12 "平衡者" 5 管机炮，机腹右侧的吊舱内装有供弹系统和 300 发炮弹。

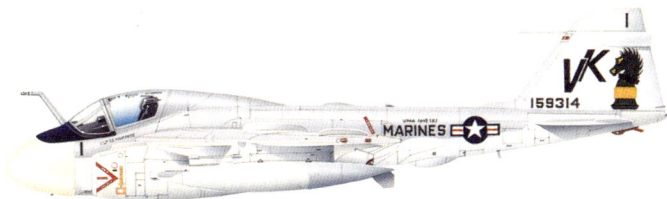

格鲁曼公司（Grumman）A—6E"入侵者"

20 世纪 80 年代初，美国海军陆战队，第 121（全天候）攻击中队（位于艾尔托洛）

"入侵者"是美国海军陆战队在冷战期间部署的性能最强的攻击机，共有五个中队装备了该战机。该战机最显著的特征是装备了新型多功能导航雷达和数字计算机导航/攻击系统。第 121（全天候）攻击中队，绰号"绿衣骑士"（Green Knights），被部署在加利福尼亚艾尔托洛。

规格

机组成员：2 人

动力设备：2 台普拉特·惠特尼 J52-P-8A 涡轮喷气发动机（单台推力为 41.4 千牛）

最高速度：1043 千米/时

航程：1627 千米

实用升限：14480 米

尺寸：翼展 16.15 米；机长 16.69 米；机高 4.93 米

重量：26581 千克

武器：拥有五个外挂点，最大有效载荷为 8165 千克，可挂载核弹、常规炸弹、制导炸弹、空对地导弹和副油箱

道格拉斯公司（Douglas）A—4M"天鹰"Ⅱ

20 世纪 70 年代初，美国海军陆战队，第 324 攻击中队 [位于波弗特（Beaufort）海军陆战队航空站]

"天鹰"系列攻击机的终极单座型号是 A—4M——该机型是道格拉斯公司专为美国海军陆战队重新设计的。在经过多次升级后，A—4M 装备了重新设计的尾翼与座舱盖、一个带状减速伞和一台升级版 J52 发动机。A—4M 可在更短的跑道上进行起降。图中这架 A—4M，隶属被部署在波弗特海军陆战队航空站的第 324 攻击中队。

规格

机组成员：1 人

动力设备：1 台普拉特·惠特尼 J52-P408 推力涡轮喷气发动机（推力为 49.82 千牛）

最高速度：1083 千米/时

航程：3310 千米

实用升限：14935 米

尺寸：翼展 8.38 米；机长 12.22 米；机高 4.66 米

重量：12437 千克

武器：2 门 20 毫米 Mk 12 机炮；最大有效载荷为 3720 千克，可携带 AIM-9G"响尾蛇"空对空导弹、火箭弹发射巢和电子战吊舱

除上述三支现役陆战队航空联队外，美国海军陆战队航空后备役部队（U.S. Marine Air Reserve）也能参与作战。美国海军陆战队航空后备役部队编成内的海军陆战队第 4 航空联队（the 4th Marine Aircraft Wing）下设四个航空大队——这四个航空大队下辖 11 个中队，拥有 F-4N 战斗机、F-4S 战斗机、A-4E 攻击机、A-4F 攻击机、A-4M 攻击机、EA-6A 电子战飞机、OV-10 轻型攻击侦察机和 KC-130 空中加油机。在越南战争之后，美国人认识到，必须具备"可在短时间内部署远程空中力量的空中加油能力"，遂为海军陆战队引入了 KC-130 空中加油机。

美国海军陆战队的支援与二线固定翼飞行单位包括：两个装备了 OV-10D，担负观测与前进空中管制任务的中队；三个机降突击运输与空中加油中队（装备了 KC-130）；司令部与维修部门（装备了 TA-4J 和 OA-4M）。此外，美国海军陆战队还有 10 个装备了 AH-1J、UH-1E、CH-53A 和 CH-46 直升机的后备中队。

美国海军陆战队的直升机

冷战末期，美国海军陆战队共部署了 25 个直升机中队，其中 8 个中队装备有 CH-53D 和 CH-53E 重型直升机。此外，还有 11 支前线中队装备了 CH-46E 与 CH-46F 运输直升机，3 个中队装备了 UH-1N 通用直升机和 AH-1T 攻击直升机。

根据欧洲的冷战局势，美国海军陆战队可能会被调往挪威执行任务，以支援北约的北部防线。为此，大量物资和战斗装备被预先部署在挪威地区，数量足以装备一支满编的海军陆战队旅级作战单位。如果华约向挪威发起进攻，三个早已在一线待命的美国海军陆战队两栖旅（Marine Amphibious Brigade）将会在挪威军队、荷兰—英国两栖大队（Netherlands-UK Amphibious Group）和一个加拿大旅的支援下，依托空中掩护发起反击。

最初，美国海军陆战队装备的直升机航母（即"两栖攻击舰"，缩写为 LPH）是"埃塞克斯"级（在舰队级航母的基础上改装而成）和"硫磺岛"级。随后，作战能力更强的"塔拉瓦"（Tarawa）级两栖攻击舰开始在美国海军陆战队中服役，该级战舰的首制舰于 1976 年服役（1988 年，最后一艘"塔拉瓦"级两栖攻击舰退役）。

"塔拉瓦"级两栖攻击舰成为美国海军陆战队实施两栖突击的主要平台。每艘"塔拉瓦"级两栖攻击舰均配有登陆艇专用井形甲板、多辆两栖突击车和一艘突击气垫船。"塔拉瓦"级两栖攻击舰的大型飞行甲板可以支持任意型号的海军陆战队直升机和 AV-8 "鹞式"战斗机完成起降,在必要时甚至可以支持 OV-10 "野马"(Bronco)完成起降并执行前进空中管制任务。

贝尔直升机公司(Bell Helicopter)AH-1J "海眼镜蛇"
20 世纪 80 年代初,美国海军陆战队
AH-1J 是贝尔直升机公司为满足美国海军陆战队的近距离支援需求而研制的(该公司在 AH-1 基础型的机身上安装了双涡轮轴发动机)。此外,AH-1J 的机头炮塔内还装备了一门 20 毫米 M197 三管加特林转管式机炮。美国海军陆战队的 AH-1J 可从舰船上起降,为地面行动(特别是海滩突袭行动)提供支援。

规格

机组成员:2 人
动力设备:1 台普拉特·惠特尼加拿大 T400-CP-400 涡轮轴发动机(功率为 1342 千瓦)
最高速度:352 千米 / 时
航程:571 千米
实用升限:3475 米
尺寸:旋翼直径 13.4 米;机长 13.5 米;机高 4.1 米
重量:4525 千克
武器:1 门 20 毫米 M197 机炮;14 枚 70 毫米 Mk 40 火箭弹;8 枚 127 毫米 "祖尼"(Zuni)火箭弹;2 枚 AIM-9 "响尾蛇"空对空导弹

在美国海军陆战队的历史上,装备英国设计的"鹞式"战斗机是一个重大里程碑——这意味着高速空中力量可直接从滩头阵地参与作战,摆脱了陆基机场与常规航母的束缚。美国海军陆战队的"鹞式"战斗机装备有火箭弹、机炮和凝固汽油弹,通常担负近距离空中支援任务,可在海岸基地、高速公路和各型号的战舰上起降。美国对基础型"鹞式"战斗机进行了重大改进,研制并部署了 AV-8B "鹞式 II"攻击机。AV-8B "鹞式 II"使用了碳纤维复合材料、采用了全新的机翼设计、增加了翼展面积,从而提升了燃料容量和有效载荷。

第三章

战略轰炸机与防空力量

自人类进入核时代以来——特别是在美国于广岛和长崎投下了两枚原子弹后，空中轰炸的方式发生了翻天覆地的变化。在各国成功研制出洲际弹道导弹之前，有人驾驶轰炸机是唯一的洲际核武器投送平台。因此，可携带核弹的轰炸机在整个冷战期间的战略平衡中扮演着至关重要的角色，并迫使各国加快部署更加先进的截击机。

波音公司（Boeing）B−52G "同温层堡垒"（Stratofortress）

B−52G "同温层堡垒"是美苏争霸时代的经典产物，在美国空军中从 1955 年一直服役至冷战结束。冷战末期，装有了巡航导弹的 B−52G，能够在敌人防空武器的覆盖范围外发起攻击。

美国的轰炸机，1946—1989 年

美国战略空军（SAC）成立于 1946 年，其掌控的洲际弹道导弹和有人驾驶轰炸机最终成为美国三大战略核威慑力量的重要组成部分。

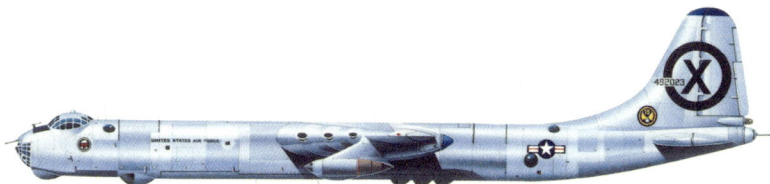

康维尔公司（Convair）RB-36D "和平卫士"（Peacemaker）
20 世纪 50 年代，美国战略空军，第 72（重型）轰炸机中队 [位于特拉维斯（Travis）空军基地]
1948—1959 年间，近 400 架 B-36 系列轰炸机及其衍生机型构成了美国战略空军的基干力量。B-36 系列轰炸机是美国战略空军中体形最大的轰炸机。RB-36D 是一款战略侦察机，其机腹前部的炸弹舱里装有 14 部空中侦察照相机。此外，RB-36D 的机组成员也从 15 人增加至 22 人。

规格

机组成员：15 人[①]
动力设备：6 台普拉特·惠特尼 R-4360-41 发动机（单台功率为 2610 千瓦）
最高速度：613 千米 / 时
航程：13156 千米
实用升限：12954 米
尺寸：翼展 70.10 米；机长 49.39 米；机高 14.24 米
重量：148778 千克
武器：16 门 20 毫米机炮；可携带 32659 千克重的炸弹

在整个冷战期间，美国战略空军的飞机始终在美国本土的基地内保持警戒状态，并经常在前沿部署中被调至英国、关岛和冲绳等地。在洲际弹道导弹和潜射弹道导弹被纳入战略部署前，美国战略空军是美国最直观有效的核威慑力量。

美国战略空军最初装备的是二战时期的 B-29 及其改进机型 B-50。1948 年，颇具威慑力的 B-36 开始服役，使美国首次具备了洲际核打击能力。但是，随着喷气式发动机的普及，B-36 很快便退出了历史舞台，取而代之的是喷气式战略轰炸机 B-47。B-47 于 1950 年开始服役——10 年时间内，有 28 个轰炸机联队列装了 B-47。借助前哨基地和空中加油技术，B-47 的航程得到了显著提升。1955 年，

---

① 译者注：原文如此。

美国战略空军开始列装 B-52。拥有"洲际投送能力"的 B-52，具有重要的战略价值——在冷战结束前，它始终是美国战略核威慑力量的重要组成部分。在整个20 世纪 80 年代中期，美国 45% 的百万吨级战略核弹均由 B-52 负责运输。

波音公司（Boeing）B—47B "同温层喷气"（Stratojet）
20 世纪 50 年代，美国战略空军
B—47B 是美国首款真正投产的"同温层喷气"机型，共生产了 399 架，于 1951 年开始服役。波音公司为 B—47B 加装了空中加油设备，并为后期生产的 B—47B 安装了升级版发动机。B—47 联队通常被部署在位于太平洋、北美洲和英国境内的空军基地里。

规格

机组成员：3 人
动力设备：6 台通用电气 J47-GE-23 涡轮喷气发动机（单台推力为 26.54 千牛）
最高速度：978 千米 / 时
航程：3162 千米
实用升限：10333 米
尺寸：翼展 35.4 米；机长 32.56 米；机高 8.51 米
重量：83873 千克
武器：2 挺 12.7 毫米机枪；可携带 8165 千克重的炸弹

20 世纪 60 年代初，迫于防空技术的进步，美国战略空军淘汰了自由落体炸弹。1972 年，美国战略空军引入了近程攻击导弹（Short-Range Attack Missile）。20 世纪 80 年代初，美国战略空军开始部署携带巡航导弹的 B-52，同时将轰炸目标从城市与工厂改为高优先级的军事设施和"反抗力量"。20 世纪 80 年代，美国战略空军开始装备超音速轰炸机 FB-111A。从 20 世纪 80 年代中期开始，B-1 的改进型 B-1B 成了美国战略空军的主力轰炸机。

从携带核武器的数量方面来看，虽然美国战略空军在 20 世纪 80 年代携带的核弹数量只占美国战略核武器总数的五分之一，但其中百万吨级核弹的数量却达到了该级别核弹总数的近二分之一。

波音公司（Boeing）KC—97G
20 世纪 50 年代，美国战略空军

空中加油能力是美国战略空军核威慑力量的重要组成部分。为了保持核威慑态势，美国战略空军中携带了核弹的飞机会 24 小时保持空中警戒状态，以便能够在接到命令的第一时间发动攻击。波音公司共生产了 592 架 KC—97G，该机型安装有用于空中加油、运兵和运货的设备。

规格

机组成员：5 人
动力设备：4 台普拉特·惠特尼 R-4360-59B "大黄蜂"（Wasp Major）发动机（单台功率为 2610 千瓦）
最高速度：604 千米 / 时
航程：6920 千米
实用升限：9205 米
尺寸：翼展 43.05 米；机长 35.79 米；机高 11.68 米
重量：69400 千克
武器：无

波音公司（Boeing）B—52C "同温层堡垒"（Stratofortress）
1971 年，美国战略空军，第 7 轰炸机联队 [位于卡斯韦尔（Carswell）空军基地]

与 B—52B 相比，B—52C 的装备得到了大幅改进，整机性能也获得了显著提升。波音公司共生产了 35 架 B—52C（机腹位置的白色涂装可反射核爆炸造成的闪光）。此特殊机型被部署在位于沃思堡（Fort Worth）的卡斯韦尔空军基地，隶属第二航空队（The 2nd AF）。

规格

机组成员：6 人
动力设备：8 台普拉特·惠特尼 J57-P-29WA 推力发动机（单台推力为 46.68 千牛）
最高速度：1027 千米 / 时
航程：13419 千米
实用升限：14082 米
尺寸：翼展 56.39 米；机长 47.73 米；机高 14.73 米
重量：204116 千克
武器：4 挺 12.7 毫米 M-3 机枪；可携带 19504 千克重的炸弹

波音公司（Boeing）B—52G "同温层堡垒"（Stratofortress）

1974 年，美国战略空军，第 42 轰炸机联队，第 69 轰炸机中队 [位于洛林（Loring）空军基地]

B—52G 是 "同温层堡垒" 系列战机中的次顶级机型，其前部乘员舱可容纳 6 名机组成员。此外，波音公司还为 B—52G 加装了遥控尾炮炮塔。图中这架 B—52G 被部署在缅因州的洛林空军基地，第 69 轰炸机中队曾在 1974 年的 "巨人咆哮"（Giant Voice）轰炸竞赛中使用过该飞机。

规格

机组成员：6 人

动力设备：8 台普拉特·惠特尼 J57-P-43W 涡轮喷气发动机（单台推力为 61.1 千牛）

最高速度：1041 千米 / 时

航程：13680 千米

实用升限：16765 米

尺寸：翼展 56.4 米；机长 48 米；机高 12.4 米

重量：221500 千克

武器：遥控尾炮炮塔内装有 4 挺 12.7 毫米机枪；标准内置弹舱的载弹量为 12247 千克，可携带美国战略空军的各式特制弹药；外挂架上可挂装 2 枚 "猎犬"（Hound Dog）空对地导弹

通用动力公司（General Dynamics）FB—111A

20 世纪 80 年代初，美国战略空军，第 380 轰炸机联队（位于普拉茨堡空军基地）

20 世纪 80 年代，美国战略空军仅装备了 60 多架 FB—111A。FB—111A 可携带远程攻击导弹与自由落体炸弹。FB—111A 是通用动力公司在 F—111 基本型的基础上改装而成的 "战略轰炸版"，曾在两个联队中服役 [被部署在皮斯（Pease）、新罕布什尔（New Hampshire）、普拉茨堡和纽约]。

规格

机组成员：2 人

动力设备：2 台普拉特·惠特尼 TF30-P-7 净推力发动机（单台推力为 56 千牛）

最高速度：2338 千米 / 时

航程：7242 千米

实用升限：17373 米

尺寸：翼展 21.33 米；机长 22.4 米；机高 5.18 米

重量：54105 千克

武器：可携带 6 枚 AGM-69A 近程攻击导弹（SRAM），未携带近程攻击导弹时的最大载弹量为 16100 千克

苏联轰炸机，1946—1989 年

虽然西方世界将苏联的战略轰炸机视为重大威胁，但苏联方面却主张优先发展洲际弹道导弹与导弹潜艇技术。

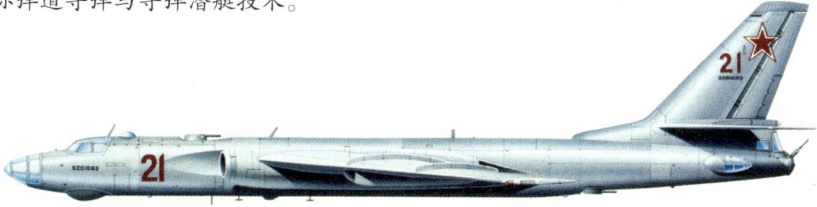

图波列夫设计局（Tupolev）图－16
20 世纪 50 年代中期，苏联远程航空兵
苏联的轰炸机均在重型轰炸机航空兵师（Heavy Bomber Air Divisions，简称 TBAD）中服役。一个重型轰炸机航空兵师下辖两个重型轰炸机航空团（Heavy Bomber Air Regiments，简称 TBAP）。在图－16 服役初期，一个常规的图－16 航空兵团下辖三个中队，其中一个中队装备的是"携导弹轰炸机型"（Missile-carriers），两个中队装备的是"自由落体轰炸机型"（Free-fall bombers）。此外，图－16 还曾被苏联用作空中加油机。

规格

机组成员：4 人
动力设备：2 台米库林 AM-3 M-500 涡轮喷气发动机（单台推力为 93.2 千牛）
最高速度：1050 千米／时
航程：7200 千米
实用升限：12800 米
尺寸：翼展 33 米；机长 34.8 米；机高 10.36 米
重量：76000 千克
武器：6—7 门 23 毫米努杰里曼－里希特 NR-23 机炮；可携带 9000 千克重的炸弹，或者 1 枚 Kh-10 反舰导弹和 1 枚 Kh-26 反舰导弹

---

20 世纪 50 年代初，苏联远程航空兵[①] 主要装备的是采用活塞发动机的图 -4 轰炸机——该机型是美国的 B-29 轰炸机的复制品。在经历了一段漫长的研发期后，图 -4 于 1949 年开始服役。图 -4 理论上具备携带核武器的能力，但由于其航程十分有限，仅少量列装部队（用于携带战术核武器）。

作为第一款现代轰炸机，图 -16 于 1954 年被交付部队，其威慑力让西方的国防官员们大惊失色。截至 20 世纪 60 年代初，图 -16 已成为苏联远程航空兵使用的标准轰炸机，完全取代了原先的图 -4。此外，苏联还研发出了多款图 -16 的衍

---

① 译者注：全称为 Dalnaya Aviatsiya，简称 DA。

生机型。这些图-16的衍生机型，可以执行侦察、空中加油、电子情报收集（ELINT）和电子对抗（ECM）等不同任务。

远程轰炸机

20 世纪 50 年代中期，苏联在北极附近没有可用的机场，只能在冻土和冰面上开辟临时跑道来完成图-16的试飞。事实证明，这种临时跑道并不适合用来起降重型轰炸机。因此，苏联远程航空兵于 1956 年引入图-95，扩大了自身的作战范围。

图-95 采用了涡轮螺旋桨发动机，其航程远超同样被计划用于进行洲际作战的米亚-4轰炸机。于 1954 年服役的米亚-4，虽然是一款投放自由落体炸弹的轰炸机，但它（包括其升级衍生机型 3M 轰炸机）在执行任务时的表现却从未让人满意过。因此，米亚-4 最终被改装为空中加油机。

20 世纪 60 年代，苏联装备的携导弹轰炸机（Missile-carrying bombers）的数量逐渐增多。从 1962 年起，苏联的大批作战单位开始用图-22 超音速轰炸机来取代图-16。

图波列夫设计局（Tupolev）图 -95
20 世纪 50 年代中期，苏联远程航空兵
图 -95 是苏联首款真正具备洲际飞行能力的轰炸机，曾作为苏联远程航空兵的主力机型一直服役至冷战结束，其终极机型装备了巡航导弹。图中这架飞机是首批出厂的图 -95 之一。冷战结束时，图 -95 的衍生机型图 -95MS 仍未停产。

规格

机组成员：7 人
动力设备：4 台库兹涅佐夫 NK-12MV 涡轮螺旋桨发动机（单台功率为 11000 千瓦）
最高速度：920 千米 / 时
航程：15000 千米
实用升限：13716 米
尺寸：翼展 51.10 米；机长 49.50 米；机高 12.12 米
重量：171000 千克
武器：机尾炮塔内装有 1 或 2 门 23 毫米 AM-23 机炮；可携带 15000 千克重的炸弹

不过，图 -16 仍大规模服役到 20 世纪 80 年代中期，才被图 -22M 战略轰炸机取代（图 -22M 最早列装部队的时间为 1972 年）。1979 年时，苏联远程航空兵仍保留了 500 架不同型号的图 -16。20 世纪 70 年代，苏联开始研制图 -160 远程轰炸机。图 -160 是一种可携带巡航导弹的超音速轰炸机。图 -160 从冷战末期开始服役，当时，苏联远程航空兵的主力远程轰炸机是图 -95MS（可携带多达 16 枚配备了核弹头的空射巡航导弹）。

英国轰炸机，1946—1970 年

英国皇家空军的 V 级轰炸机（V-Bombers，又称 3V 轰炸机）从 1955 年一直服役至 1968 年。在被英国皇家海军的潜射导弹取代之前，V 级轰炸机始终是英国"实施战略核威慑的主要载体"。

1946 年，英国空军参谋部向政府提交了发展核武器的申请，并于 1947 年 1 月获得批准。因此，英国需要用一款能够携带核弹的新式轰炸机来取代英国轰炸机司令部（Bomber Command）的"老爷机"——"兰开斯特"轰炸机（Lancaster）、"林肯"轰炸机（Lincoln）和"蚊式"轰炸机（Mosquitoe）。

波音公司（Boeing）"华盛顿"（Washington）B.Mk 1
1950—1954 年，英国皇家空军，第 90 中队（位于马勒姆空军基地）
英国皇家空军曾临时用 88 架原属于美国空军的 B−29 轰炸机来充实自身的战力。这些 B−29 被英国皇家空军命名为"华盛顿"。图中这架轰炸机隶属英国皇家空军第 90 中队，该中队曾在 1952 年的目视投弹与射击大赛中赢得过冠军。

规格
机组成员：11 人
动力设备：4 台赖特 R-3350-23 与 23A 星形发动机（单台功率为 1640 千瓦）
最高速度：574 千米 / 时
航程：9000 千米
实用升限：10200 米
尺寸：翼展 43.10 米；机长 30.20 米；机高 8.50 米
重量：54000 千克
武器：10 挺 12.7 毫米勃朗宁 M2/AN 机枪；机尾炮塔内装有 2 挺 12.7 毫米机枪和 1 门 20 毫米 M2 机炮；可携带 9072 千克重的炸弹

维克斯公司（Vickers）"勇士" B.Mk 1
1957—1962 年，英国皇家空军，第 7 中队 [位于霍宁顿（Honington）空军基地]
1956 年 10 月，一架"勇士"轰炸机在澳大利亚南部投下了英国首枚机载核弹。1957 年 5 月，英国出动另一架"勇士"轰炸机在圣诞岛（Christmas Island）上空投下了英国首枚氢弹。1964 年，"勇士"轰炸机因出现严重的结构疲劳而提前退役。

规格

机组成员：5 人
动力设备：4 台罗尔斯 - 罗伊斯"埃汶"RA.28 涡轮喷气发动机（单台推力为 44.7 千牛）
最高速度：912 千米 / 时
航程：7242 千米
实用升限：16460 米
尺寸：翼展 34.85 米；机长 32.99 米；机高 9.8 米
重量：63503 千克
武器：可携带 9525 千克重的常规炸弹或 1 枚 4536 千克重的核弹

在此期间，英国皇家空军引进了 88 架原属于美国空军的 B-29 轰炸机（英国皇家空军称其为"华盛顿"）。1951 年 5 月，英国皇家空军开始装备喷气式轰炸机"堪培拉"（Canberra）。1952 年 8 月，"火神"（Vulcan）轰炸机和"胜利者"（Victor）轰炸机被纳入了"3V 轰炸机"计划 [与"勇士"（Valiant）轰炸机相比，"火神"与"胜利者"的设计更为先进]。

在 V 级轰炸机投入使用前，因为"堪培拉"的弹舱容量有限，无法携带早期的核弹，所以英国轰炸机司令部的主力轰炸机依旧是"兰开斯特"和 B-29（从 1950 年 3 月开始使用）。1952 年 10 月，英国的第一颗原子弹在澳大利亚西部引爆成功。1953 年 11 月，英国首款机载核弹——"蓝色多瑙河"（Blue Danube）制式核弹开始列装部队。

V 级轰炸机中的先驱

截至 1957 年年末，"华盛顿"轰炸机几乎完全被"勇士"B.Mk 1 轰炸机（装备了 7 个飞行中队）所取代。次年，英国便部署了名为"黄日"（Yellow Sun）

的氢弹。"火神"B.Mk 1轰炸机于1957年2月开始进入战斗序列（此后一共有6个前线作战单位列装了该型号的轰炸机）。1958年4月，第一个列装"勇士"B.Mk 1轰炸机的飞行中队正式成立。最终，英国一共有4个飞行中队列装了"勇士"B.Mk 1轰炸机。但是，1957年出台的《国防白皮书》（Defence White Paper）大幅度降低了V级轰炸机的地位，并将这些轰炸机定义为"远程导弹出现前的临时核威慑力量"。

　　"火神"和"胜利者"的改进型，分别于1960年和1962年开始服役。其中，有9个作战单位列装了"火神"B.Mk 2，有2个作战单位列装了"胜利者"B.Mk 2。至于原先的"胜利者"B.Mk 1，则被改装成了空中加油机。1960年5月，弗朗西斯·加里·鲍尔斯驾驶的U-2C高空侦察机被苏联击落。此后，"勇士"系列轰炸机改为承担战术核打击任务，而"火神"与"胜利者"系列轰炸机则从1963年开始执行低级别的作战任务。此时，有一些V级轰炸机已装备了"蓝钢"（Blue Steel）导弹（可携带核弹头）。1969年7月，V级轰炸机不再承担任何战略作战任务："胜利者"B.Mk 2被改造成了空中加油机，而"火神"B.Mk 2则继续承担低级别的作战任务。

阿芙罗（Avro）飞机公司"火神"B.Mk 2
20世纪60年代初，英国皇家空军，第617中队（位于斯卡普顿空军基地）
与"火神"基础型相比，"火神"B.Mk 2的发动机性能更强，机翼面积也更大。此外，"火神"B.Mk 2还具备空中加油能力。图中这架隶属第617中队的"火神"B.Mk 2，采用了能够反射核爆炸闪光的白色涂装，可携带"蓝钢"导弹。

规格

机组成员：5人
动力设备：4台奥林巴斯（Olympus）Mk.301涡轮喷气发动机（单台推力为88.9千牛）
最高速度：1038千米/时
航程：7403千米
实用升限：19180米
尺寸：翼展33.83米；机长30.45米；机高8.28米
重量：113398千克
武器：内置弹舱的最大载弹量为21454千克，可携带"蓝钢"导弹

亨德利·佩吉公司（Handley Page）"胜利者" B.Mk 1
20 世纪 60 年代初[1]，英国皇家空军，第 10 中队［位于科茨莫尔（Cottesmore）空军基地］

"胜利者"轰炸机是 V 级轰炸机中最后一个服役的成员。"胜利者" B.Mk 1 拥有新月形机翼，最初于 1958 年 4 月被部署在科茨莫尔空军基地，在第 10 中队里服役。图中这架编号为 XA938 的"胜利者" B.Mk 1，后来被改装成了空中加油机。第 55 中队于 1965 年 8 月列装了首批"胜利者"空中加油机。

规格

机组成员：5 人

动力设备：4 台阿姆斯特朗·西德利（Armstrong Siddeley）"蓝宝石"（Sapphire）A.S.Sa.7 涡轮喷气发动机（单台推力为 49 千牛）

最高速度：1050 千米 / 时

航程：4000 千米

实用升限：17000 米

尺寸：翼展 33.53 米；机长 35.05 米；机高 8.15 米

重量：75000 千克

武器：最多可携带 35 枚 450 千克重的炸弹

美国防空力量，1945—1989 年

1957 年，北美防空联合司令部（North American Aerospace Defense Command，简称 NORAD）开始承担美国与加拿大的防空任务。

总部设在怀俄明州（Wyoming）夏延山（Cheyenne Mountain）的北美防空联合司令部，拥有地面和空中部队，可"针对来袭轰炸机与洲际导弹发出预警并采取防御措施"。北美防空联合司令部、美国战略空军和国家指挥当局（National Command Authorities）的长期协同作战，使美国具备了在必要时迅速进行核反击的能力。

因为必须在有限的时间内发起反击，所以美国需要部署综合性防御拦截单位。最初，美国空军的防空司令部（ADC）拥有超过 50 个截击机中队（装备了

---

① 译者注：原文如此。正确时间应该是 20 世纪 50 年代末。

超音速战斗机 F-86D、F-89 和 F-94，以及由加拿大方面提供的佩刀战斗机和 CF-100）。鼎盛时期的北美防空联合司令部拥有约 1000 架截击机。20 世纪 60 年代，随着美国对苏联轰炸机性能的逐渐了解，北美防空联合司令部开始减少截击机的数量。

洛克希德公司（Lockheed）F—80A "流星"
1948 年，美国空军，第 56 战斗机大队，第 61 战斗机中队 [位于塞尔弗里奇（Selfridge）机场]
1948 年夏，图中这架 F—80A 被部署在位于密歇根州的塞尔弗里奇机场，是当时的第 61 战斗机中队的主力战机之一。F—80（原型机的代号为 P—80）是首款在美国服役的喷气式战斗机。截至 20 世纪 40 年代末，约有 12 支担负本土防御任务的中队装备了该机型。

规格

机组成员：1 人
动力设备：1 台通用电气 J33-GE-11 发动机（推力为 17.1 千牛）或 1 台阿里森 J33-A-9 发动机
最高速度：792 千米 / 时
航程：2317 千米
实用升限：13716 米
尺寸：翼展 11.81 米；机长 10.49 米；机高 3.43 米
重量：6350 千克
武器：6 挺 12.7 毫米机枪；可携带 10 枚 127 毫米航空火箭弹或 907 千克重的炸弹

至 20 世纪 70 年代末，美国空军的防空司令部仅为北美防空联合司令部提供了 6 支 F-106A 中队——由装备了 F-101B、F-102 和 F-106 的空中国民警卫队（Air National Guard）提供战斗支援。至于加拿大方面，则继续保留了 CF-101。在防空司令部宣告解散后，其遗留的作战单位被分配给了美国战略空军和战术空军司令部（Tactical Air Command，简称 TAC。负责指挥有人驾驶截击机）。

当有轰炸机或导弹来袭时，由多个雷达站组成的预警链路将发出预警信息。以预警链路中的远程预警雷达网（Distant Early Warning Line）为例，其分布在阿拉斯加、格陵兰岛和英格兰等地的重要设施，能够探测来自苏联的各种袭击。

洛克希德公司（Lockheed）F—94B "星火"
20 世纪 50 年代中期，美国空军，第 334 战斗截击机中队
F—94B 是一款双座全天候截击机，可装备 4 挺机枪，其机头内部装有 AN/APG—33 雷达。F—94B 的后续机型 F—94C 可装备火箭弹。
在防空司令部下辖的战斗截击机中队中，有超过 24 个中队列装了 F—94B。有一部分 F—94B 被部署在了阿拉斯加（Alaska）境内。

规格

机组成员：2 人
动力设备：1 台阿里森 J33—A—33 涡轮喷气发动机（推力为 26.7 千牛）
最高速度：933 千米 / 时
航程：1850 千米
实用升限：14630 米
尺寸：翼展 11.85 米；机长 12.2 米；机高 3.89 米
重量：7125 千克
武器：4 挺 12.7 毫米机枪

康维尔公司（Convair）F—106A "三角标枪"（Delta Dart）
1968—1985 年，美国空军，第 87 战斗截击机中队 [位于 K. I. 索伊（K. I. Sawyer）空军基地]
作为 F—102 的后续机型，F—106A 的性能得到了大幅提升。此外，F—106A 还可以装备 "猎鹰"（Falcon）空对空导弹和 "妖怪"
（Genie）核弹头火箭弹。图中这架 F—106A 曾在防空司令部下辖的第 87 战斗截击机中队里服役，被部署在位于密歇根州的 K. I. 索
伊空军基地。在被空军淘汰后，F—106A 又在空中国民警卫队下辖的作战单位里一直服役至 20 世纪 80 年代中期。

规格

机组成员：1 人
动力设备：1 台普拉特·惠特尼 J57—P—23 涡轮喷气发动机（推力为 76.5 千牛）
最高速度：1328 千米 / 时
航程：2172 千米
实用升限：16460 米
尺寸：翼展 11.62 米；机长 20.84 米；机高 6.46 米
重量：14288 千克
武器：可混装 AIM 系列的各种导弹；部分机型装备有 12 枚 70 毫米折叠尾翼式航空火箭弹

麦克唐纳－道格拉斯公司（McDonnell Douglas）F－4C"鬼怪"Ⅱ

1972—1978 年，密歇根州空中国民警卫队，第 171 战斗截击机中队（位于塞尔弗里奇空中国民警卫队基地）

F－4C 是 F4－B 的"小幅度改进型"，其先是在美国空军中服役（刚列装部队时的编号为 F－110），后被汰换至空中国民警卫队。图中这架 F－4C"鬼怪"Ⅱ曾在空中国民警卫队中服役，其机头下方装有红外线传感器。

规格

机组成员：2 人

动力设备：2 台通用电气 J79-GE-15 涡轮喷气发动机（单台推力为 75.6 千牛）

最高速度：2414 千米 / 时

航程：2817 千米

实用升限：18300 米

尺寸：翼展 11.7 米；机长 17.76 米；机高 4.96 米

重量：26308 千克

武器：4 枚 AIM-7"麻雀"（Sparrow）导弹；2 个机翼挂架可挂载 2 枚 AIM-7"麻雀"导弹或 4 枚 AIM-9"响尾蛇"导弹；可挂装一门 20 毫米 M-61 机炮；最大有效载荷为 6219 千克

波音公司（Boeing）E－3A"望楼"（Sentry）预警机

20 世纪 80 年代初，美国空军

在编号为"73-1674"的首架 E－3A"望楼"预警机出厂之前，波音公司曾试制了两架 EC－137D 原型机。E－3A"望楼"预警机的旋转雷达天线罩内安装有 AN/APY－1 型 S 波段脉冲多普勒雷达，该雷达的探测距离约为 400 千米。

规格

机组成员：4 人

动力设备：4 台普拉特·惠特尼 TF33-PW-100A 涡轮风扇发动机（单台推力为 93 千牛）

最高速度：855 千米 / 时

航程：7400 千米

实用升限：12500 米

尺寸：翼展 44.42 米；机长 46.61 米；机高 12.6 米

重量：147400 千克

武器：无

装备迭代

20 世纪 80 年代，为能更好应对低空突防和巡航导弹带来的威胁，北美防空联合司令部升级了武器装备。战术空军司令部开始用 F-15 取代 F-106，而空中国民警卫队则开始接收 F-4，以替换老旧的 F-101B 和 F-102。冷战末期，空中国民警卫队用 F-16 汰换了 F-106。至于加拿大方面，则在 20 世纪 80 年代初引入了 CF-188，以替换该国空军此前装备的 CF-101。

20 世纪 80 年代初，北美防空联合司令部甚至可以调动战术空军司令部的 E-3 预警机。同样在这一时期，随着太空军备竞赛的展开，美国为了应对"来自近地轨道的攻击威胁"，还成立了美国空军太空司令部（Space Command）。

苏联防空力量，1946—1989 年

苏联国土防空军（PVO）是苏联军队中的一个独立军种，列装了专为应对北约轰炸机而设计的各种截击机。

苏联国土防空军常年保持高度警戒状态，其职责是使苏联领土免遭北约轰炸机的袭击。后来，苏联国土防空军又承担了防范导弹攻击的任务。总的说来，苏联国土防空军的使命是：在苏联领土遭遇袭击时发出警报，并使用有人驾驶的截击机和多层次地对空导弹 [Surface-to-air，缩写为 SAM，音译为"萨姆"] 击毁来犯的轰炸机或导弹。

苏联国土防空军由多个分支兵种组成，其中包括无线电技术部队（Missile and Space Defence Force，负责监测敌情）、地对空导弹部队（SAM Troop）、导弹与太空防御部队（Missile and Space Defence Forces，负责预警和拦截），以及歼击航空兵部队（Fighter Aviation，缩写为 IA-PVO）。

二战后，歼击航空兵部队装备的首批新式武器是经过了现代化改装的初代喷气式飞机，包括米格 -9、米格 -15 和米格 -17。

装备迭代

歼击航空兵部队进入超音速时代的办法是"引入专用的截击机"，而非"对前线航空兵使用的机型进行改造"。歼击航空兵部队新引入的战机包括苏 -9、苏 -11、

雅克 25P、雅克 28-P 和图 -128，这些战机均可携带导弹，且具备全天候作战能力。除此之外，专为点防御（Point defence）进行优化设计的米格 -21 的衍生机型也被用于为上述战机提供支援。

图波列夫设计局（Tupolev）图 —128
歼击航空兵部队

图 —128 在退役前，一直是世界上最大的截击机。图 —128 是苏联专为执行远程巡逻任务而设计的战机，其采用双座布局，装备了 4 枚 R-4 系列空对空导弹和一部功能强大的截击雷达，在一定程度上满足了苏联保卫北方的广袤领土的需求。

规格

机组成员：2 人
动力设备：2 台留里卡 AL-7F-2 涡轮喷气发动机（单台推力为 107.9 千牛）
最高速度：1740 千米 / 时
航程：3200 千米
实用升限：18000 米
尺寸：翼展 18.10 米；机长 27.20 米；机高 7 米
重量：40000 千克
武器：4 枚比斯诺瓦特（Bisnovat）R-4 空对空导弹

雅克福列夫设计局（Yakovlev）雅克 —28P
20 世纪 60 年代中期，歼击航空兵部队

雅克 —28P 是双发双座战术喷气式飞机家族（该系列战机专供前线航空兵使用，有截击机、轰炸机与侦察机等机型）中的一员。1963 年 11 月，雅克 —28P 开始在歼击航空兵部队下辖的作战单位中服役，负责保卫位于赛米巴拉金斯克（Semipalatinsk）的导弹基地。据悉，最后一批雅克 —28P 于 1988 年退役。

规格

机组成员：2 人
动力设备：2 台图曼斯基 R-11 涡轮喷气发动机（单台推力为 66.8 千牛）
最高速度：1180 千米 / 时
作战半径：925 千米
实用升限：16000 米
尺寸：翼展 12.95 米；机长（后期生产的机头加长版本）23 米；机高 3.95 米
重量：19000 千克
武器：有 4 个翼下挂架，可挂载 2 枚 AA-2 空对空导弹，以及 2 枚 AA-2-2 或 AA-3 空对空导弹

苏霍伊设计局（Sukhoi）苏—15
20世纪70年代，歼击航空兵部队

全天候双发截击机苏—15，是苏联歼击航空兵部队在20世纪70年代新列装的几款战机之一，可携载雷达制导导弹、红外制导导弹和23毫米机炮吊舱。苏—15曾于1983年9月击落了大韩航空公司的波音747客机，并因此留下了"民航屠夫"的恶名。[①]

规格

机组成员：1人
动力设备：2台图曼斯基R-11F2S-300涡轮喷气发动机（单台推力为60.8千牛）
最高速度：2230千米/时
作战半径：725千米
实用升限：20000米
尺寸：翼展8.61米；机长21.33米；机高5.1米
重量：18000千克
武器：机翼下有4个外挂架，共可挂装2枚R8M中程空对空导弹和2枚AA-8"蚜虫"（Aphid）红外制导近距离空对空导弹；机身有2个挂点，可挂装UPK-23机炮吊舱或副油箱

米高扬－格林维奇设计局（Mikoyan－Gurevich）米格—31

米格—31是歼击航空兵部队列装的首款能够跟踪和打击多个目标的截击机，该机最多可同时跟踪10个目标并对其中4个目标实施打击。

---

① 译者注：该型号的战机还曾在1978年击中过大韩航空公司的波音707客机，在1981年撞毁过CL—44小型客机。

米高扬 — 格林维奇设计局（Mikoyan—Gurevich）米格 —23M
歼击航空兵部队
作为一款战术战斗机，米格 −23 不仅被前线航空兵用来装备编成内的作战单位，还被歼击航空兵部队用来执行本土防御任务。米格 −23M 是苏联首款大规模量产的可变翼战斗机，其加装的新型雷达可为 R−23 半主动雷达制导导弹锁定目标。

规格

机组成员：1 人
动力设备：1 台图曼斯基 R−27F2M−300 涡轮喷气发动机（推力为 98 千牛）
最高速度：2445 千米 / 时
航程：966 千米
实用升限：18290 米
尺寸：翼展 13.97 米（全展开）或 7.78 米（全后掠）；机长 16.71 米；机高 4.82 米
重量：18145 千克
武器：1 门 23 毫米 GSh−23L 机炮；可搭载 AA−3、AA−7、AA−8 空对空导弹

从 20 世纪 60 年代开始，歼击航空兵部队陆续列装新的武器，其中包括米格 -25、苏 -15 和米格 -23。与此同时，图 -126 的引入也使歼击航空兵部队具备了基本的空中预警能力。到了 20 世纪 80 年代中期，歼击航空兵部队的各兵团开始列装米格 -31 和苏 -27。配合上述战机作战的，是一种新型空中预警机——A-50。

英国防空力量，1946—1989 年

二战后，英国皇家空军开始认识到保卫英国领空的重要性。因此，在整个冷战期间，英国都一直保有强大的防空力量。

截至 1946 年，英国皇家空军的战斗机编制已被大幅削减，仅剩下 24 个担负防空任务的中队——这些中队装备的是"蚊式"夜间战斗机、"大黄蜂"（Hornet）昼间战斗机，以及"流星"和"吸血鬼"喷气式战斗机。

格罗斯特公司（Gloster）"流星"（Meteor）F.Mk 8
1954 年，英国皇家空军辅助空军，第 500 中队 [位于西莫灵（West Mailing）]
造型独特的"流星"（Meteor）系列战机，曾在英国皇家空军辅助空军中服役。图中这架"流星"昼间战斗机是第 500 中队的指挥官的座驾，于 1954 年被部署至西莫灵。F.Mk 8 是"流星"系列战机中量产数量最多的机型，升级版座舱盖和机腹油箱是其显著特征。

规格

机组成员：1 人
动力设备：2 台罗尔斯 - 罗伊斯"德温特"8 涡轮喷气发动机（单台推力为 16 千牛）
最高速度：962 千米 / 时
航程：1580 千米
实用升限：13106 米
尺寸：翼展 11.32；机长 13.58 米；机高 3.96 米
重量：8664 千克
武器：4 门 20 毫米西斯帕诺机炮

　　鉴于苏联于 1949 年 8 月①成功引爆了第一颗原子弹，且大幅提升了轰炸机的性能，英国皇家空军战斗机司令部（RAF Fighter Command）开始重新扩编和优化下属部队。截至 1951 年年底，英国皇家空军战斗机司令部共有 45 支中队可供调遣。作为英国皇家空军战斗机司令部下属作战单位的后备力量，20 个英国皇家空军辅助空军（Royal Auxiliary Air Force，简称 RAuxAF）中队于 1946 年以地域为单位完成了改组。这些部队最初装备的是使用活塞发动机的战斗机，但后期列装了"流星"和"吸血鬼"战斗机。

　　英国皇家空军战斗机司令部一度在部署后掠翼和超音速战机方面落后于他国，不过后来终于吸取了教训。截至 1951 年年末，英国皇家空军战斗机司令部共有 402 架飞机——大多是老旧的"流星"与"吸血鬼"昼间战斗机，以及"流星""吸血鬼"

---

　　① 译者注：原文误写为 9 月。

和"蚊式"夜间战斗机。最终，英国于1950年通过"超优先"（Super priority）计划引入了现代化战机"猎人"（Hunter），以及日后令人颇为失望的"褐雨燕"（Swift）战斗机。从1951年10月起，英国皇家空军部署在英国与德国的29个中队在四年时间内全部换装了"猎人"战斗机——该战斗机一直被英国皇家空军当昼间战斗机使用，直至在1960年被"闪电"超音速战斗机所取代。

大裁军

截至1957年1月，处于鼎盛时期的英国皇家空军战斗机司令部拥有50个飞行中队。1957年，英国在公布了新的《国防白皮书》后，开始大幅削减英国皇家空军战斗机司令部的编制。到1962年，英国皇家空军战斗机司令部就只保留了11个飞行中队（用于执行防空任务）。1957年，英国在《国防白皮书》中表示，计划在未来使用制导导弹来捍卫英国领空（该计划中的大部分措施从未得到落实），并取消了除"闪电"以外的所有有人驾驶战斗机的研发计划。国防预算的削减，导致英国皇家空军辅助空军于1957年春被迫解散。

格罗斯特公司（Gloster）"流星"（Meteor）NF.Mk 11
1951—1958年，英国皇家空军，第29中队 [位于坦梅尔（Tangmere）空军基地]
在"流星"系列的双座夜间战斗机中，最早装备部队的是"流星"NF.Mk 11。该机型装备有4门20毫米机炮，加长的机头内安装有机载截击雷达。于1950年开始服役的"流星"NF.Mk 11，共列装了14个英国皇家空军中队，其中包括被部署在坦梅尔空军基地的第29中队。

规格

机组成员：2人
动力设备：2台罗尔斯 - 罗伊斯"德温特"8涡轮喷气发动机（单台推力为16千牛）
最高速度：931千米/时
航程：1580千米
实用升限：12192米
尺寸：翼展13.1米；机长14.78米；机高4.22米
重量：9979千克
武器：4门20毫米西斯帕诺机炮

加拿大飞机公司（*Canadair*）"佩刀"（*Sabre*）Mk 4

1954—1956 年，英国皇家空军，第 92 中队（位于哈罗盖特）

英国皇家空军通过《共同防御援助计划》接收了 430 架加拿大产"佩刀"系列战斗机，并将其用作"装备本土后掠翼战斗机前的过渡机型"。"佩刀" Mk 4 的设计与美国空军的 F—86E 近似，其最明显的特征是安装有前缘缝翼（*Slatted wing*）。图中这架隶属第 92 中队的"佩刀" Mk 4，被部署在哈罗盖特。

规格

机组成员：1 人

动力设备：1 台阿芙罗 - 奥伦达马克 14 涡轮喷气发动机（推力为 32.35 千牛）

最高速度：1113 千米 / 时

航程：1930 千米

实用升限：14935 米

尺寸：翼展 11.29 米；机长 11.42 米；机高 4.57 米

重量：6628 千克

武器：6 挺 12.7 毫米 M2 勃朗宁机枪；最大有效载荷为 1360 千克

霍克公司（*Hwaker*）"猎人"F.Mk 5

1956—1958 年，英国皇家空军，第 1 中队（位于坦梅尔空军基地）

"猎人"F.Mk 5 与 F.Mk 4 仅在发动机方面有所不同，前者装备的是"蓝宝石"（*Sapphire*）发动机，而后者装备的是"埃汶"发动机。"猎人" F.Mk 5 有 4 个可携带副油箱的翼下挂架，其机翼前缘也能装载备用燃料。图中这架"猎人" F.Mk 5 于 1955 年被部署至坦梅尔空军基地，用以替换英国皇家空军第 1 中队装备的"流星" F.Mk 8。

规格

机组成员：1 人

动力设备：1 台阿姆斯特朗·西德利 "蓝宝石"涡轮喷气发动机（推力为 35.59 千牛）

最高速度：1143 千米 / 时

航程：789 千米

实用升限：15240 米

尺寸：翼展 10.26 米；机长 13.98 米；机高 4.02 米

重量：8501 千克

武器：4 门 30 毫米阿登机炮；最多可携带 2722 千克重的炸弹或火箭弹

英国电气公司（English Electric）"闪电"（Lightning）F.Mk 3
1965 年，英国皇家空军，第 56 中队（位于瓦迪谢姆基地）
20 世纪 60 年代，装备"闪电"战斗机的英国皇家空军的作战单位喜欢在战机上喷涂醒目的标识。"闪电"F.Mk 3 换装了性能更强的"埃汶"发动机、面积更大的垂直尾翼，以及新的航电设备。此外，该机型不仅可携带两枚"火光"空对空导弹，还能够发射"红头"（Red Top）空对空导弹。图中这架"闪电"F.Mk 3 曾于 1965 年被部署在瓦迪谢姆基地。

规格

机组成员：1 人
动力设备：2 台罗尔斯 - 罗伊斯"埃汶"301R 发动机（单台推力为 72.7 千牛）
最高速度：2415 千米 / 时
航程：1300 千米
实用升限：18000 米
尺寸：翼展 10.62 米；机长 16.84 米；机高 5.97 米
重量：18900 千克
武器：2 门 30 毫米阿登机炮；最多可外挂 2750 千克重的弹药

　　1957 年之后，英国为了配合北约的"绊线"（Tripwire）战略，开始使用 V 级轰炸机和"雷神"（Thor）导弹基地优先实施点防御部署。主张使用全面核攻击来应对苏联入侵的"绊线"战略，从 20 世纪 60 年代末开始逐渐被"灵活反应"（Flexible response）战略所取代。随着冷战各方重新拾起"有限核战争"理论，有人驾驶截击机又再次崭露头角。因为在冷战期间扮演着"后方仓库"的角色，所以英国成了华约的重要空袭目标。

　　从 20 世纪 70 年代中期开始，英国皇家空军的截击武器得到了改进——特别侧重于应对进行低空突击的飞机和巡航导弹。20 世纪 80 年代初，英国启动了"狂风"（Tornado）F.Mk 2 截击机和"猎迷"AEW. Mk3 空中预警平台这两大重点研发项目。虽然英国研发空中预警平台的计划最终宣告失败，但是"狂风"截击机却于冷战末期开始服役（取代了"闪电"与"鬼怪"截击机）。

阿芙罗飞机公司（Avro）"沙克尔顿"（Shackleton）AEW.Mk 2
20 世纪 80 年代初，英国皇家空军，第 8 中队 [位于洛西茅斯（Lossiemouth）]

冷战末期，英国的空中预警任务由老迈的"沙克尔顿"AEW.Mk 2 承担。图中这架"沙克尔顿"AEW.Mk 2 被部署在苏格兰的洛西茅斯，其装备的美制 AN/APS-20 监视雷达继承自"塘鹅"（Gannet）AEW.Mk 3。"塘鹅"AEW.Mk 3 曾在英国皇家海军的多艘航母上服役。

规格

机组成员：8—10 人
动力设备：4 台罗尔斯 - 罗伊斯"格里芬"57A V-12 活塞发动机（单台功率为 1831 千瓦）
最高速度：500 千米 / 时
航程：5440 千米
实用升限：6400 米
尺寸：翼展 36.58 米；机长 26.59 米；机高 5.1 米
重量：39010 千克
武器：无

英国宇航公司（British Aerospace）"鹰式"T.Mk 1A
20 世纪 80 年代初，英国皇家空军，第 151 中队 [位于雪唯诺（Chivenor）]

从 1983 年起，共有 89 架"鹰式"教练机被改装成了"鹰式"T.Mk 1A 标准型。"鹰式"T.Mk 1A 拥有"响尾蛇"导弹接口，在简单气象条件下具备点防御能力。英国皇家空军曾计划将"鹰式"T.Mk 1A 用作"狂风"（Tornado）F.Mk 3 的僚机——前者可利用后者装备的"猎狐者"（Foxhunter）雷达来锁定目标。

规格

机组成员：2 人
动力设备：1 台罗尔斯 - 罗伊斯 / 透博梅卡"阿杜尔"Mk 151 涡轮风扇发动机（推力为 23.1 千牛）
最高速度：1038 千米 / 时
续航时间：4 小时
实用升限：15240 米
尺寸：翼展 9.39 米；机长 11.17 米；机高 3.99 米
重量：7750 千克
武器：机腹与翼下挂点的最大有效载荷为 2567 千克；翼尖挂架可携带空对空导弹

打击司令部的继任者

不久后，英国皇家空军战斗机司令部被打击司令部（Strike Command，隶属英国皇家空军，并服从北约指挥）的第11大队所取代。此后，第11大队对武器装备进行了升级，新建了指挥控制设施，新增了新型地对空导弹（SAM）、移动雷达车和拥有武器系统的"鹰式"（Hawk）教练机。为正面应对苏联轰炸机的威胁，第11大队的大部分机场都被部署在了东海岸。

20世纪80年代中期，英国皇家空军保留了两个可执行快速反应警报（quick reaction alert，缩写为QRA）任务的截击机中队。这两个截击机中队各列装了两架可在10分钟内完成战斗部署的战机，其作战范围能够覆盖英国北部与南部地区。

第四章

战略侦察

冷战各方高度重视空中战略侦察，并长期使用飞机收集情报，追踪"敏感领域"的军事发展情况。除利用光学技术和红外线技术外，冷战各方还使用电磁频谱技术来搜寻敌方的军队和潜伏的敌人。

洛克希德公司（Lockheed）SR-71 "黑鸟"（Blackbird）

冷战时期，美国空军的 SR-71 在实用升限与速度方面要优于其他战术间谍飞机，并且具备当时的战略侦察装备的两大典型特征：一是研发过程高度保密，二是需要在全球最危险的区域的上空执行情报搜集任务。

冷战时代的空中侦察，1946—1989 年

冷战期间，照相侦察和电子情报收集（ELINT）既是最重要的飞行任务，也是最危险的飞行任务。

冷战期间的空中侦察载体不只是"有人驾驶平台"，卫星、气球和遥控飞行器（RPV）也均被广泛用于收集战略情报。总体说来，冷战期间的战略侦察任务通常包括：收集有关敌方军事力量发展情况的情报、收集国家层面的指挥与通信网络信息，以及监控敌方轰炸机与弹道导弹等战略打击力量的部署情况。

冷战初期，空中侦察是一项高危任务，各地发生过多起著名的高空侦察机被击落事件。1960 年 5 月 1 日，弗朗西斯·加里·鲍尔斯驾驶的 U-2C 高空侦察机（隶属美国中央情报局）在斯维尔德洛夫斯克（Sverdlovsk）上空被苏联防空导弹击落。此事不仅促使美国开始高度重视萨姆导弹的威力，也在很大程度上迫使其放弃了使用 U-2C 高空侦察机直接飞越苏联和华约领空进行侦察的做法。

德怀特·戴维·艾森豪威尔总统（President Dwight D.Eisenhower）提出"开放天空"（Open Skies）计划，建议实施以敦促军控为目的的飞越领空侦察。该计划遭到了苏联方面的反对。于是，美国开始动用 U-2 系列高空侦察机对苏联进行侦察，但仅一个月后便发生了上述 U-2C 高空侦察机被击落事件。1956 年，美国在西德和土耳其境内部署了两个 U-2 飞行中队。同年 7 月，这些 U-2 飞行中队开始以美国空军气象侦察中队（USAF Weather Reconnaissance Squadron）的名义来执行任务。1957 年，美国在日本成立了第三个 U-2 飞行中队。

早期侦察行动

U-2 系列高空侦察机，是美国专为执行高空侦察任务而设计的特种飞机。至于冷战初期的其他情报收集飞机，则多由现有机型（以轰炸机和巡逻机为主）改装而成。例如，美国海军主要使用的是改装后的 P4M 和 P4Y，美国空军主要使用的是 B-47 和 C-130 的衍生机型与 RB-45。

1950 年 4 月，美国海军的一架 PB4Y 在波罗的海上空被苏联战斗机击落，成为冷战期间第一架被击落的美军侦察机。此后，美国陆续有其他侦察机被苏联击落：1952 年 10 月，美国空军的一架 RB-29 被苏联的米格战斗机击落；1953 年 7 月，一

架 RB-50 在日本海上空被苏联的米格战斗机击落；1958 年 9 月，一架 C-130 从土耳其起飞，在亚美尼亚上空执行任务时被击落；1960 年 7 月，第 55 气象侦察中队（55th SRW）的一架 RB-47 从英国的布雷兹诺顿（Brize Norton）起飞，在巴伦支海（Barents Sea）上空被击落。

U-2 高空侦察机被击落事件发生后，美国空军与中央情报局开始继续研发更为先进的战略侦察机。最终，美国部署了 SR-71——这是当时飞行速度最快、实用升限最高的"吸气式飞行器"。这一时期，美国部署的侦察机还有 U-2 的后续改进机型和 RC-135，后者可携带大量电子情报收集传感器、机载侧视雷达（Side- looking airborne radar）和其他情报收集装备，能够执行电子侦察任务。冷战期间，美国至少研发并部署了 12 种 RC-135 的衍生机型（共计 28 架）——RC-135V/W 是该系列侦察机的终极版本。在 RC-135 的衍生机型中，RC-135S 从阿留申群岛（Aleutians）的谢米亚岛起飞，负责截获苏联导弹测试的遥感勘测情报（TELINT）。冷战末期，SR-71、U-2 和 RC-135 系列侦察机频繁出动，为美国战略空军和五角大楼收集了大量重要情报。除监视苏联方面的行动外，美国的战略侦察机（包括 RC-135 和 U-2）还经常从冲绳嘉手纳（Kadena）基地起飞，前往朝鲜上空执行侦察任务。

波音公司（Boeing）B－29A "超级空中堡垒"（Superfortress）
20 世纪 50 年代初，美国空军，第 55 战略侦察联队
二战结束后，B-29 系列飞机被美军广泛用于执行各类任务。图中这架具备侦察功能的 B-29A-70-BN，隶属第 55 战略侦察联队。第 55 战略侦察联队是美国空军的一支王牌侦察联队，RB-29A 是该联队最早装备的几款飞机之一。

规格

机组成员：11 人
动力设备：4 台赖特 R-3350-23 与 23A 涡轮增压星形发动机（单台功率为 1640 千瓦）
最高速度：574 千米 / 时
航程：9000 千米
实用升限：10200 米
尺寸：翼展 43.10 米；机长 30.2 米；机高 8.5 米
重量：54000 千克
武器：10 挺 12.7 毫米勃朗宁 M2/AN 机枪；机尾炮塔内装有 2 挺 12.7 毫米机枪和 1 门 20 毫米 M2 机炮

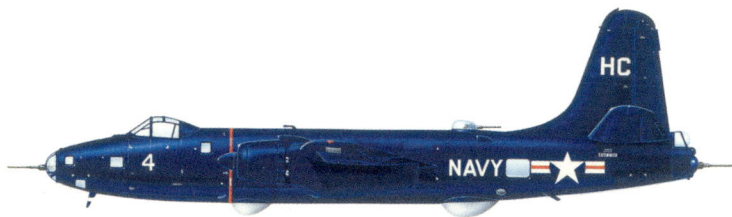

马丁公司（Martin）P4M-1"莫卡托"（Mercator）
20 世纪 50 年代初，美国海军，第 21 巡逻机中队

1950 年 6 月，第 21 巡逻机中队开始用 PB4Y-2 替换 P4M-1，并在 1951-1952 年间陆续将汰换的 P4M-1 部署至地中海地区。1956 年 8 月，第 1 舰队空中侦察中队（VQ-1）的一架 P4M-1Q 在中国华东地区上空被击落。1959 年 6 月，该中队的另一架 P4M-1Q 在执行情报搜集任务时被朝鲜的米格-17 战斗机驱离。

规格

机组成员：9 人
动力设备：2 台"阿里森"J33-A-23 涡轮喷气发动机（单台推力为 20 千牛）；2 台普拉特·惠特尼 R-4360"大黄蜂"星形发动机（单台功率为 2420 千瓦）
最高速度：660 千米 / 时
航程：4570 千米
实用升限：10500 米
尺寸：翼展 34.7 米；机长 26 米；机高 8 米
重量：40088 千克
武器：位于机头和机尾的炮塔内装有 4 门 20 毫米机炮；机背炮塔内装有 2 挺 12.7 毫米机枪；最大载弹量为 5400 千克，可携带炸弹、水雷、深水炸弹或鱼雷

波音公司（Boeing）RB-47H"同温层喷气"
20 世纪 50 年代中期，美国空军，第 55 战略侦察联队

RB-47H"同温层喷气"是美国专为搜集电子情报而改进的机型，波音公司在 RB-47H 的弹舱内安装了新型电子侦察和电子干扰设备。一般情况下，RB-47H 会搭载三名绰号为"乌鸦"（Crow）的电子战军官。此外，该机型的机头、机身下方和机翼位置的雷达天线罩内也装有传感装置。RB-47H 活跃在东方阵营国家的边境上空，负责搜集有关地面雷达设施的情报。

规格

机组成员：3 人
动力设备：6 台通用电气 J47-GE-25 涡轮喷气发动机（单台推力为 32 千牛）
最高速度：982 千米 / 时
航程：6437 千米
实用升限：11826 米
尺寸：翼展 35.36 米；机长 32.92 米；机高 8.53 米
重量：56699 千克
武器：机尾装有 2 门 20 毫米机炮；最大有效载荷为 9072 千克

洛克希德公司（Lockheed）U-2C
1975年，美国空军，第100战略侦察联队

图中这架隶属第100战略侦察联队的U-2C，是在U-2A的基础上改装而成的。U-2A先被改造成了WU-2A高空大气采样飞机，后来再次经过改装，"变成了"U-2C。这架U-2C出现在1975年，其采用了适合在欧洲境内执行飞行任务的双色调灰迷彩涂装。

规格

机组成员：1人
动力设备：1台普拉特·惠特尼J75-P-13涡轮喷气发动机（推力为75.62千牛）
最高速度：850千米/时
航程：4830千米
实用升限：25930米
尺寸：翼展24.30米；机长15.1米；机高3.9米
重量：9523千克
武器：无

波音公司（Boeing）RC-135V
20世纪80年代初，美国空军，第55战略侦察联队 [位于奥法特（Offutt）空军基地]

冷战期间，无论是在西方的波罗的海、巴伦支海和黑海上空，还是在东方的白令海与西伯利亚海[1]空域，美国空军的RC-135系列侦察机均可执行长达10小时的巡逻任务。RC-135系列侦察机可容纳约16名电子战军官。图中这架隶属第55战略侦察联队的RC-135V被部署在位于内布拉斯加州（Nebraska）的奥法特空军基地。

规格

机组成员：27人
动力设备：4台普拉特·惠特尼TF33-P-9涡轮喷气发动机（单台推力为80千牛）
最高速度：991千米/时
航程：4305千米
实用升限：12375米
尺寸：翼展39.88米；机长41.53米；机高12.7米
重量：124965千克
武器：6挺7.92毫米机枪；载弹量为1000千克

① 译者注：西伯利亚海于1935年被更名为拉普捷夫海。

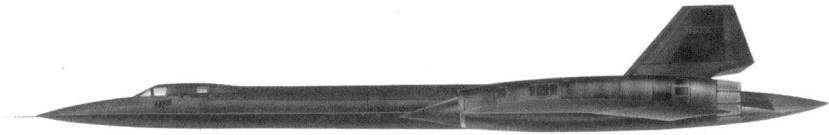

洛克希德公司（Lockheed）SR-71A

20世纪80年代初，美国空军，第9战略联队

SR-71A（绰号"黑鸟"）的飞行速度可超过3马赫，实用升限约为30000米，具备强大的突防能力。冷战期间，SR-71A曾在苏联和中国等东方阵营国家的边境附近，以及古巴、尼加拉瓜、朝鲜和越南的上空活动。

规格

机组成员：1人
动力设备：2台普拉特·惠特尼JT11D-20B涡轮喷气发动机（单台推力为144.5千牛）
最高速度：3219千米/时
航程：4800千米
实用升限：30000米
尺寸：翼展16.94米；机长32.74米；机高5.64米
重量：77111千克
武器：无

美国海军同样具备战略侦察能力，其装备的12架EP-3E是在P-3海上巡逻飞机的基础上改装而成的[在原机型的基础上加装了"白羊座"（Aries）电子情报收集套件]，主要负责收集苏联军舰及其电子和武器系统的信息。美国海军的EA-3B可从航母上起飞，执行电子情报收集任务。从西班牙的罗塔（Rota）起飞的EP-3E与EA-3B，在地中海上空活动频繁。此外，还有更多的EP-3E被部署在了关岛。

苏联空中侦察力量

苏联将空中战略侦察置于次要地位，而更加重视收集海上情报。苏联人在执行侦察任务时，主要使用在图-16和图-95的基础上改装而成的侦察机型、安-12运输机的衍生机型，以及伊尔-20（在大型客机的基础上改装而成的"电子情报收集平台"）。苏联人用这些飞机密切监视北约海军的行动，其中图-16侦察机经常在波罗的海、北海与地中海执行任务，而航程更远的图-95侦察机，最远可飞至安哥拉、古巴、南也门和越南上空。此外，经过改装的苏联轰炸机还承担了另一项重要任务：向美国与英国沿岸发起"模拟攻击"（Attack profile），监测西方战斗机的反应时间与作战性能。

图波列夫设计局（Tupolev）图—16R

一架苏联海军的图—16R"獾—F"（Badger—F）正在北海上空飞行。20世纪60年代，图—16R"獾—F"主要负责监视北约的海上活动。

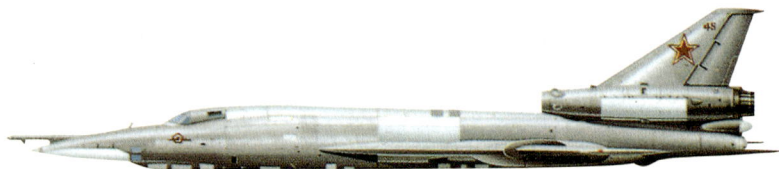

图波列夫设计局（Tupolev）图—22RD

20世纪70年代，苏联远程航空兵

图—22RD是图—22战略轰炸机的侦察机型，北约代号"眼罩—C"（Blinder—C）。苏联空军与海军均列装了图—22RD。装备有图—22RD的苏联远程航空兵的战斗单位主要承担两个任务：在地中海空域监视美国第6舰队；在中欧、南欧，以及波罗的海上空执行作战任务。

规格

机组成员：3人

动力设备：2台多勃雷宁（Dobrynin）RD-7M-2涡轮喷气发动机（单台推力为161.9千牛）

最高速度：1510千米/时

航程：4900千米

实用升限：13300米

尺寸：翼展23.17米；机长41.6米；机高10.13米

重量：85000千克

武器：机尾炮塔内装有1门23毫米AM-23机炮；可挂装9000千克重的炸弹或1枚Kh-22巡航导弹

英国皇家空军维持战略侦察能力的手段如下：部署三架"猎迷"R.Mk 1，并由经过特殊改装的"堪培拉"来为它们提供支援。除英国外，其他国家也组建了小型战略情报收集机队。法国、以色列和瑞典三国列装的专用侦察机，分别改装自民航客机 DC-8、707 和"卡拉韦勒"（Caravelle）。与此同时，西德也部署了一支小型战略情报收集机队，该机队装备的是经过改装的"大西洋"（Atlantic）反潜巡逻机，主要负责在波罗的海上空收集信号情报（Signals intelligence，简称 SIGINT）。

第五章

中东

　　拥有丰富石油资源的东地中海与阿拉伯半岛地区，扼守着由苏伊士运河至远东的航道。持不同立场的各种势力长期盘踞于此，并时常爆发战乱与冲突。冷战对峙的升级，以及1948年以色列建国事件的推波助澜，让此地区的紧张局势进一步加剧。当时，老牌欧洲强国已退出此地，美国和苏联两个新兴的超级大国正在积极填补旧势力退出后留下的空白，并围绕此战略要地展开了激烈的角逐。

西科斯基直升机公司（Sikorsky）S—58

1948 年，以色列建国，由此引发的一系列冲突贯穿了整个冷战时期。自"六日战争"起，中东地区的战争局势越发波谲云诡。在这张照片中，一架以色列的 S—58 直升机，正从两名蹲伏在沙漠中的以色列国防军士兵头顶掠过。

在阿拉伯地区的英国势力，1946—1967年

英国曾在阿拉伯半岛占据主导地位。当时，伊拉克、外约旦（Transjordan）和巴勒斯坦地区均接受英国的委任统治，而伊拉克与波斯地区的油田也为英国带来了大量的利益。

英国曾凭借其军事实力，向阿拉伯半岛、波斯、埃及和苏伊士运河区（Suez Canal Zone）施加影响力。一战后，英国开始在这些地区建立委任统治，而英国皇家空军等作战单位也一直在此活跃。二战后，阿拉伯世界仇视英国的情绪日益高涨，而英军的实力也在逐渐衰退。最终，随着苏伊士运河区的矛盾逐步升级，英国皇家空军开始转移关注的焦点，从之前在伊拉克地区的据点中撤出，仅在伊拉克地区保留了有限的军事力量（主要负责保护重要的油田设施）。20 世纪 50年代，英国部署在伊拉克地区的军事力量包括五支飞行中队 [装备有 "吸血鬼"战斗机、"英俊战士"（Beaufighter）战斗机、"暴风"式战斗机和 "瓦莉塔"（Valetta）运输机]。

德·哈维兰公司（De Havilland）"毒液" FB.Mk 4
1955—1960 年，英国皇家空军，第 8 中队 [位于柯马克萨（Khormaksar）]
从 1946 年开始，第 8 中队在柯马克萨驻守了 20 多年。1955—1960 年间，第 8 中队列装了 "毒液" FB.Mk 4——该机型从 1955年夏开始取代 FB.Mk 1，多被用于打击敌对部落。

规格

机组成员：1 人
动力设备：1 台德·哈维兰 "幽灵"（de Havilland Ghost）105 涡轮喷气发动机（推力为 22.9 千牛）
最高速度：1030 千米 / 时
航程：1730 千米（携带副油箱）
实用升限：14630 米
尺寸：翼展 12.7 米（含翼尖油箱）；机长 9.71 米；机高 1.88 米
重量：6945 千克
武器：4 门 20 毫米西斯帕诺机炮（备弹 150 发）；2 个翼下挂架（可挂载 2 枚 454 千克重的炸弹或 2 个副油箱）；可在机腹下挂载 8 枚 27.2 毫米火箭弹

霍克公司（Hwaker）"猎人"FGA.Mk 9
1955—1960年，英国皇家空军，第81中队（位于柯马克萨）
在英国撤出南阿拉伯联邦之前的最后几年，位于柯马克萨的第8中队主要负责执行对地攻击任务（打击对象是位于亚丁边境的也门武装分子）。第8中队在殖民地维持治安的时间接近50年，"猎人"FGA.Mk 9是该中队在此期间装备的最后一种战斗机。

规格

机组成员：1 人
动力设备：1 台罗尔斯－罗伊斯"埃汶"207 涡轮喷气发动机（推力为 45.13 千牛）
最高速度：1150 千米 / 时
航程：715 千米
实用升限：15240 米
尺寸：翼展 10.26 米；机长 14 米；机高 4.01 米
重量：8050 千克
武器：4 门 30 毫米阿登机炮；可携带各型火箭弹与导弹；最大有效载荷为 3357 千克

亚丁是英国皇家空军在阿拉伯半岛的核心任务区。20 世纪 50 年代，英国皇家空军在柯马克萨建立了一个主基地，部署了"强盗"（Brigand）攻击机、"吸血鬼"战斗机、"毒液"战斗机和"流星"战斗机。

海上作战

"沙克尔顿"（Shackleton）海上巡逻机负责保护往返于波斯湾与红海之间的油轮，主要在柯马克萨以外的海域上空执行巡逻任务。而"兰开斯特"轰炸机、"瓦莉塔"运输机、"双先锋"（Twin Pioneer）和"先锋"（Pioneer），则主要被用于执行运输任务。

最终，英国将自治权授予亚丁地区的马斯喀特和阿曼(Muscat and Oman)各州。在此之前，英国也在约旦、科威特、卡塔尔和阿拉伯联合酋长国采取了同样的做法。1967 年，英国宣布从"苏伊士运河以东的领土"撤军。不过，也门地区的动荡局势迫使英国皇家空军继续在此地执行任务。

阿芙罗飞机公司（Avro）"沙克尔顿" MR.Mk 2
1957—1967 年，英国皇家空军，第 37 中队（位于柯马克萨）

第 37 中队装备的"沙克尔顿"海上巡逻机不仅要负责保护从波斯湾至红海入海口的航线，还要与亚丁和波斯湾各州附近的阿拉伯飞行大队交战。1957—1967 年间，第 37 中队被部署在柯马克萨。

规格

机组成员：10 人
动力设备：4 台罗尔斯 – 罗伊斯"格里芬"57A V-12 活塞发动机（单台功率为 1831 千瓦）
最高速度：500 千米 / 时
航程：5440 千米
实用升限：6400 米
尺寸：翼展 36.58 米；机长 26.59 米；机高 5.1 米
重量：39010 千克
武器：机头炮塔里装有 2 门 20 毫米西斯帕诺 No. 1 Mk 5 机炮；最大载弹量为 4536 千克

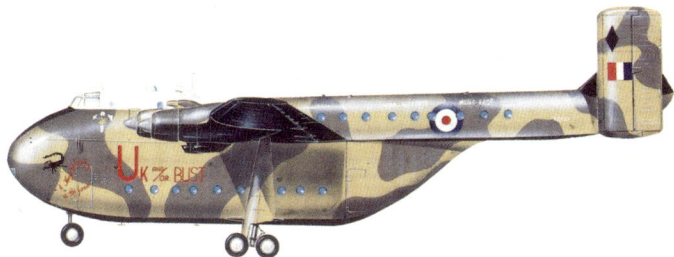

布里斯托尔飞机公司（Bristol）"贝弗利"（Beverley）C.Mk 1
1958—1967 年，英国皇家空军，第 84 中队（位于柯马克萨）

20 世纪 60 年代中期，图中这架机身上喷涂有"UK and/or bust"标识的"贝弗利" C.Mk 1 隶属第 84 中队。能够在沙漠中的简易跑道上起降的"贝弗利" C.Mk 1，为英国陆军在中东地区发起的军事行动 [如英军在"亚丁危机"（Aden Emergency）期间进行的各项行动] 提供了重要战术支援。

规格

机组成员：6 人
动力设备：4 台布里斯托尔"人马座"173 星形发动机（单台功率为 2125 千瓦）
最高速度：383 千米 / 时
航程：5938 千米
实用升限：4875 米
尺寸：翼展 49.38 米；机长 30.3 米；机高 11.81 米
重量：64864 千克
武器：无

1962 年 10 月，也门爆发革命。此后，南阿拉伯联邦（South Arabia）^①的安全部队需要应对各敌对部落和北也门的入侵，以及各种恐怖主义活动。因此，在英国最终于 1969 年完成撤军前，位于柯马克萨的英国皇家空军的飞行中队多次参与了作战行动。

阿曼，1952—1976 年

此时，虽然英国的势力已从亚丁湾撤出，但此地的战火并没有平息。从 20 世纪 60 年代末开始，阿曼深陷国内各派的纷争之中。

阿曼不仅拥有大量的石油储备，还扼守着多条水上战略要道的入口。

20 世纪 50 年代初，沙特阿拉伯宣称阿曼的油田归自己所有。为应对此次危机和展示军事实力，英国皇家空军从伊拉克调遣了"吸血鬼"战斗机。不过，沙特阿拉伯依然拒绝让步，迫使英国于 1953 年将"吸血鬼"战斗机与"流星"FR. Mk 9 战斗机部署至阿曼，以支援对此地的封锁。这两个型号的飞机后被"兰开斯特"轰炸机、"瓦莉塔"运输机，以及更晚部署的"安森"侦察机所取代。从 1955 年起，英国针对沙特阿拉伯展开了长期作战行动，部署"林肯"（Lincoln）轰炸机与"瓦莉塔"运输机执行侦察任务，并由"毒液"战斗轰炸机和各型运输机负责提供支援。

对抗阿曼解放军

1957 年，阿曼解放军（Omani Liberation Army，简称 OLA）在沙特阿拉伯的支持下占领了阿曼境内的村庄，导致了紧张局势的进一步升级。英国迅速动用"毒液"战机攻击地面目标，并同时派遣"沙克尔顿"海上巡逻机空投传单。从 1957 年 8 月开始，英国的地面部队被逐步部署至作战区域。在此之前，负责执行侦察任务的是"堪培拉"轰炸机和"流星"战斗机。最终，阿曼解放军被逐出阿曼境内的村庄。尚未被完全剿灭的阿曼解放军，转入偏远的地带继续战斗。

---

① 译者注：该联邦是英国于 1962 年 4 月 4 日，将原南阿拉伯联邦保护国的 15 个保护地予以合并之后建立的联邦政体。此后，该联邦因南阿拉伯保护国的独立运动而瓦解，并被新成立的也门民主人民共和国所取代。

阿曼解放军的残余势力宣称要夺回战斗的主动权，并占领更多的领地。为此，英国于 1958 年联合苏丹武装部队（Sultan's Armed Forces）实施了严密封锁。但是，阿曼解放军仍能够不断获得武器装备。于是，英国皇家空军重新发起进攻，在 1958 年秋季派"沙克尔顿"海上巡逻机执行轰炸任务。与此同时，英国皇家海军航空兵的"海鹰"（Sea Hawk）舰载战斗机和"海毒液"（Sea Venom）战斗轰炸机也从"堡垒"（Bulwark）号航母上起飞，为"沙克尔顿"海上巡逻机提供支援。1959 年 1 月，英国特种空勤团（SAS）对阿曼解放军发起进攻并大获全胜。同年 2 月，英国皇家空军的大部分作战单位开始从阿曼地区撤出。

英国军队撤离后，阿曼苏丹国空军（the Sultan of Oman AF）在英国的支持下成立，并且从 1968 年开始接收战斗机等装备。除提供武器装备外，英国还向阿曼苏丹国空军输送了能够驾驶和保养战斗机的专业人员。1968—1976 年间，解放阿曼人民阵线（Popular Front for the Liberation of Oman）得到了苏联的支持，在阿曼与南也门之间的边境地带和佐法尔地区（Dhofar）频繁活动。与此同时，阿曼也得到了来自英国、印度、伊朗、约旦、巴基斯坦和沙特阿拉伯的军事援助。

肖特公司（Short）"空中货车"（Skyvan）3M
20 世纪 70 年代，阿曼苏丹国空军，第 2 中队
1970—1975 年间，英国为阿曼苏丹国空军提供的"空中货车"系列运输机拥有不错的性能。"空中货车"主要负责承担小型运输任务，能够在并不平整的沙漠跑道上起降。至 20 世纪 70 年代初，阿曼苏丹国的几大敌对势力均已被压制，而南也门游击队发起的渗透也遭到了反击。

规格

机组成员：1—2 人
动力设备：2 台盖瑞特·艾雷赛奇（Garrett AiResearch）TPE-331-201 涡轮螺旋桨发动机（单台功率为 533 千瓦）
最高速度：324 千米／时
航程：1200 千米
实用升限：6858 米
尺寸：翼展 19.79 米；机长 12.21 米；机高 4.6 米
重量：5670 千克
武器：无

英国皇家空军在阿曼部署的战机和作战单位，1952—1959 年		
机型	所属作战单位	基地
"林肯" B.Mk 2	第 7 中队（支队）	柯马克萨
"林肯" B.Mk 2	第 1426 小队（支队）	沙迦
"毒液" FB.Mk 4	第 249 中队（支队）	沙迦
"毒液" FB.Mk 4	第 8 中队（支队）	沙迦
"吸血鬼" FB.Mk 5、 "毒液" FB.Mk 1	第 6 中队	沙迦
"流星" FR.Mk 9	第 208 中队（支队）	沙迦
"堪培拉" PR.Mk 7	第 58 中队（支队）	巴林
"兰开斯特" GR.Mk 3	第 37 中队	沙迦
"兰开斯特" GR.Mk 3	第 38 中队	沙迦
"兰开斯特" PR.Mk 1	第 683 中队（支队）	沙迦
"沙克尔顿" MR.Mk 2	第 37 中队（支队）	马西拉（Masirah）
"沙克尔顿" MR.Mk 2	第 42 中队（支队）	马西拉
"沙克尔顿" MR.Mk 2	第 224 中队（支队）	马西拉
"沙克尔顿" MR.Mk 2	第 228 中队（支队）	马西拉
"瓦莉塔" C.Mk 1	空中应急部队（ACF）	沙迦
"瓦莉塔" C.Mk 1、"贝弗利" C.Mk 1	第 84 中队	沙迦、巴林
"安森"（Anson）C.Mk 19、"彭布罗克" C.Mk 1	第 1417 小队	沙迦
"彭布罗克" C.Mk 1、"双先锋" CC.Mk 1	第 152 中队	沙迦
"大枫树" HR.Mk 14	搜救小队（支队）	沙迦

两伊战争，1980—1988 年

作为西方世界昔日的坚定盟友，伊朗与邻国伊拉克之间爆发了旷日持久的冲突。这场战争遭到了西方社会的普遍误解。在这场战争期间，空中力量得到了广泛且精准的运用。

在 1979 年伊斯兰革命爆发前，伊朗始终持亲西方的态度，其武装部队主要由美国提供装备。美国试图在中东地区寻找强大的盟友，遂于 20 世纪 70 年代末与伊朗签署了总额约 200 亿美元的武器订单（美国提供了包括 F-14A 截击机在内的各种武器）。伊拉克空军最初装备的是由西方国家提供的武器。后来，伊拉克逐渐向苏联靠拢，开始装备由后者提供的飞机等武器。不过，伊拉克还是保留了一些法式装备，如 "幻影" F1（一部分被用来执行侦察任务，一部分被改装成了战斗轰炸机）。

西方各国和伊拉克均低估了伊朗的军事潜力。1980 年 9 月初，伊朗炮击两伊边境地带，在此之后，伊拉克决定重新挑起边境争端。在经历了一系列小规模冲突后，双方于 9 月 22 日爆发大规模战斗。伊拉克空军先发制人，对伊朗实施了空袭。在战争初期，伊拉克空军先调集包括图 -22 轰炸机在内的大量飞机对德黑兰等城市实施了空袭，然后立即派遣部队攻入伊朗境内。双方军队不仅都对对方的油田发起了攻击，还在整个战争期间持续打击对方的石油工业设施。

伊拉克军队从多个地点穿越边境，其主力集中在阿巴丹（Abadan）与水路要道阿拉伯河（Shatt al-Arab）南端。

直升机战争

伊朗地面部队在空中力量的支援下，很快就遏制了伊拉克军队的进攻势头。此战中，伊拉克方面投入的武装直升机为米 -8 和"小羚羊"（Gazelle），而伊朗方面则使用了 AH-1J[列装了该机型的部队主要参与北部地区的军事行动，在迪兹富勒（Dezful）一带与伊拉克军队对峙]。趁伊拉克的地面攻势停滞不前之际，伊朗共和国空军（Islamic Republic of Iran AF，简称 IRIAF）对伊拉克首都巴格达展开了报复性打击，派 F-4 和 F-5E 等战机实施空袭，迫使伊拉克将大批飞机撤至国外基地。

格鲁曼公司（Grumman）F—14A"雄猫"（Tomcat）
20 世纪 80 年代，伊朗共和国空军

在国王巴勒维的统治被推翻前，伊朗列装了大批飞机。其中，F—14A"雄猫"在两伊战争期间展现了其卓越的性能（但西方的报道称，F—14A"雄猫"仍存在性能不足的问题）。许多伊朗飞行员驾驶 F—14A 一战成名，荣升王牌飞行员。此外，F—14A 还在同米格 —25 的较量中多次获胜。

规格

机组成员：2 人
动力设备：2 台普拉特·惠特尼 TF30-P-412A 涡轮风扇发动机（单台推力为 92.9 千牛）
最高速度：2517 千米 / 时
航程：3220 千米
实用升限：17070 米
尺寸：翼展 19.55 米（全展开）或 11.65 米（全后掠）；机长 19.1 米；机高 4.88 米
重量：33724 千克
武器：1 门 20 毫米"火神"转管机炮；可同时携带 AIM-7"麻雀"导弹、AIM-9"响尾蛇"导弹和 AIM-54"不死鸟"远程空对空导弹

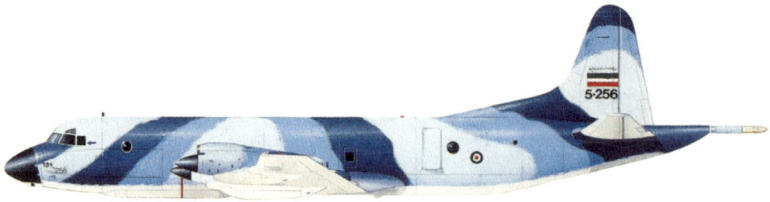

洛克希德公司（Lockheed）P—3F"猎户座"

20 世纪 80 年代，伊朗伊斯兰共和国空军 [位于阿巴斯港（Bandar Abbas）]

伊朗曾获得了六架具备空中加油能力的"猎户座"的衍生机型 P—3F。首架 P—3F 的交付时间为 1975 年。两伊战争期间，这批海上巡逻机从阿巴斯港起飞，在波斯湾地区爆发的"油轮战"中大显身手。

规格

机组成员：11 人

动力设备：4 台"阿里森"T56—A10W 涡轮螺旋桨发动机（单台功率为 3356 千瓦）

最高速度：766 千米 / 时

航程：4075 千米

实用升限：8625 米

尺寸：翼展 30.37 米；机长 35.61 米；机高 10.27 米

重量：60780 千克

武器：最大载弹量为 9070 千克，可挂载炸弹、水雷和鱼雷

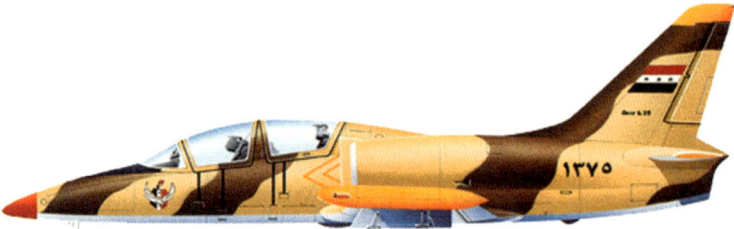

捷克沃多乔迪（AeroVodochody）航空公司 L—39ZO

20 世纪 80 年代，伊拉克空军

两伊战争期间，伊拉克引入了先进的 L—39ZO 教练机，并将其中的一部分用作轻型攻击机。伊拉克空军中列装了 L—39ZO 的部队被部署在摩苏尔（Mosul）和基尔库克（Kirkuk），主要负责为伊拉克空军培训作战人员和空勤人员。

规格

机组成员：2 人

动力设备：1 台伊夫琴科 AI-25T 涡轮风扇发动机（推力为 14.7 千牛）

最高速度：635 千米 / 时

航程：1260 千米

实用升限：13000 米

尺寸：翼展 9.50 米；机长 12.30 米；机高 4.70 米

重量：2600 千克

武器：1 门 23 毫米机炮；最大有效载荷为 1100 千克

132

两伊战争期间，交战双方都会定期对敌方城市实施远程打击——这成了此次战争的一大特点，而由此带来的后果就是两败俱伤：为了能在空战中取胜，为了能突破敌方日益严密的地面防空体系，交战双方均蒙受了一定的损失。

在冬天和雨季即将到来之际，伊拉克军队趁机发起了进攻，企图借助恶劣的天气来迫使伊朗丧失还击之力。但出乎伊拉克方面意料的是，伊朗方面在一个月内（即1981年1月）就迅速组织了反击。在伊拉克军队抵挡住了伊朗军队的反击后，双方开始投入近距空中支援力量——伊拉克空军的飞机每日要执行400—450次任务。

接下来的一段时间里，战事陷入了僵局，变成了一场漫长的消耗战。在长达1200千米的前线两侧，交战双方掘壕固守，偶尔会发起小规模进攻。截至1981年9月，伊拉克方面仅夺取了霍拉姆沙赫尔（Khorramshar）一地。同月，伊拉克在试图夺取被围困已久的阿巴丹（Abadan）未遂后，对该城实施了战略轰炸。9月末，伊拉克又袭击了位于戈尔雷赫（Gorreh）的伊朗石油出口管道。伊朗共和国空军发起反击，空袭了伊拉克多处发电厂。双方为了摧毁对方的高价值目标，均投入了能够发射制导武器的飞机：伊朗共和国空军主要使用的是 F-4 战斗机，而伊拉克空军的主战机型则是"幻影"F1 和苏 -22。

西方社会一度认为，伊朗共和国空军的 F-14 在这场战争中鲜有露面。但实际上，此次战争期间，F-14 在空战中立下了赫赫战功。不过，伊朗共和国空军的绝大部分进攻任务都是由 F-4 机队承担的。在防空方面，伊拉克空军主要依靠米格 -25 和装备有"魔术"空对空导弹的米格 -21。

"油轮战"

当战火蔓延至波斯湾水域时，伊拉克空军开始使用法国提供的"飞鱼"（Exocet）反舰导弹来打击敌人的油轮和钻井平台。负责发射"飞鱼"反舰导弹的是"超级黄蜂"（Super Frelon）直升机、"幻影"F1EQ-5 战机，以及法国在 1983 年年末借给伊拉克的少量"超军旗"（Super Etendard）战机。

1984 年年初，伊朗对位于豪伊扎（Howizah）沼泽内的迈季嫩（Majinoon）油田发动袭击，试图以此来切断伊拉克的战线，但却遭遇了伊拉克空军近距离空中支援力量的阻击。这一年，"油轮战"进一步升级，从伊拉克、科威特和沙特阿拉伯的港口驶出的油轮均会被伊朗攻击。在此期间，共有 51 艘油轮被交战双方击沉。

米高扬 — 格林维奇设计局（*Mikoyan—Gurevich*）米格 −21MF
20 世纪 80 年代，伊拉克空军

在两伊战争初期，米格 −21 是伊拉克空军的主力防空战斗机。米格 −21 有多种后续衍生机型，其中最晚问世的是中国生产的歼 −7 教练机。1980 年 9 月，两伊战争爆发。此时，伊拉克空军中有两个战斗单位列装了米格 −21MF。

规格

机组成员：1 人
动力设备：1 台图曼斯基 R-13-300 推力加力涡轮喷气发动机（推力为 60.8 千牛）
最高速度：2229 千米 / 时
航程：1160 千米
实用升限：17500 米
尺寸：翼展 7.15 米；机长 15.76 米（含空速管长度）；机高 4.1 米
重量：10400 千克
武器：1 门 23 毫米机炮；有效载荷为 1500 千克，可携带空对空导弹、火箭弹发射巢、凝固汽油弹或副油箱

到了 1990 年 8 月，虽然边境附近依然偶有争端发生，但是交战双方最终还是达成了停战协议。此时，伊拉克空军已接收了一些先进的新式装备——米格 -29 战斗机和苏 -25 近距离空中支援飞机。

在巴勒斯坦地区的英国势力，1945—1948 年

一战结束后，巴勒斯坦地区的控制权落入英国人手中。从 1945 年开始，巴勒斯坦地区的局势逐渐成为世界各国关注的焦点，尤其是该地区内部的种族冲突问题、犹太移民安置问题和争夺苏伊士运河控制权的问题。

英国曾于二战期间提出过在中东组建飞行中队的宏伟计划，并选择在巴勒斯坦地区建设为英国皇家空军服务的大型机场。二战结束后，英国决定将迁往巴勒斯坦地区的犹太移民的数量限制在 10 万人以内。不过，后来有很多所谓的"非法移民"涌入该地区。与此同时，一些激进的犹太人组织反对英国殖民统治的情绪也进一步高涨。

1945年，英国国务大臣在开罗遭遇暗杀。为了平息反英运动，英国将"飓风"（Hurricane）战斗机和"喷火"（Spitfire）战斗机部署至米吉多（Meggido）与拉马特戴维（Ramat David）。此外，英国皇家空军还多次派遣"野马"（Mustang）战斗轰炸机和"哈利法克斯"（Halifaxes）轰炸机去执行轰炸任务。随着反英势力的增强，英国皇家空军开始派战斗机执行不间断巡逻任务。面对不断涌入的移民，英国皇家海军开始实施海上封锁，这一行动得到了由英国皇家空军提供的空中支援——海上侦察与海空救援单位从英塞默（Ein shemer）与阿科尔（Aqir）村起飞执行任务。

以色列建国

1946 年 11 月，英国公布了分割位于约旦河以西的巴勒斯坦地区的计划，拟禁止向以色列移民出售土地——这导致了英国与犹太人之间的关系的进一步恶化。最终，英国的委任统治结束，以色列于 1948 年 5 月 15 日宣布建国。与此同时，英国的反移民巡逻任务改由英国皇家空军的"兰开斯特"轰炸机承担。

霍克公司（Hwaker）"暴风式"F.Mk 6
1946—1947 年，英国皇家空军，第 213 中队（位于尼科西亚）
"暴风式"F.Mk 6 最初于 1946 年被交付给英国皇家空军设在埃及舒拉卜（Shurbra）的一个维修部门，后又在第 213 中队 [该中队被部署在舍卢法（Shallufa），是位于中东地区的英国皇家空军战斗机部队的重要组成部分] 中服役。从 1946 年开始，第 213 中队改驻塞浦路斯的尼科西亚，并且在 1950 年用"吸血鬼"战斗机替换了"暴风式"F.Mk 6。

规格

机组成员：1 人
动力设备：1 台纳皮尔"佩刀"VA H-24 活塞发动机（功率为 1745 千瓦）
最高速度：686 千米 / 时
航程：2092 千米
实用升限：10975 米
尺寸：翼展 12.5 米；机长 10.26 米；机高 4.9 米
重量：6142 千克
武器：两翼共挂载 4 门 20 毫米西斯帕诺机炮；在执行对地攻击任务时可挂载 2 枚炸弹或 8 枚火箭弹（最大载弹量为 907 千克）

1947 年 11 月，以色列空军成立——这迫使英国皇家空军将一支"喷火"战斗机中队部署至英塞默。作为一支新生的武装力量，以色列空军在当时仅装备了少量战机（由本土的犹太人飞行员和不同国籍的二战盟军退役飞行员驾驶）。

英国曾试图阻止以色列民兵占领阿拉伯人的雅法（Arab Jaffa），但最终却以失败而告终。在此期间，英国曾于 1948 年 4 月派英国皇家空军的"喷火"战斗机袭击位于巴特亚姆（Bat Yam）的犹太人定居点。

随着英国委任统治的结束，英国开始派"哈利法克斯""兰开斯特"和"达科塔"运输机执行从巴勒斯坦地区撤离英国军队的任务。从巴勒斯坦地区撤出的英国作战单位，被重新部署至苏伊士运河区（Canal Zone）。从此，英国开始以埃及境内的基地为据点，着手保护苏伊士运河，以确保驶向远东的船只可以安全地通行。

英国皇家空军在巴勒斯坦地区部署的战机和作战单位，1945—1948 年		
机型	所属作战单位	基地
"喷火" Mk VC/ IX /FR.Mk 18	第 32 中队	拉马特戴维、佩塔提克瓦（Petah Tiqva）、阿科尔村、英塞默、尼科西亚
"喷火" Mk VC/ IX C	第 208 中队	拉马特戴维、佩塔提克瓦、阿科尔村
"喷火" FR.Mk 18E	第 208 中队	英塞默、尼科西亚
"飓风" Mk IV	第 6 中队	米吉多、佩塔提克瓦、拉马特戴维
"喷火" Mk IX、"暴风式" F.Mk VI	第 6 中队	英塞默、尼科西亚
"野马" Mk III /V、"暴风式" F.Mk VI	第 213 中队	拉马特戴维、尼科西亚
"蚊式" Mk XVI /PR.Mk 34	第 680 中队	阿科尔村、英塞默
"蚊式" Mk XVI /PR.Mk 34	第 13 中队	英塞默、卡布里特、法伊德
"奥斯特" AOP.Mk 5	第 651 中队	海法
"沃威克" GR.Mk 5、"兰开斯特" GR. Mk 3	第 621 中队	阿科尔村、英塞默
"哈利法克斯" Mk VII / IX	第 644 中队	阔齐娜
"哈利法克斯" Mk VII	第 620 中队	阿科尔村
"哈利法克斯" Mk VII、"达科塔" C.Mk 4	第 113 中队	阿科尔村
"兰开斯特" GR.Mk 3	第 37 中队	英塞默
"兰开斯特" GR.Mk 3	第 203 中队	英塞默
"达科塔" C.Mk 4	第 78 中队	卡布里特、阿科尔村
"达科塔" C.Mk 4	第 216 中队	卡布里特、法伊德
"达科塔" C.Mk 4	第 215 中队	卡布里特
"达科塔" C.Mk 4	第 204 中队	卡布里特
"达科塔" C.Mk 4	第 114 中队	卡布里特

早期的以色列空战，1948—1949 年

以色列宣布建国后，很快便遭到了周边阿拉伯国家的攻击。不过，以色列迅速组建了一支用于反击阿拉伯诸国的空中力量。

以色列空军成立于 1947 年年末。此后不久，以色列便开始向阿拉伯国家发起进攻。在此期间，以色列空军主要担负侦察、通讯和运输任务，其装备的飞机以轻型飞机为主 [如 "泰勒"（Taylorcraft）和 "奥斯特"（Auster）等飞机]。截至 1948 年 5 月，以色列空军共拥有 54 架飞机。此时，阿拉伯国家在巴勒斯坦地区集结了一支用于支援埃及远征军（Egyptian Expeditionary Force）的空中力量——基于埃及皇家空军（Royal Egyptian AF）[①] 扩编而成，装备有 "喷火" 战斗机、"兰开斯特" 轰炸机和被改装为轰炸机的 C-47。此外，伊拉克皇家空军（Royal Iraqi AF）也为阿拉伯国家提供了支持，派遣 "奥斯特" 和 "哈佛"（Harvard）等飞机参与了作战。就连刚成立不久的叙利亚空军（Syrian AF），也派遣了 "哈佛" 对地攻击机等飞机参战。

埃及地面部队试图摧毁以色列空军。为此，埃及皇家空军派 "喷火" 战斗机、"达科塔" 运输机和 "兰开斯特" 轰炸机提供了支援。1948 年 5 月 15 日，也就是以色列宣布建国的第二天，两架埃及皇家空军的 "喷火" 战斗机袭击了斯德多夫（Sde Dov）机场。与此同时，另外两座以色列机场也遭到了突袭。这一时期，大批以色列飞机被摧毁，甚至就连被英国皇家空军占领的拉马特戴维基地也遭到了袭击——英国皇家空军被迫使用 "喷火" 战斗机击落了 4 架执行攻击任务的埃及飞机。

从 5 月 18 日开始，埃及皇家空军转为打击战略目标，并派 C-47 到特拉维夫（Tel Aviv）附近执行轰炸任务。此外，埃及皇家空军还派 "喷火" 战斗机协助阿拉伯军队攻占尼特扎尼姆（Nitzanim）镇，并守卫已被阿拉伯军队夺取的阿什杜德（Isdud）与苏维德（Suweidan）两地。这一战事持续到 1948 年 6 月，阿拉伯军队大获全胜。

1948 年 5 月，以色列空军在接收了捷克产的 S.199 战斗机等新装备后，建立起了更为有效的防御。与此同时，以色列空军终于拥有了执行轰炸任务的能力。7 月，

---

① 译者注：1953 年埃及共和国成立后，埃及皇家空军更名为埃及空军（Egyptian AF）。

以色列空军派 C-47 袭击了安曼（Amman）、大马士革（Damascus）和位于约旦河西岸的城镇。不过，在支援地面部队作战方面，以色列空军的进展并不顺利，并曾于 1948 年 5 月中旬在杰宁地区（Jenin）遭到重创。

超级马林"喷火"LF.Mk 9
1948—1949 年，埃及皇家空军，第 2 中队 [位于阿里什（El Arish）]
在以色列与阿拉伯各国于巴勒斯坦地区交火之初，埃及皇家空军共出动了 15 架"喷火"LF.Mk 9（用来支援埃及远征军）。1946 年，埃及皇家空军在获得了"喷火"LF.Mk 9 之后，将一支分遣队部署在了阿里什。在以色列与埃及爆发冲突的早期，双方使用的战机均是英国皇家空军的"富余装备"。

规格

机组成员：1 人
动力设备：1 台 12 缸罗尔斯 - 罗伊斯"梅林"（Merlin）61 发动机（功率为 1170 千瓦）
最高速度：642 千米 / 时
航程：698 千米
实用升限：12650 米
尺寸：翼展 11.23 米；机长 9.47 米；机高 3.86 米
重量：3343 千克
武器：4 挺 7.7 毫米机枪和 2 门 20 毫米机炮

波音公司（Boeing）B-17G"飞行堡垒"（Flying Fortress）
1948—1949 年，以色列空军，第 69 中队（位于拉马特戴维）
交战双方的第二次停火期于 1948 年 10 月结束。在此之前，以色列部署的三架 B-17G 在前往驻地的途中对开罗实施了轰炸。鉴于以色列方面已拥有了专用轰炸机，埃及方面被迫引入"斯特林"（Stirling）运输机，并将其用于执行昼间轰炸任务。

规格

机组成员：10 人
动力设备：4 台赖特 R"飓风"（Cyclone）9 缸星形发动机（单台功率为 895 千瓦）
最高速度：475 千米 / 时
航程：5085 千米
实用升限：10850 米
尺寸：翼展 31.62 米；机长 22.8 米；机高 5.85 米
重量：29710 千克
武器：13 挺 12.7 毫米机枪；可携带 6169 千克重的炸弹

至于阿拉伯国家方面，北部的伊拉克空军与叙利亚空军也为地面部队提供了支援。伊拉克空军参与了在杰宁地区进行的军事行动，而叙利亚空军的"哈佛"对地攻击机则首次协助地面部队攻击了太巴列湖（Lake Tiberias）附近的以色列阵地。

停火与重整军备

6月11日，在联合国的斡旋下，交战各方暂时停火。虽然停火时间短暂，但埃及和以色列均趁机获取了新的装备，而以色列也得以向阿里什派遣增援部队。7月9日，战斗重新打响，以色列计划控制耶路撒冷西部并占领北部的阿拉伯领土，以及打破埃及对内盖夫（Negev）的封锁。与此同时，以色列空军还在S.199战斗机提供的近距离空中支援下重启了轰炸行动。起初，以色列的地面攻势取得了重大进展，但仅仅一天之后，以色列步兵便领教到了叙利亚空军的"哈佛"对地攻击机的威力。7月14日，以色列空军派B-17轰炸机轰炸了开罗，派空军主力继续支援地面部队。7月底，交战双方达成第二次停火协议，以色列空军趁机全面重整武备。在一系列零星交火后，以色列方面于10月15日重新发起攻势，不仅集中优势兵力猛攻埃及军队，还派"英俊战士"和"喷火"战斗机袭击阿里什等地的机场。不过，因为埃及皇家空军已将其作战装备分散部署，所以以色列的本轮空袭没有取得预期的效果。此时的战场形势如下：虽然以色列空军不断遭受损失，但是埃及地面部队已处于劣势，埃及皇家空军的空中与地面力量也均遭到重创。

以色列空军，1948—1949年		
机型	所属作战单位	基地
B-17	第69中队	拉马特戴维
"阿维亚" S.199、"喷火" Mk V/Ⅸ、P-51D	第101中队	荷兹利亚（Herzliya）、以革伦（Ekron）
"阿维亚" S.199、"喷火" Mk Ⅸ	第105中队	荷兹利亚
C-46、C-47、"挪威人"	第13中队	以革伦
C-47、"英俊战士" Mk X	第103中队	斯德多夫（Sde-Dov）、拉马特戴维
"奥斯特"	第1中队	斯德多夫
"奥斯特" AOP.Mk 5	朱迪亚小队（Judean Flt）	亚夫内埃勒（Yavne'el）
"泰勒" J-2	内盖夫小队（Negev Flt）	贝特达拉斯（Beit Daras）
"哈佛"	第35小队	
"独断者"、RWD-8/13/15	特拉维夫小队	斯德多夫

以色列空军在加利利（Galilee）地区的行动，大大加快了战争的进程。10月下旬，北部地区的战役便结束了。12月底，以色列占领了阿里什，埃及皇家空军被迫撤离至位于西奈的简易机场。此后，迫于来自英国方面的压力，以色列放弃了部分已占领的地区。最终，各方于1949年1月达成彻底停火协议。

西奈半岛与苏伊士运河，1956年

苏伊士运河连结中东、东亚与远东，具有重要的战略地位。"苏伊士运河战争"（Suez Crisis）发生后，英国在此地的霸权遭到了重创。

苏伊士运河是重要的水上贸易通道，英国曾长期霸占此地。第二次世界大战期间，英国在苏伊士运河沿岸修建或征用了大量机场，其中大部分机场在战后被移交给了埃及皇家空军。到了20世纪50年代中期，英国皇家空军的势力主要集中在塞浦路斯（Cyprus）与马耳他（Malta）两地。在与埃及签订《苏伊士运河基地协定》，确保了自己的通航权等权益后，英国于1955年放弃了其在埃及境内的最后一处基地。英国撤军后，埃及总统纳赛尔（Nasser）宣布将苏伊士运河收归国有。

英法两国的回应

在纳赛尔宣布将苏伊士运河收归国有后，英国首相安东尼·艾登（Anthony Eden）立刻召集各参谋长制定军事干预计划，意图重新夺取该运河的控制权。最终，英国方面确定了名为"火枪手"（Musketeer）的英法联合作战行动计划。该计划共两步：第一步，英法联军空袭埃及机场，摧毁埃及的现代化空军武器（如苏联提供的伊尔-28喷气式轰炸机、米格-17与米格-15喷气式战斗机）；第二步，在完成对机场的空袭后，实施机降突击，占领苏伊士运河区。

因为英法两国只有在"苏伊士运河遭受威胁时"才能出兵，所以为了师出有名，两国开始考虑拉以色列"入伙"——后者本就想击败埃及军队，并占领加沙地带（Gaza Strip）等战略要地。根据英法两国的设想，以色列能够以"报复游击队组织的恐怖活动"为由，空降突袭西奈的米特拉隘口（Mitla Pass）。这样一来，英法两国便有正当的理由就"苏伊士运河问题"向纳赛尔发出最后通牒了。

英法两国不仅为"火枪手"行动调遣了英国皇家空军和海军航空兵，还部署了一艘航母、法国空军的四支战斗轰炸机分队和三支运输分队。此外，法国还派三支"神秘"（Mystère）Ⅳ A 战斗轰炸机部队在以色列驻扎，以防止埃及空军的伊尔 -28 轰炸机袭击特拉维夫。由于以色列缺乏空军装备，法国还向以色列提供了"诺拉特拉斯"（Noratlas）运输机和 F-84F 战斗轰炸机，以支援以色列在米特拉隘口和西奈发起地面进攻。9 月 29 日，战斗打响，以色列伞兵的先头部队乘坐 C-47 运输机 [由"流星"和"飓风"（Ouragan）战机护航]，在 P-51 战机的近距离支援下空降米特拉隘口。与此同时，"诺拉特拉斯"运输机也开始运送火炮、车辆与弹药。11 月 30 日，埃及空军向米特拉空域派出了米格 -15、"流星"和"吸血鬼"战机，但以色列地面部队很快便抢占了运河沿岸的有利地形。这样一来，当"神秘"战机与米格战机在阵地上空缠斗时，以色列地面部队便可以为前者提供火力掩护。

英法两国于 10 月 31 日发出最后通牒，要求以色列和埃及军队撤至距苏伊士河河岸 16 千米处，但却遭到了埃及总统纳赛尔的拒绝。于是，英法两国正式展开"火枪手"行动。以"勇士"和"堪培拉"两大机型为主力的英国皇家空军轰炸机编队从马耳他和塞浦路斯起飞，对目标地区实施了三轮轰炸，意图就地炸毁埃及空军的战机。仅一个晚上，英国皇家空军就袭击了十几座埃及机场。第二天，英国皇家空军派"堪培拉"PR. Mk 7 飞抵埃及上空进行侦察（有一架"堪培拉"PR.Mk 7 被埃及空军的米格战机击中）。当英法两国通过侦察影像得知夜间轰炸的效果不佳后，便改变了战术，开始派部署在地中海附近的航母舰载机和陆基战斗轰炸机发动昼间突袭。

11 月 1 日，英法两国共出动战机 500 余架次，在毫发无损的情况下完成了任务。在此战中，英国皇家空军出动了"堪培拉""流星"与"毒液"战机；英国皇家海军航空兵出动了"海鹰""海毒液"与"飞龙"战机；法国空军出动了 F-84F 战机；法国海军出动了"埃罗芒什"（Arromanches）号航母上的 F4U 与 F6F 战机。面对英法两国的联合进攻，埃及派"吸血鬼"战机于 11 月 1 日袭击了位于米特拉（Mitla）附近的以色列地面部队。此后，埃及空军试图将战机疏散至较为安全的地方。不过，以色列方面继续穷追不舍，于 11 月 2 日至 3 日继续发动进攻，并将袭击目标扩大至兵营和维修设施。11 月 6 日，以色列方面开始攻击埃及的防空阵地与铁路。此外，以色列还袭击了亚历山大市周边的机场，以最大限度地为己方日后夺取苏伊士运河区内的塞得港（Port Said）和福阿德港（Port Fuad）减少阻碍。

德·哈维兰飞机公司（De Havilland）"蚊式" FB.Mk 6

1956 年，以色列空军，第 110 中队（位于拉马特戴维）

在苏伊士运河战争期间，以色列方面共集结了约 70 架喷气式战斗机和 45 架活塞战斗机。其中，装备活塞发动机的"蚊式"FB. Mk 6 战机主要承担对地攻击任务。除"蚊式"FB.Mk 6 外，以色列出动的其他作战飞机包括：B–17、"流星"F.Mk 8、"流星"NF. Mk 13、"神秘"IV A、"飓风"、P–51D、"哈佛"，以及各种运输机。

规格

机组成员：2 人
动力设备：2 台罗尔斯 - 罗伊斯"梅林"23 V–12 活塞发动机（单台功率为 1103 千瓦）
最高速度：612 千米 / 时
航程：2655 千米
实用升限：11430 米
尺寸：翼展 16.5 米；机长 12.47 米；机高 4.65 米
重量：10569 千克
武器：4 挺 7.7 毫米勃朗宁机枪；4 门 20 毫米西斯帕诺机炮；可携带炸弹或火箭弹，最大载弹量为 1361 千克

达索飞机公司（Dassault）"飓风"

1956 年，以色列空军，第 113 中队（位于哈茨空军基地）

在苏伊士运河战争期间，以色列空军第 113 中队装备的是由法国提供的"飓风"战斗机。其中，有部分"飓风"战斗机并未采用任何涂装，而是直接保留了"金属裸面"。图中这架"飓风"采用了淡砂色搭配石蓝色的喷涂方案。此战中，"飓风"战斗机曾于 1956 年 10 月 31 日击中埃及的一艘驱逐舰。

规格

机组成员：1 人
动力设备：1 台罗尔斯 - 罗伊斯"尼恩"（Nene）104B 涡轮喷气发动机（推力为 22.2 千牛）
最高速度：940 千米 / 时
航程：920 千米
实用升限：13000 米
尺寸：翼展 13.16 米；机长 10.73 米；机高 4.14 米
重量：7404 千克
武器：4 门 20 毫米西斯帕诺 - 佐加（Hispano-Suiza）HS.404 机炮；可携带火箭弹，最大有效荷为 2270 千克

共和飞机公司（Republic）F–84F"雷霆"

1956 年，法国空军，第 3 航空旅第 3 战斗机联队 [位于亚克罗提利（Akrotiri ）]

图中这架 F–84F 战斗轰炸机隶属于法国空军第 3 航空旅第 3 战斗机联队。该联队先是驻扎在兰斯（Rheims ），后被调至塞浦路斯的亚克罗提利，并参与了苏伊士运河战争。随该联队一同被部署至亚克罗提利的，还有法国空军的第 3 航空旅第 1 战斗机联队和第 33 航空旅第 4 战斗机联队——这两个联队装备的战机分别是 F–84F 和 RF–84（ F–84F 的照相侦察型）。此外，还有部分 F–84F 被部署在以色列的吕大。

规格

机组成员：1 人

动力设备：1 台赖特 J65-W-3 涡轮喷气发动机（推力为 32 千牛 ）

最高速度：1118 千米 / 时

作战半径：1304 千米（携带副油箱 ）

实用升限：14020 米

尺寸：翼展 10.24 米；机长 13.23 米；机高 4.39 米

重量：12701 千克

武器：6 挺 12.7 毫米勃朗宁 M3 机枪；外挂点的最大有效载荷为 2722 千克

格罗斯特公司（Gloster ）"流星" NF.Mk 13

1956 年，埃及空军，第 10 中队 [位于阿尔马萨（Almaza ）]

在英法两国于 10 月 31 日实施空袭前，装备"流星" NF.Mk 13 夜间战斗机的埃及空军作战单位并未获得相关预警情报。因此，埃及空军的"流星" NF.Mk 13 夜间战斗机未能在保卫机场的战斗中发挥应有的作用。有传言称，仅有一架"流星" NF.Mk 13 夜间战斗机在英法两国实施轰炸的第一晚向英国皇家空军的"勇士"轰炸机开火。

规格

机组成员：2 人

动力设备：2 台 TJE 罗尔斯 - 罗伊斯"德温特"RD.8 发动机（单台推力为 17.48 千牛 ）

最高速度：931 千米 / 时

航程：1580 千米

实用升限：12200 米

尺寸：翼展 13.11 米；机长 14.47 米；机高 4.24 米

重量：9979 千克

武器：4 门 20 毫米英国版西斯帕诺机炮

西奈空战

　　以色列趁英法空军牵制埃及空军之际，发起了一轮大规模的地面装甲突击，迫使埃及军队撤出西奈地区。在动用 B-17 进行轰炸后，以色列军队占领了加沙地带，并将埃及军队逼退至运河沿岸，后者于 11 月 2 日择机渡过了运河。以色列的地面攻势虽然偶有损失，但总体进展顺利。与此同时，埃及空军也被英法两国的空军压制，机场内的大批飞机或被就地击毁，或侥幸逃往沙特阿拉伯与叙利亚。埃及虽将伊尔 -28 紧急疏散至相对安全的卢克索（Luxor），但这批飞机最终还是被敌人发现，尚未起飞便遭到了袭击。此外，为免遭空袭，埃及大部分军队连夜迅速从阵地中撤出。

　　就在以色列掌握了地面优势之际，以色列空军与埃及空军在西奈上空爆发了空战。此时，埃及还在继续将部分飞机疏散至更为安全的机场。值得一提的是，在这个时候，埃及空军的"流星"与米格 -15 战机还得在西奈上空应对法国空军的"神秘"战机。

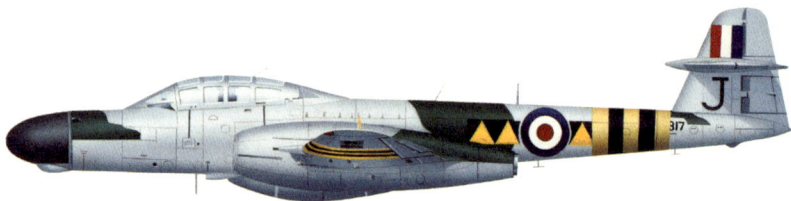

格罗斯特公司（Gloster）"流星" NF.Mk 13
1956 年，英国皇家空军，第 39 中队（位于尼科西亚）
苏伊士运河战争期间，除埃及与以色列两国的空军外，英国皇家空军同样装备了"流星" NF.Mk 13 战机。图中这架飞机的机尾涂有黑黄相间的"火枪手"行动辨识条纹 。[1]"流星" NF.Mk 13 很适合在亚热带地区作战，英国皇家空军有两个作战单位列装了该型号的战机。

规格

机组成员：2 人
动力设备：2 台 TJE 罗尔斯 - 罗伊斯"德温特"RD.8 发动机（单台推力为 17.48 千牛）
最高速度：931 千米 / 时
航程：1580 千米
实用升限：12200 米
尺寸：翼展 13.11 米；机长 14.47 米；机高 4.24 米
重量：9979 千克
武器：4 门 20 毫米英国版西斯帕诺机炮

---

　　① 译者注："辨识条纹"又被称为"入侵条纹"或"快速识别标志"（invasion stripe），其用途是避免战机被己方高炮误击。这类条纹在诺曼底登陆期间得到了大规模应用，并一直被沿用至苏伊士运河战争期间。

霍克公司（*Hawker*）"猎人" F.Mk 5
1956 年，英国皇家空军，第 34 中队（位于尼科西亚）
第 1 中队与第 34 中队的"猎人" F.Mk 5 战机均被部署在英国本土的坦梅尔空军基地，负责防卫英国领空。苏伊士运河战争期间，在英法两国向埃及军事目标发动昼间袭击时，"猎人" F.Mk 5 战机主要负责执行高空掩护任务。不过，由于副油箱受损，这批"猎人" F. Mk 5 战机仅能在空中待命 10 余分钟。需要注意的是，图中这架飞机的"火枪手"行动辨识条纹并不完整。

规格

机组成员：1 人
动力设备：1 台阿姆斯特朗·西德利"蓝宝石"涡轮喷气发动机（推力为 35.59 千牛）
最高速度：1142 千米 / 时
航程：689 千米
实用升限：15240 米
尺寸：翼展 10.26 米；机长 13.98 米；机高 4.02 米
重量：8501 千克
武器：4 门 30 毫米阿登机炮；可携带炸弹或火箭弹，最大载弹量为 2722 千克

　　沙姆沙伊赫（Sharm el Sheikh）是埃及在西奈的最后一处重要据点。以色列若夺得此要地，便可居高临下，攻击埃拉特（Eilat）港。11 月 2 日，双方为争夺沙姆沙伊赫展开了激烈交火。11 月 4 日，以色列部队进入沙姆沙伊赫。11 月 5 日，P-51 与"飓风"战机携凝固汽油弹和火箭弹执行空袭任务，配合以色列军队攻占了此地。

　　在以色列与埃及激烈交火的同时，英法两国于 11 月 5 日黎明发起了空降突击。在英军舰载机削弱了埃及阵地的防守力量之后，"黑斯廷斯"与"瓦莉塔"运输机从尼科西亚（Nocosia）起飞，将伞兵空投至塞得港附近的加米尔（Gamil）机场。此次空降行动虽然遭到了部分埃及军队的抵抗，但仍然取得了成功。

　　就在首批英国伞兵部队着陆数分钟之后，搭乘"诺拉特拉斯"与 C-47 运输机 [从塞浦路斯的特莫布尔（Tymbou）起飞] 的法国伞兵部队也在福阿德港附近空降成功。

直升机机降突击

英国计划出动"大洋"（Ocean）号与"忒休斯"号航母上的"旋风"和"大枫树"直升机，对苏伊士运河沿岸的桥梁发动直升机机降突击。其中，"旋风"直升机为海军航空兵和英国皇家空军所有，而"大枫树"直升机则隶属英国皇家空军。此次行动是英军首次成功将直升机机降突击用于实战。在一天的时间内，负责执行任务的直升机不仅完成了 200 次甲板着陆，还在返程时将伤员带回了后方。

英国电气公司（English Electric）"堪培拉" B.Mk 2
1956 年，英国皇家空军，第 10 中队（位于尼科西亚）
第 10 中队的堪培拉轰炸机通常被部署在霍宁顿空军基地，因此轰炸机的尾翼上喷涂有霍宁顿联队（Honington Wing）的徽标。苏伊士运河战争期间，英国皇家空军将堪培拉 B.Mk 2 与堪培拉 B.Mk 6 部署在哈尔发、卢加与尼科西亚。这些轰炸机曾参与了针对埃及机场发起的首轮空袭。

规格

机组成员：2 人
动力设备：2 台罗尔斯 - 罗伊斯"埃汶"Mk 101 发动机（单台推力为 28.9 千牛）
最高速度：917 千米 / 时
航程：4274 千米
实用升限：14630 米
尺寸：翼展 29.49 米；机长 19.96 米；机高 4.78 米
重量：24925 千克
武器：弹舱的最大载弹量为 2727 千克；翼下挂架可携带 909 千克重的炸弹

---

11 月 6 日，英军的后续增援力量开始登陆苏伊士运河区。在此之前，英军的舰载战斗轰炸机已在炮舰的配合下对登陆区域实施了空袭，而负责执行空中巡逻任务的舰载战斗机也随时处于待命状态。截至 11 月 7 日，英法军队已抵达艾尔 - 卡普（El Kap），并与当地守军爆发巷战。最终，英法两国迫于国际压力，终止了"火枪手"行动，并于 11 月 7 日达成停战协定。这场"苏伊士运河战争"，让英国在国际社会上的信誉一落千丈。

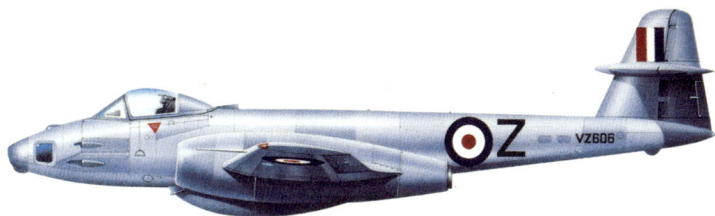

格罗斯特公司（Gloster）"流星" FR.Mk 9

1956 年，英国皇家空军，第 208 中队（位于达喀里）

作为英国皇家空军在中东地区服役时间最长的飞行中队，第 208 中队曾于 1951—1958 年间被部署至埃及和马耳他，是英国在中东地区的战术侦察主力。苏伊士运河战争期间，第 208 中队的"流星" FR.Mk 9 侦察战斗机从马耳他的达喀里起飞参战。

规格

机组成员：1 人

动力设备：2 台罗尔斯 – 罗伊斯"德温特"8 涡轮喷气发动机（单台推力为 16.0 千牛）

最高速度：962 千米 / 时

航程：1580 千米

实用升限：13106 米

尺寸：翼展 11.32；机长 13.58 米；机高 3.96 米

重量：8664 千克

武器：4 门 20 毫米西斯帕诺机炮；可携带 2 枚普通炸弹或 8 枚火箭弹

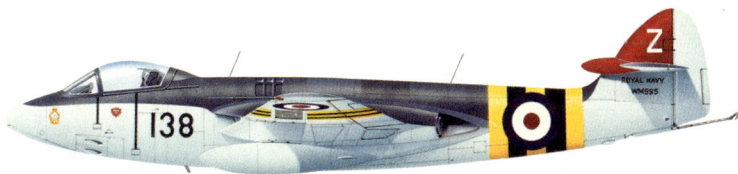

霍克公司（Hawker）"海鹰" FB.Mk 3

1956 年，英国皇家海军，第 802 海航中队 [位于"海神之子"（HMS Albion）号两栖船坞登陆舰]

第 802 海航中队的"海鹰" FB.Mk 3 从"海神之子"号两栖船坞登陆舰的甲板上起飞，参与了"火枪手"行动。11 月 5 日，英法联军登陆苏伊士运河区，第 802 海航中队负责提供空中支援。不过，该海航中队在此期间损失了一架"海鹰" FB.Mk 3。在此之前，该海航中队的另一架"海鹰" FB.Mk 3 虽被防空火炮击中，但仍侥幸返回了登陆舰。

规格

机组成员：1 人

动力设备：1 台罗尔斯 – 罗伊斯"尼恩"103 涡轮喷气发动机（推力为 24 千牛）

最高速度：969 千米 / 时

航程：370 千米

实用升限：13565 米

尺寸：翼展 11.89 米；机长 12.09 米；机高 2.64 米

重量：7348 千克

武器：4 门 20 毫米西斯帕诺机炮；此外，该机型还有三种挂载方案：第一种是挂载 4 枚 227 千克重的炸弹，第二种是挂载 2 枚 227 千克重的炸弹和 20 枚 76.2 毫米航空火箭弹，第三种是挂载 2 枚 227 千克重的炸弹和 16 枚 127 毫米航空火箭弹

1956 年，英国皇家海军航空兵，苏伊士		
机型	所属作战单位	基地
"海鹰" FGA.Mk 4/6	第 800 海航中队	英国皇家海军"海神之子"（HMS Albion）号两栖船坞登陆舰
"海鹰" FB.Mk 3	第 802 海航中队	英国皇家海军"海神之子"（HMS Albion）号两栖船坞登陆舰
"海鹰" FGA.Mk 6	第 804 海航中队	英国皇家海军"堡垒"（HMS Bulwark）号两栖突击舰
"海鹰" FGA.Mk 4	第 810 海航中队	英国皇家海军"堡垒"（HMS Bulwark）号两栖突击舰
"海鹰" FB.Mk 3	第 895 海航中队	英国皇家海军"堡垒"（HMS Bulwark）号两栖突击舰
"海鹰" FGA.Mk 6	第 897 海航中队	英国皇家海军"鹰"（HMS Eagle）号航母
"海鹰" FGA.Mk 6	第 899 海航中队	英国皇家海军"鹰"（HMS Eagle）号航母
"海毒液" FAW.Mk 21	第 809 海航中队	英国皇家海军"海神之子"（HMS Albion）号两栖船坞登陆舰
"海毒液" FAW.Mk 21	第 892 海航中队	英国皇家海军"鹰"（HMS Eagle）号航母
"海毒液" FAW.Mk 21	第 893 海航中队	英国皇家海军"鹰"（HMS Eagle）号航母
"飞龙" S.Mk 4	第 830 海航中队	英国皇家海军"鹰"（HMS Eagle）号航母
"空中袭击者" AEW.Mk 1	第 849 海航中队	英国皇家海军"鹰"（HMS Eagle）号航母和"海神之子"（HMS Albion）号两栖船坞登陆舰
"旋风" HAS.Mk 22	第 845 海航中队	英国皇家海军"忒休斯"（HMS Theseus）号航母

1956 年，英国皇家空军，苏伊士		
机型	所属作战单位	基地
"勇士" B.Mk 1	第 138 中队	卢加（Luqa）
"勇士" B.Mk 1	第 148 中队	卢加
"勇士" B.Mk 1	第 207 中队	卢加
"勇士" B.Mk 1	第 214 中队	卢加
"堪培拉" B.Mk 6	第 9 中队	卢加、哈尔发（Hal Far）
"堪培拉" B.Mk 6	第 12 中队	卢加、哈尔发
"堪培拉" B.Mk 6	第 101 中队	卢加
"堪培拉" B.Mk 6	第 109 中队	卢加
"堪培拉" B.Mk 6	第 139 中队	卢加
"堪培拉" B.Mk 2	第 21 中队	马耳他
"堪培拉" B.Mk 2	第 10 中队	尼科西亚
"堪培拉" B.Mk 2	第 15 中队	尼科西亚
"堪培拉" B.Mk 2	第 27 中队	尼科西亚
"堪培拉" B.Mk 2	第 44 中队	尼科西亚
"堪培拉" B.Mk 2	第 18 中队	尼科西亚
"堪培拉" B.Mk 2	第 61 中队	尼科西亚

"堪培拉" B.Mk 2	第 35 中队（支队）	尼科西亚
"猎人" F.Mk 5	第 1 中队	尼科西亚
"猎人" F.Mk 5	第 34 中队	尼科西亚
"毒液" FB.Mk 4	第 6 中队	亚克罗提利
"毒液" FB.Mk 4	第 8 中队	亚克罗提利
"毒液" FB.Mk 4	第 249 中队	亚克罗提利
"流星" NF.Mk 13	第 39 中队	尼科西亚
"流星" NF.Mk 9	第 208 中队	达喀里（Ta Kali）
"堪培拉" PR.Mk 7	第 13 中队	亚克罗提利
"堪培拉" PR.Mk 7	第 58 中队	亚克罗提利
"沙克尔顿" MR.Mk 2	第 37 中队	卢加
"黑斯廷斯" C.Mk 1	第 70 中队	尼科西亚
"黑斯廷斯" C.Mk 1	第 99 中队	尼科西亚
"黑斯廷斯" C.Mk 1	第 511 中队	尼科西亚
"瓦莉塔" C.Mk 1	第 30 中队	尼科西亚
"瓦莉塔" C.Mk 1	第 84 中队	尼科西亚
"瓦莉塔" C.Mk 1	第 114 中队	尼科西亚
"旋风" HAS.Mk 22、 "大枫树" HC.Mk 14	联合直升机分队（JHUU）	"大洋"号航母

六日战争，1967 年

1967 年 6 月，以色列先发制人，向阿拉伯国家的空军基地发起突袭，重创了对手的空中力量。因此，"焦点行动"（Operation Moked）成了各国纷纷效仿的经典案例。

自 1967 年 4 月以来，以色列与阿拉伯国家之间的紧张局势不断升温。最终，双方在戈兰高地上空爆发空战，以色列空军出动"神秘"战斗机，与叙利亚空军的米格-21 战斗机交火。同时，以色列空军的喷气式战机也将戈兰高地附近的叙利亚炮兵阵地锁定为攻击目标。自第二次中东战争结束以来，阿拉伯国家以叙利亚地区为根据地，持续向以色列发动越境袭击，并且不断升级攻势。为应对此类袭击，联合国曾在西奈地区成立了一支维和部队（于 1967 年 5 月撤走）。1967 年 5 月，埃及、叙利亚与约旦达成一项新的防御协定，三方开始共同着手部署空中作战力量。

纳赛尔虽然已在 5 月对部队进行了调动，但并未预料到"另一场与以色列发生的冲突"会如此突然地加剧，只能将战机从西奈半岛调遣至苏伊士运河区。与此同时，阿拉伯联合共和国空军（UARAF，全称为 the United Arab Republic Air Force）的米格 -17 与米格 -19 战机被部署至大马士革附近的杜迈尔（al-Dumayr），而阿拉伯联合共和国空军的其他战斗机则被调至也门或红河西岸的赫尔格达（Hurghada）。到了 6 月，埃及的图 -16 轰炸机部队已从警戒状态转入临战状态。在此之前，埃及军队在联合国维和部队撤出后便控制了西奈地区的所有哨所，并禁止以色列船只在亚喀巴湾（the Gulf of Aqba）附近通航。

　　"焦点行动"开始的第一天，以色列的飞机几乎倾巢而出，袭击了埃及、叙利亚和约旦境内的机场。从 1967 年年初开始，以色列飞机就已在地中海上空展开常规空中巡逻（通常以大编队的方式进行低空飞行，以避免被敌方的雷达发现）。所以，当以色列的混编攻击机群在 1967 年 6 月 5 日早上集结时，并没有被敌人察觉。

先发制人的数波攻击

　　拂晓时分，以色列空军发起了第一轮攻击，出动了包括"幻影"Ⅲ和"神秘"在内的 120 架战机。以色列的攻击机群先是贴着海面飞行，以躲避埃及雷达网络的探测，然后突然折转朝南，直奔埃及沿岸，袭击了至少 10 座埃及机场——包括阿里什机场、比尔 - 吉贾法井（Bir Gifgafa）机场、西开罗（Cairo West，埃及的图 -16 轰炸机部队驻扎在此地）机场、法伊德（Fayid）机场、杰贝勒 - 利贝尼（Jebel Libni）机场、比尔 - 塔马达（Bir Thamada）机场、苏埃尔（Abu Sueir）机场、卡布里特（Kabrit）机场、班尼苏伊夫（Beni Sueif）机场和英查斯（Inchas）机场。以色列的战机兵分两路，"幻影"与"超神秘"（Super Mystères）战机飞越地中海，然后从西面发起进攻，袭击苏伊士运河区与尼罗河沿岸的埃及机场；"神秘"ⅣA与"飓风"则从以色列南部的机场起飞，直奔目的地，突袭西奈地区的敌方机场。以色列空军采用四机编队的形式，每波出动 10 个编队，先轰炸敌方机场的跑道，再用机炮低空扫射地面上的敌机。第一波战机完成突袭后，第二波和第三波战机也很快抵达战场，每波攻击的间隔时间仅有 10 分钟。

　　在完成首轮的八波攻击后，以色列战机返回机场。经休整后，这些战机将再次起飞攻击尼罗河沿岸的敌方机场。

　　以色列方面公布的战报宣称，截至 6 月 5 日，以色列共摧毁了 308 架敌机（其中包括 240 架埃及战机），而已方仅损失了 20 架战机。至于埃及方面，除被摧毁在地面上的战机外，还有大量战机被以色列击落。一部分埃及战机在紧急起飞时坠毁，而侥幸升空的埃及战机（以部署在苏埃尔机场的 20 架米格 -21 战斗机为主）也仅能做出有限抵抗，且在战斗过程中被重创。

以色列空袭埃及后，约旦迅速做出回应，炮击以色列的拉马特戴维机场，并派约旦皇家空军（Royal Jordanian AF）的"猎人"战斗轰炸机空袭锡尔金（Kfar Sirkin）与内坦言（Natanya），摧毁了停在这两个机场内的部分飞机。与此同时，伊拉克空军宣称其已袭击了吕大（Lydda）机场，但以色列对此予以否认。

随着战事在东线的展开，以色列转而攻击埃及的盟友。叙利亚空军出动米格 -17 战机，袭击了海法（Haifa）的油田设施，并对玛哈念（Mahanyim）机场实施了低空扫射。以色列迅速对此做出回应，打击了大马士革、杜迈尔、迈尔季（Marj Rial）与塞卡尔（Seikal）等地的空军基地。在发起此次袭击的同一天下午，以色列空军将注意力转移到了叙利亚境内的 T4 空军基地与伊拉克境内的 H3 空军基地上。

达索飞机制造公司（Dassault）"神秘" IV A
1967 年，以色列空军，第 116 中队 [位于特拉诺夫（Tel-Nof）空军基地]
在发动攻势之初，以色列可调用的飞机仅有 30 余架正在服役的"神秘" IV A 喷气式飞机——驾驶这批战机的是以色列空军第 109 中队和第 116 中队的飞行员。值得一提的是，"神秘" IV A 还参与了第三次中东战争中的一起重大事件——袭击在阿里什市沿岸游弋的美国"自由"（Liberty）号情报船。

规格

机组成员：1 人
动力设备：1 台西斯帕诺 - 佐加"塔尔图"（Tay）205A 涡轮喷气发动机（推力为 27.9 千牛）或 1 台西斯帕诺 - 佐加"弗农"350 涡轮喷气发动机（推力为 34.3 千牛）
最高速度：1120 千米 / 时
航程：无详细数据
实用升限：13750 米
尺寸：翼展 11.1 米；机长 12.9 米；机高 4.4 米
重量：9500 千克
武器：内置弹舱最多可携带 10 枚炸弹；翼下挂架最多可挂载 450 千克重的炸弹或 2 个副油箱

达索飞机制造公司（*Dassault*）"超神秘" B2

1967 年，以色列空军，第 105 中队 [位于哈佐尔（Hatzor）空军基地]

1967 年 6 月，以色列拥有的"超神秘" B2 战机的数量不足 40 架，驾驶这些战机的是第 105 中队的飞行员。当时，第 105 中队的装备与人员的数量在以色列空军中位居第一。在以色列向埃及的机场发起首轮空袭时，以色列空军出动了所有"超神秘" B2 战机参与了第一轮攻击，并在其中发挥了举足轻重的作用。

规格

机组成员：1 人

动力设备：1 台斯涅克玛（SNECMA）"阿塔"（Atar）101G-2 涡轮喷气发动机（推力为 44.1 千牛）

最高速度：1195 千米 / 时

航程：870 千米

实用升限：17000 米

尺寸：翼展 10.51 米；机长 14.13 米；机高 4.60 米

重量：9000 千克

武器：2 门 30 毫米"德发"552 机炮；2 枚火箭弹；2 枚导弹；最大载弹量为 2680 千克

东线

在袭击了叙利亚之后，以色列又在 6 月 5 日将约旦当成了下一个攻击目标。当天下午，以色列空军袭击了约旦境内的马夫拉克空军基地、安曼空军基地，以及一处预警雷达站、一座指挥中心和一支向西行军的部队。在这场袭击中，约旦皇家空军（RJAF）的"猎人"战机几乎全部被摧毁，就连约旦的飞行员也不得不被调至伊拉克空军。

6 月 5 日下午，以色列空军返回埃及，并袭击了开罗国际机场，以及位于明亚（Al Minya）、比勒拜斯（Bilbeis）、阿勒旺（Helwan）、赫尔格达、卢克索和巴纳斯（Ras Banas）等地的机场（埃及的大量雷达设施也在此期间遭到了空袭）。其中，开罗国际机场有着重要的战略地位——在上文提到的由以色列发起的首轮突袭中，有大批埃及的图 -16 轰炸机逃至此地，没有被以色列的战机直接摧毁在西开罗机场的跑道上。值得一提的是，来自哈茨里姆（Hatzerim）和拉马特戴维（Ramat

David）两处空军基地的"秃鹰"（Vautour）轰炸机也参与了此轮空袭。

"焦点行动"的第一天，以色列的进攻主要是以"闪击"敌人的机场为主。从 6 月 6 日起，以色列开始投入更多兵力支援地面部队的进攻。不过，早在 6 月 5 日夜间至 6 日，以色列就已开始使用 S-58 直升机将突击队员运往约旦后方。随着以色列军队在火炮的掩护下突破拉法（Rafah）附近的埃及防线，位于西奈与约旦河西岸的以色列地面部队得到了空军的大力支援。

阿布欧盖莱（Abu Agheila）是西奈边境附近的一处要地，以色列攻占此地时，直升机再一次发挥了至关重要的作用。不仅如此，以色列向加沙与比拉凡（Bir Lahfan）发起的攻势也得到了空军的支援。相比以色列，阿拉伯国家的空中力量较为孱弱，仅有两架米格 -21 战机于 6 月 6 日攻击了比拉凡附近的以色列军队，但据说这两架战机均被以色列方面击落了。此外，埃及曾出动两架苏 -7 战机远赴阿里什参战。此时，约旦皇家空军的飞行员已转移至 H3 空军基地，负责协同伊拉克空军作战。

达索飞机制造公司（Dassault）"幻影"Ⅲ CJ
1967 年，以色列空军，第 119 中队 [位于特拉诺夫（Tel-Nof）空军基地]
在以色列方面看来，以下战机是"六日战争"中当之无愧的"明星"："幻影"Ⅲ 战斗机、"幻影"Ⅲ CJ 单座战斗机（于 1964 年前接收完毕，约有 70 架），以及"幻影"照相侦察机（两架）。这些"幻影"系列战机不仅在空中创造了辉煌的战绩，还曾被用于发起对地攻击。

规格

机组成员：1 人
动力设备：1 台斯涅克玛"阿塔"09B-3 推力加力发动机（推力为 58.72 千牛），搭配 1 台 SEPR 841 火箭辅助推进发动机（推力为 16.46 千牛）
最高速度：2350 千米 / 时
航程：2012 千米
实用升限：17000 米
尺寸：翼展 8.26 米；机长 14.91 米；机高 4.6 米
重量：11676 千克
武器：2 门 30 毫米"德发"机炮；1 枚马特拉 R.511 或 R.530 空对空导弹；最大载弹量为 2295 千克

6 月 6 日，伊拉克空军仅用一架图 -16 轰炸机便炸毁了内坦言城内的全部工业设施。虽然这架孤军深入的轰炸机最终还是被以色列的防空火力击落，但伊拉克此举却引发了以色列空军的报复——后者定期出动战斗轰炸机袭击 H3 空军基地，并与驻守此地的伊拉克和约旦的守军频繁发生冲突。据报道，在接下来的数日里，H3 空军基地上空持续爆发空战。

咄咄逼人的以色列军队

就在以色列空军持续攻击约旦河西岸附近的约旦阵地时，以色列地面部队也趁西奈半岛的埃及军队慌乱无序之际，一举夺下了米特拉与杰第隘口（Mitla and Giddi Passes），从而包围了西奈山脉以东的埃及军队。这样一来，以色列空军便可以肆意攻击那些已成困兽的埃及军队了。于是，以军开始计划摧毁敌军的坦克。在这场战斗中，装备了火箭弹的"教师"（Magister）教练机与以色列的装甲编队协同作战，提供了出色的近距离空中支援。"六日战争"期间，交战双方曾多次爆发大规模坦克战。

米高扬－格林维奇设计局（Mikoyan－Gurevich）米格－17F
埃及空军，第 20 战斗机旅（位于阿里什）
米格 －17 是阿拉伯国家存量最多的战斗机。"六日战争"期间，该机型既被用于防空，也承担了对地攻击任务。"六日战争"末期，阿拉伯国家的飞行员曾驾驶仅存的米格 －17 战斗机在米特拉与杰第隘口上空和西奈南部地区主动出击，损失惨重。

规格

机组成员：1 人
动力设备：1 台克里莫夫 VK-1F 涡轮喷气发动机（推力为 33 千牛）
最高速度：1145 千米 / 时
航程：1470 千米
实用升限：16600 米
尺寸：翼展 9.45 米；机长 11.05 米；机高 3.35 米
重量：6700 千克
武器：1 门 37 毫米 N-37 机炮和 2 门 23 毫米 NS-23 机炮；翼下挂架的最大有效载荷为 500 千克

伊留申设计局（Ilyushin）伊尔 −28
埃及空军，第 61 战斗机旅

在以色列先发制人的迅猛打击下，埃及的轰炸机部队丧失了战斗力，在后续的战斗中未能发挥作用。其中，大批停放在开罗的图 −16 和伊尔 −28 战机被就地击毁。6 月 7 日，埃及仅存的几架伊尔 −28 在战斗机的护航下，向阿里什地区附近的以色列战机发起攻击。

规格

机组成员：3 人
动力设备：2 台克里莫夫 VK-1 涡轮喷气发动机（单台推力为 26.3 千牛）
最高速度：902 千米 / 时
航程：2180 千米
实用升限：12300 米
尺寸：翼展 21.45 米；机长 17.65 米；机高 6.70 米
重量：21200 千克
武器：4 门 23 毫米机炮；内部炸弹舱的载弹量为 1000 千克；最大载弹量为 3000 千克（伊尔 -28 鱼雷轰炸机最多可携带 2 枚 400 毫米轻型鱼雷）

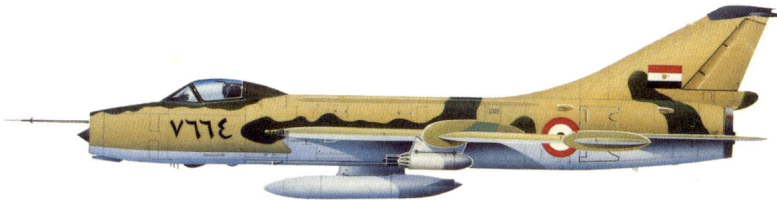

苏霍伊设计局（Sukhoi）苏 −7BMK
埃及空军，第 1 战斗机旅

苏 −7 的航程较短、有效载荷较小。"六日战争"爆发之初，大批苏 −7 被以色列空军直接摧毁在地面上，未能在后续的战事中发挥其应有的作用。截至 1967 年 6 月，埃及空军共接收了 64 架苏 −7，但据称仅有 15 架参与了"六日战争"，且仅有一支被部署在法伊德的独立分队全面换装了苏 −7。

规格

机组成员：1 人
动力设备：1 台留里卡（Lyulka）AL-7F 涡轮喷气发动机（推力为 88.2 千牛）
最高速度：1700 千米 / 时
航程：320 千米
实用升限：15150 米
尺寸：翼展 8.93 米；机长 17.37 米；机高 4.7 米
重量：13500 千克
武器：2 门 30 毫米 NR-30 机炮；有四个外挂架，可携带两枚 500 千克重的航空炸弹和两枚 750 千克重的航空炸弹，但因为机身挂架上携带了两个油箱，所以该机型的外部武器最大有效载荷仅为 1000 千克当米特拉与杰第隘口被以色列军队占领后，阿拉伯国家集结了仅存的战机，试图从敌人手中夺回此地。6月7日黎明，阿拉伯国家出动了约70架战机发起进攻。在此之前，阿拉伯国家已组织力量修理战机与机场、重新部署飞行员，并补充了损耗的战力，为发起进攻做好了准备。这次进攻期间，阿尔及利亚的飞行员也与埃及部队并肩作战。阿拉伯方面的空中力量虽然在一定程度上减缓了以色列的攻势，但却并不足以扭转整个西奈地区的战局。此外，以色列为掩护地面部队还部署了"空中常驻巡逻力量"。

截至6月8日，在阿拉伯联合共和国空军飞行员的支援下，埃及军队已能向以色列地面部队发起协同性更强的攻势了。虽然阿拉伯国家的飞行员表现出色，取得了零星的胜利，但西奈地面战场的大局已定。纵使阿拉伯国家出动的战机架次越来越多，也无法撼动以色列空军在战场中的优势地位。接下来，以色列将乘胜出击，兵指叙利亚，发起一场更为猛烈的攻势。

6月9日，埃及接受了联合国的停火决议，而约旦也已被以色列击败，叙利亚只能单独应对以色列。其实，在以色列空军袭击了戈兰高地后，叙利亚已于6月8日接受了停火决议。不过，以色列仍在6月9日向戈兰高地发起了全面进攻。叙利亚军队被迫迅速撤至大马士革附近的防御阵地。与此同时，以色列空军的喷气式战机也与阿拉伯联合共和国空军及叙利亚空军的战机爆发空战。最终，联合国的停火决议于6月10日生效。此时，戈兰高地和库奈特拉（Qunaytra）城均已被以色列占领。

消耗战，1969—1970年

以色列在"六日战争"中取得了重大胜利，而战事也并未因联合国的停火决议而结束。接下来，交火双方开始了漫长的消耗战。在此期间，空中力量发挥了至关重要的作用。

1967年6月生效的停火决议并未能维持较长时间的和平。7月1日，以色列的一支巡逻队在苏伊士运河东岸遭埃及军队伏击，由此引发了双方军队的隔岸炮击。此后，以色列和埃及均开始部署空中力量。

以色列空军与阿拉伯国家的米格战机在苏伊士运河区上空爆发了空战。与此同时，叙利亚空军远程奔袭以色列领土，并在此过程中损失了数架战机。据称，以色列的防空力量在 10 月击毁了 4 架叙利亚空军的米格 -19。同月，战事进一步升级，双方海军也被卷入其中。在此期间，以色列驱逐舰"埃拉特"（Eilat）号被埃及的导弹艇击沉。

武备升级计划

为了弥补在"六日战争"期间遭受的损失，以色列利用"六日战争"后仅发生零星战事的间隙，采取了一系列重大举措重整其"空中武备"，于 1969 年订购了 50 架 F-4E 战斗轰炸机和 6 架 RF-4E 侦察机。此外，以色列还开始接收大批 A-4 攻击机（其中包括美国海军富余的战机）。在直升机方面，以色列也开始用 S-65 和"贝尔"（Bell）205 来逐步替换 S-58。不过，以色列的"鬼怪"Ⅱ战机仍将在接下来的战斗中扮演关键角色。当然，埃及也在这一时期增强了其空中力量，从苏联引入了更为先进的米格 -21PF/PFM 战机。

达索飞机制造公司（Dassault）"超神秘"B2
1969—1970 年，以色列空军
此时，"超神秘"B2 已退居二线，主要承担对地攻击和近距离支援任务。不过，在"消耗战"期间，该机型是以色列空军的主力战机。战争期间，得以幸存的"超神秘"B2 换装了 A-4"天鹰"攻击机（该机型由美国提供）使用的同款发动机。

规格

机组成员：1 人
动力设备：1 台斯涅克玛（SNECMA）"阿塔"（Atar）101G-2 涡轮喷气发动机（推力为 44.1 千牛）
最高速度：1195 千米 / 时
航程：870 千米
实用升限：17000 米
尺寸：翼展 10.51 米；机长 14.13 米；机高 4.60 米
重量：9000 千克
武器：2 门 30 毫米"德发"552 机炮；可携带 2 枚火箭弹和 2 枚导弹；最大载弹量为 2680 千克

此后，埃及将更多的兵力部署至苏伊士运河区。1968年9月，以色列和埃及在苏伊士运河两岸爆发激烈炮战。在接下来的一个月内，以色列加紧实施突袭行动，派遣突击队深入埃及领土，攻击防空阵地等主要目标。1969年，以色列在苏伊士运河沿岸构建起巴列夫防线（Bar Lev Line）。为突破此防线，埃及总统纳赛尔发起了一场"以火炮和空中力量为主"的消耗战。

面对埃及方面的火炮优势，以色列空军从1969年7月开始介入战事，袭击了约旦河西岸的埃及军队——不仅摧毁了埃及的火炮，还清除了多个雷达站。9月，以色列军队在空军的掩护下，向位于拉斯阿布-代赖季（Ras Abu-Daraj）的埃及军事基地发起了大规模进攻。与此同时，以色列还使用常备空中巡逻力量和地对空导弹，重创了埃及空军。

当以色列空军完全掌握了制空权后，越来越多的苏联顾问来到前线，代替埃及人防守防空基地及驾驶米格战机。1970年年初，以色列空军袭击了开罗周围的目标。此后，苏联为埃及提供了更多的防空支援，其中包括装备了米格-21MF战机的飞行中队。

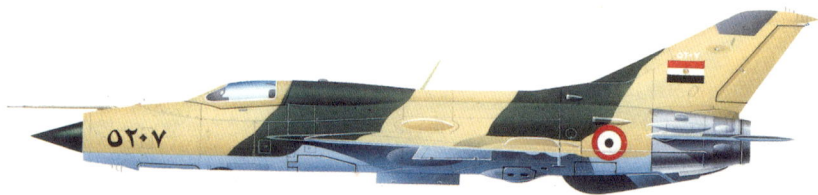

米高扬－格林维奇设计局（Mikoyan－Gurevich）米格－21PF
1969年，埃及空军，阿拉伯联合共和国空军［位于曼苏拉（Mansourah）］
"六日战争"爆发后，埃及制定了武备升级计划，从苏联共引进了70架米格－21PF和米格－21PFM战机，并采购了米格－17F和苏－7等机型。这些新飞机虽然暂时解决了埃及空军的装备短缺的问题，但是埃及空军仍然缺少训练有素的飞行员。

规格

机组成员：1人
动力设备：1台图曼斯基推力加力涡轮喷气发动机（推力为60.8千牛）
最高速度：2050千米/时
航程：1800千米
实用升限：17000米
尺寸：翼展7.15米；机长15.76米（含空速管长度）；机高4.1米
重量：9400千克
武器：1门23毫米机炮；可携带约1500千克重的武器装备，包括火箭弹发射巢、空对空导弹、凝固汽油弹和副油箱在苏联的帮助下，埃及在苏伊士运河沿岸、约旦河西岸和一些大城市周围逐渐建立起了强大的防空体系。此时，以色列继续加大进攻力度，在 1970 年春季出动大批战机袭击埃及。然而，惮于"苏联专家"的存在，以色列在进攻时有些投鼠忌器，遂放缓了攻势。埃及空军趁机夺回了战场的主动权，并向运河对岸发起空袭。同年 5 月，以色列对埃及的攻势做出回应，加大了轰炸力度，导致双方的空战持续升级。到了1970 年 8 月，交战双方虽然仍在出动飞机飞越对方领空，但已达成了停战协议。

赎罪日战争，1973 年

以色列周围的阿拉伯国家渴望夺回己方在 1967 年失去的土地，遂于 1973 年 10 月 6 日（这一天是犹太人的赎罪日）发动了"赎罪日战争"（Yom Kippur War）。

阿拉伯国家在 1967 年的"六日战争"中损失惨重，失去了约旦河西岸、戈兰高地和西奈半岛。但是，阿拉伯国家想要夺回被以色列占领的土地，就必须趁后者不备之时发起进攻。10 月 6 日，埃及发起突袭，先使用火炮和战机袭击苏伊士运河附近的以色列军队，再出动 75000 人的地面部队（拥有 400 辆坦克），以占据绝对优势的兵力突破了以色列在苏伊士运河东岸的防线。此后，埃及军队架设桥梁，渡过了苏伊士运河，并向西奈半岛挺进。与此同时，叙利亚军队也开始在米格 -17 与苏 -7 战机的近距离空中支援下，从东北方进攻位于戈兰高地的以色列阵地。

在地面部队展开攻势的同时，埃及空军也袭击了以色列在西奈境内的多处机场、地对空导弹基地和雷达站等目标。为了摧毁在以色列境内的，距离前线更远的目标，埃及空军用图 -16 轰炸机发射了防区外巡航导弹。一时间，以色列空军陷入了两线作战的局面。于是在战争爆发的 30 分钟内，以色列空军便出动了 F-4 战斗机、A-4 攻击机、"幻影"Ⅲ和"鹰"（Nesher）式喷气式战机。仅在"赎罪日战争"的前四天，以色列空军便出动战机 3555 架次（损失了 81 架战机）。

有了"六日战争"的前车之鉴，阿拉伯国家的军队此次全面加强了防空力量。在空中，阿拉伯国家的空军加强了空中巡逻；在地面上，苏制地对空导弹和强大的防空炮组成了防空屏障。而且，埃及军队还计划占领西奈沙漠的一处狭长地带，以便为预定的消耗战做好准备。除了在苏伊士运河沿岸部署了地对空导弹基地外，埃及一线部队还列装了机动导弹发射车、单兵便携式地对空导弹和自行防空炮。

米高扬－格林维奇设计局（Mikoyan—Gurevich）米格－17F
20世纪70年代，埃及空军

1973年，埃及和叙利亚两国仍在使用"接近报废状态的米格－17F战机"（主要承担对地攻击任务）。不仅如此，由于多架米格－21战斗机被以色列击毁，米格－17F战机还被迫承担起了防空任务。在叙利亚军队向戈兰高地进军的过程中，米格－17F与苏－7战机均发挥了重要的作用。

规格

机组成员：1人
动力设备：1台克里莫夫VK-1F涡轮喷气发动机（推力为33千牛）
最高速度：1145千米/时
航程：1470千米
实用升限：16600米
尺寸：翼展9.45米；机长11.05米；机高3.35米
重量：6700千克
武器：1门37毫米N-37机炮和2门23毫米NS-23机炮；翼下挂架的最大有效载荷为500千克

米里设计局（Mil）米－8
20世纪70年代，埃及空军

在埃及军队强渡苏伊士运河之初，米－8直升机发挥了至关重要的作用——负责将部队运送至位于西奈地区与戈兰高地境内的目的地。但是，米－8直升机难以抵抗地面火力的攻击。仅10月7日这一天，以色列方面便宣称击落了"至少10架埃及直升机"。

规格

机组成员：3人
动力设备：2台克里莫夫TV3-117Mt涡轮轴发动机（单台功率为1454千瓦）
最高速度：260千米/时
航程：450千米
实用升限：4500米
尺寸：旋翼直径21.29米；机长18.17米；机高5.65米
重量：11100千克
武器：最大载弹量为1500千克

地对空导弹带来的威胁

面对阿拉伯国家"编织的现代化路基防空体系"，以色列空军原有的电子对抗手段全部失效——这令以色列空军感到束手无策。在这场战争中，以色列方面大约损失了120架战机（据说，其中有90—100架战机是被地面防空系统击落的）。

为防止叙利亚军队深入西奈半岛，以色列决定将注意力集中在北部战线。经过三天的战斗（在此期间交战双方还爆发了坦克战）后，以色列军队击退了叙利亚军队。与此同时，以色列空军在10月19日将大马士革的叙利亚军队司令部和霍姆斯的油田设施定为了攻击目标。

战争期间，得益于美国的援助，以色列空军拥有了更为先进的电子战设备。因此，以色列方面改变了战术，并最终将损失降低至"战机每出动102架次仅损失一架"。不过，阿拉伯各国也为提升空战能力做了相应的准备：伊拉克提供了一支"猎人"战斗机中队和一支米格-21战斗机中队，约旦的地对空导弹将会锁定射程内的任何以色列空军战机。在此阶段，北方战线的叙利亚军队被击退，以色列空军的战机直逼土耳其边境。到了10月中旬，阿拉伯各国的防空体系已陷入混乱之中，而叙利亚空军也在空战中处于劣势。因此，以色列的地面部队得以继续向前推进。

米高扬－格林维奇设计局（Mikoyan－Gurevich）米格－21PFM
20世纪70年代，埃及空军
1973年，埃及和叙利亚空军的主力战机均为米格-21的各种衍生机型。"赎罪日战争"末期，苏联为了弥补阿拉伯国家的空军的战损，为其提供了多架米格-21系列战机，其中部分战机是"通过华约的订单"交付的。

规格

机组成员：1人
动力设备：1台图曼斯基推力加力涡轮喷气发动机（推力为60.8千牛）
最高速度：2050千米/时
航程：1800千米
实用升限：17000米
尺寸：翼展7.15米；机长15.76米（含空速管长度）；机高4.1米
重量：9400千克
武器：1门23毫米机炮；可携带约1500千克重的武器装备，包括火箭弹发射巢、空对空导弹、凝固汽油弹和副油箱

F—4E"鬼怪"Ⅱ

中东战争期间的标志性机型。以色列于1969年开始引进F—4E"鬼怪"Ⅱ战机。图中这几架隶属第119中队的F—4E"鬼怪"Ⅱ
战机，正在耶路撒冷上空飞行。

在西奈战线，战争爆发仅两天，埃及便控制了苏伊士运河东岸。以色列虽多次发起反击，但收效甚微，埃及顽强地贯彻着既定的"消耗战方针"，双方的战事陷入胶着状态。10月8日，埃及空军得到了阿尔及利亚支援的苏-7战斗轰炸机。从10月14日开始，利比亚空军也提供了更多的支援，派遣"幻影"战斗机前往埃及作战。就在苏联"为阿拉伯国家的空军补充战损"之际，美国也为以色列空运了大批援助物资，并提供了更多的A-4攻击机与F-4战斗机。

10月14日，埃及军队在没有空中掩护的情况下贸然展开攻势——这给了以色列军队可乘之机。在以色列海军从西侧袭击了埃及海岸后，以色列地面部队开始同时向苏伊士运河两岸的埃及侧翼部队施压。此后，以色列部队修建浮桥并渡过了苏伊士运河，开始扫荡埃及的防空阵地。埃及于10月20日要求以色列军队停火，但是以色列仍继续向苏伊士城进军。10月24日，这场激烈的战争最终以以色列获胜而告终。在战争之初，阿拉伯各国趁以色列不备之际抢占了先机，并企盼超级大国能够在此有利形势下介入战争，但这一设想最终落空了。

黎巴嫩战争，1982年

以色列空军汲取了"赎罪日战争"带来的惨痛教训，大力革新装备。第五次中东战争期间，装备精良的以色列空军在黎巴嫩上空与叙利亚空军爆发了空战。

受历史问题与地缘政治的影响，黎巴嫩境内时常爆发冲突。直到叙利亚军队出兵干涉，黎巴嫩方才得以继续维持"脆弱的和平局势"。1982年6月3日，以色列驻英国大使遭到了枪击，身受重伤。次日，以色列出兵黎巴嫩，派出七波喷气式战机袭击了巴勒斯坦难民营和一些"疑似激进分子据点的目标"。巴勒斯坦解放组织（Palestine Liberation Organization，简称PLO）总部及武器库也遭到了空袭。

此时的以色列空军已具备较强的"反地对空导弹的能力"，并列装了反雷达导弹等先进的电子对抗与对敌防空压制装备。此外，在引入了F-15（负责在黎巴嫩上空提供高空掩护）与F-16战机之后，以色列空军的战斗力也得到了大幅提升。这两款现代化战斗机的性能远超叙利亚空军现有的米格战机。以色列空军宣称，其在"与叙利亚空军进行的较量中取得了85场胜利，其中44场都应归功于F-16战机"。

米高扬－格林维奇设计局（Mikoyan－Gurevich）米格－23BN
20 世纪 80 年代初，叙利亚空军

1982 年，"黎巴嫩战争"期间，叙利亚空军拥有的最先进的战机是采用了可变几何形状机翼的米格－23BN。事实上，叙利亚在以色列入侵前就已将米格－23BN 战机部署至黎巴嫩空域——据说，有两架在贝卡上空被击毁。

规格

机组成员：1 人
动力设备：1 台图曼斯基 R-27F2M-300 涡轮喷气发动机（推力为 98 千牛）
最高速度：约 2245 千米 / 时
航程：966 千米
实用升限：大于 18290 米
尺寸：翼展 13.97 米（全展开）或 7.78 米（全后掠）；机长 16.71 米；机高 4.82 米
重量：18145 千克
武器：1 门 23 毫米 GSh-23L 机炮；最大载弹量为 3000 千克

持久战

首轮空袭结束后，以色列空军又对南黎巴嫩境内的巴勒斯坦的军事目标实施了数次空袭。从 6 月 5 日开始，以色列军队持续打击贝鲁特（Beirut）、沿海交通枢纽和巴勒斯坦解放组织据点等目标。6 月 6 日，以色列军队在直升机的掩护下大举进攻黎巴嫩。为了摧毁叙利亚的装甲部队，部分以色列直升机还装备了反坦克导弹。以色列此次行动的目的是剿灭位于黎巴嫩南部的巴勒斯坦武装力量——后者长期在叙利亚驻军的支持下袭扰黎巴嫩的以色列占领区。

为了从侧翼包抄巴勒斯坦解放组织及黎巴嫩抵抗力量，以色列在战斗初期便用部署在宰赫拉尼（Zahrani）和西顿（Sidon）两地的直升机来投送海军和陆军的突击队员。其中，在东线的贝卡谷地（Bekaa Valley）爆发的地面战斗最为激烈。以色列的武装直升机依托己方已经取得的制空权，在战斗中所向披靡。此时，面临被以色列截断后路的风险的叙利亚地面部队，开始呼叫空军提供近距离支援。

麦克唐纳－道格拉斯（McDonnell Douglas）F—15A"鹰"式
20世纪80年代初，以色列空军，第133中队（位于特拉诺夫空军基地）

以色列通过"和平之狐"（Peace Fox）计划接收了一批 F—15A"鹰"式战斗机。这批战机为以色列夺取黎巴嫩上空的制空权立下了汗马功劳。据称，以色列飞行员曾驾驶 F—15A"鹰"式战斗机击毁了大量叙利亚空军的战机。在爆发"制空权争夺战"之前，曾有12架米格－21战斗机于1978年6月27日攻击了以色列的混编攻击机群——此战中，有5架米格－21被 F—15A"鹰"式战斗机击毁。

规格

机组成员：1人
动力设备：2台普拉特·惠特尼 F100-PW-100 涡轮风扇发动机（单台推力为106千牛）
最高速度：2655千米／时
航程：1930千米
实用升限：30500米
尺寸：翼展13.05米；机长19.43米；机高5.63米
重量：25424千克
武器：1门20毫米 M61A1 机炮；外挂架的最大载弹量为7620千克

以色列航空工业公司（Israel Aerospace Industries，简称 IAI）"幼狮"（Kfir）
20世纪80年代初，以色列空军，第144中队（位于哈佐尔（Hatzor）空军基地）

因为法国被禁止向以色列交付"幻影"5战机，所以后者便参考"幻影"5的设计方案，对国产"鹰"式战斗机进行升级改造，研制出了"幼狮"战斗机。在交战双方于黎巴嫩上空争夺制空权时，"幼狮"战机首次被大量运用于空战。该战机除执行防空任务外，还负责攻击叙利亚的雷达站等目标。

规格

机组成员：1人
动力设备：1台通用电气 J79-J1E 涡轮喷气发动机（推力为79.6千牛）
最高速度：2445千米／时
航程：346千米
实用升限：17680米
尺寸：翼展8.22米；机长15.65米；机高4.55米
重量：16200千克
武器：1门30毫米以色列航空工业公司（德发）机炮；最大载弹量为5775千克；在执行拦截任务时，"幼狮"战机可挂载 AIM-9"响尾蛇"空对空导弹，或者以色列本国生产的"蜻蜓"（Shafrir）与"怪蛇"（Python）空对空导弹

道格拉斯公司（Douglas）A-4N "天鹰"（Skyhawk）Ⅱ
20 世纪 80 年代初，以色列空军

以色列于埃及展开"消耗战"期间，以色列空军的"天鹰"（包括改进后的 A-4N 机型）首次参与战斗，并一直服役至 1982 年。为防止战机被热追踪地对空导弹击中，以色列加长了该机型的尾喷管。但是，仍有两架以上的"天鹰"在黎巴嫩上空被击落。

规格

机组成员：1 人
动力设备：1 台普拉特·惠特尼（Pratt & Whitney）J52-P408A 涡轮喷气发动机（推力为 46.3 千牛）
最高速度：1038 千米 / 小时
航程：3779 千米
实用升限：12894 米
尺寸：翼展 24.6 米；机长 8.08 米；机高 4.57 米
重量：5531 千克（空载）、3061 千克（满载）
武器：两门 30 毫米"德发"（DEFA）机炮，每门机炮备弹 150 发。5 个挂点可挂载总重量为 3028 千克的弹药或物资。此外，该机型还能携带空对空导弹、火箭弹、空对地导弹、雷达制导反舰导弹和多种型号的炸弹。

洛克希德公司（Lockheed）E-2C "鹰眼"（Hawkeye）
20 世纪 80 年代初，以色列空军

在"黎巴嫩战争"中，以色列空军能够夺取制空权的最根本的原因，是其出动了 E-2C "鹰眼"预警机。该预警机搭载了性能强大的监视雷达，可在叙利亚空军的战机来犯之时，向己方的战斗单位发出预警信息。此外，E-2C "鹰眼"预警机还能够配合以色列的其他战机（以 F-15A 和"幼狮"为主）执行高空掩护任务。

规格

机组成员：5 人
动力设备：2 台"阿里森"T56-A-425 或 427 涡轮螺旋桨发动机（功率为 3800 千瓦）
最高速度：604 千米 / 时
航程：2583 千米
实用升限：9300 米
尺寸：翼展 24.58 米；机长 17.56 米；机高 5.58 米
重量：23391 千克
武器：无

据记载，黎巴嫩上空的空战主要集中在 6 月 9 日至 11 日。在此期间，以色列空军的 F-16 战斗机频频与叙利亚空军的米格战斗机在贝鲁特上空爆发冲突。这场战斗有三个引人注目的特点：第一是以色列方面投入了先进的 F-15 和 F-16 战斗机（前者装备有超视距空对空导弹），第二是无人机真正参与了作战，第三是以色列空军充分发挥了 E-2C 预警机的空中预警与指挥性能。此外，反坦克直升机也在这场战斗中证明了自身的价值：以色列部署了休斯（Hughes）公司的 500MD 和 AH-1G/S 直升机，而叙利亚则投入了"小羚羊"、米 -8 和米 -25 直升机。

虽然遭遇了顽强抵抗，但以色列军队最终还是凭借绝对的兵力优势、先进的武器装备与超前的战术战胜了巴勒斯坦解放组织。6 月 11 日，双方宣布停火，但以色列仍在次日对巴勒斯坦解放组织实施了空袭。最终，双方达成停战协议。纵观这次"黎巴嫩战争"，叙利亚方面仅在地面战斗中偶有获胜——以色列掌握了绝对的空中优势。

第六章

非洲

冷战期间，非洲不仅内战频仍，还饱受殖民遗留问题的摧残。二战后，昔日帝国解体，非洲各地民族解放运动风起云涌。疲于应付的欧洲列强，试图凭借精良的武器装备来镇压起义。此时，美苏两大国乘虚而入，非洲大陆成了东西方两大阵营的角斗场——这让非洲本就严峻的局势变得更加错综复杂。

法国航宇工业公司（Aérospatiale）SA 316B "云雀"（Alouette）II型
葡萄牙士兵在莫桑比克境内参加军事行动时，从"云雀" II型直升机上完成机降着陆。冷战期间，"丛林战争"（Bush Wars）使"非洲大地饱受蹂躏"。"丛林战争"具备两大典型特征：一是使用直升机在复杂地形投送兵力，二是运用平叛战术打击游击队。

在阿尔及利亚的法国势力，1954—1962年

冷战初期，法国在非洲与东南亚的殖民地纷纷独立，其中阿尔及利亚的独立运动最为声势浩大。

虽然阿尔及利亚曾被法国"视为本土的一部分"，但其人民却希望趁欧洲殖民者忙于内战之时谋求独立。与摩洛哥（Morocco）和突尼斯（Tunisia）这类法属殖民地不同，阿尔及利亚的独立之路经历了漫长的斗争。为了镇压阿尔及利亚的独立运动，法国动用了超过100万人的军队，却收效甚微（法国的空军从一开始就参与了镇压独立运动，并发挥了重要作用）。1958年，摩洛哥爆发革命，并一直持续至1962年，在一定程度上策应了阿尔及利亚独立战争，对法国殖民当局施加了不小的压力。最终，法国不得不承认阿尔及利亚独立。

1954年，阿尔及利亚独立战争爆发。战争之初，法国空军在当地仅部署有"西北风"（Mistral，即法国改进版本的"吸血鬼"战斗机）喷气式战斗机和F-47战斗机，难以应对阿尔及利亚民族解放阵线（Front de Libération Nationale）及民族解放军（Armée de Libération Nationale）飞行联队发起的游击战。因此，法国空军很快改造了现有的教练机，使其能够适应所谓的"平叛作战"（counter-insurgency，简称COIN）。

为了更好地镇压起义，法国迅速成立了一支装备轻型战机的平叛部队。法国空军在与地面部队进行深度整合的基础上，组建了三支战术飞行大队（Groupes aériens tacticques，简称GATAC）——其中，第一批装备轻型战机的支援中队于1955年开始参与军事行动。从1956年开始，法国将原有的飞机特种支援中队（EALA）重组为轻型飞机大队（GALA），并将轻型飞机大队（GALA）分配至各战术飞行大队（GATAC），并最终组建成一支快速反应部队。该部队装备有M.S.500、M.S.733、T-6（由美国提供）教练机，以及西帕（SIPA）公司生产的S.111和S.112教练机（这些飞机也会被部署至阿尔及利亚的邻国摩洛哥与突尼斯），主要执行地面支援、侦察和运输任务。此外，法国还于1956年部署了轻型飞机战场观测中队[列装了布鲁塞尔（Broussard）单翼飞机]。

法国空军先于1957—1958年用T-6教练机替换了M.S.500和M.S.733教练机，后又于1959年用"联队"编制取代了原先的轻型飞机大队（GALA），并将装备

了轻型飞机的空中作战单位改为由战术飞行大队（GATAC）直接控制，以提升作战的灵活性。1960 年，法国升级了作战装备，引进了 T-28 战机（用以替换伤痕累累的 T-6 教练机）。

道格拉斯公司（Douglas）B−26C "入侵者"（Invader）
1956—1962 年，法国空军，第 91 航空旅第 2 轰炸机联队（位于奥兰）
B−26 系列战机是法国空军部署在阿尔及利亚的 "重型攻击装备"，驻扎在波尼（Bone）与奥兰（Oran）的各轰炸机单位与侦察单位均装备有 B−26 的各种衍生机型（轰炸机单位装备的型号是 B−26B、B−26C 和 B−26N，侦察单位装备的是 RB−26P）。1956—1962 年，第 91 航空旅第 2 轰炸机联队 [EB2/91，绰号 "圭亚那"（Guyenne）] 被部署在奥兰。

规格

机组成员：3 人
动力设备：2 台普拉特·惠特尼 R-2800-79 发动机（单台功率为 1491 千瓦）
最高速度：571 千米 / 时
航程：2255 千米
实用升限：6735 米
尺寸：翼展 21.30 米；机长 16.60 米；机高 5.6 米
重量：15876 千克
武器：12.7 毫米 M2 勃朗宁机枪；最大载弹量为 2700 千克

很快，法国就将 26 支轻型飞机中队和三支联络（观测）中队部署至阿尔及利亚。此外，法国还动用数百架武装直升机来执行机降突击运输和武装运输任务——这些直升机执行战斗任务的总时间长达 250000 小时。此举在军事发展史上有着很重要的意义。可以说，大多数 "早期直升机战术" 均形成于这一时期。法国部署在阿尔及利亚的三支战术飞行大队均派直升机参与了作战，参战的主要机型有 "贝尔" 47、H-21、S-55、S-58 和 "云雀"（Alouette）Ⅱ 型。

直升机战争

法国从战争之初便大量使用直升机，先是于 1954 年成立了法国陆军直升机分队，一年后又组建了法国空军第一支直升机分队。直升机能够担负各类作战任务,如投送突击队员、后送伤员和进行战场观察等。此外,加装了机炮与火箭弹的直升机,还可被用于打击敌人的有生力量。S-58 在被改造为武装直升机后,于 1956 年列装部队——这极大地提升了部队的投送能力。为此,法国专门成立了重型直升机中队。截至 1957 年年末,法国在阿尔及利亚共部署了约 250 架直升机(包含法国空军三个直升机联队的直升机)。到 1960 年,法国陆军共在阿尔及利亚部署了 32 个飞行分队(其中包括 15 个装备了直升机与固定翼飞机的混合分队)。

法国空军先是使用 F-47 战机来执行战斗任务,后来又开始使用体形更大的 B-26 固定翼飞机(编为两个轰炸机大队)。在执行任务方面,最为高效的固定翼飞机当属 AD-4——该机型最早于 20 世纪 60 年代初服役,与 EC-20 共同执行任务。总而言之,法国"创造性地使用空中力量来执行多类型任务,在一定程度上遏制了'叛乱',为日后在东南亚进行军事行动树立了典范"。

摩洛哥,1975—1989 年

摩洛哥王国于 1956 年摆脱法国的统治,获得独立。不过,摩洛哥随后又同玻里沙利欧阵线游击队(成员主要是阿尔及利亚人)展开了漫长的斗争。

1976 年年初,最后一支西班牙殖民军队撤出西属撒哈拉(Spanish Sahara)地区,摩洛哥王国(以下简称"摩洛哥")随即兼并了该地区北部,而毛里塔尼亚则占领了南部——两国的正规部队同玻里沙利欧阵线(全称为"萨基亚阿姆拉和里奥德奥罗人民解放阵线",西班牙语为 Frente Popular de Liberación de Saguía el Hamra y Río de Oro)游击队展开对抗,"摩洛哥战争"(Morocco's War)就此爆发。

1978 年 7 月,毛里塔尼亚签订和约,放弃了对西属撒哈拉地区的领土要求,仅剩摩洛哥单独同沙利欧阵线游击队作战。此时的摩洛哥已组建了一支空军,拥有 F-5A 喷气式战斗机、RF-5A 战术侦察机、"教师"教练机,以及 C-130 运输机。在"摩洛哥战争"初期,法国为摩洛哥提供了支援——法国空军第 11 航空旅第 1 战斗机联队(EC 1/11)和第 11 航空旅第 3 战斗机联队(EC 3/11)派遣"美洲虎"攻击机,从塞内加尔(Senegal)的达喀尔(Dakar)起飞执行地面支援任务。

战争开始后不久，摩洛哥就迅速向各国订购新式战斗机，如法国的"幻影"F1和"阿尔法喷气"，以及美国的F-5E和OV-10。起初，美国并不准备接受订单，但当华盛顿方面得知玻里沙利欧阵线游击队得到了阿尔及利亚与利比亚这两个"亲苏国家"的支持时，便立刻转变了态度，从1981年开始向摩洛哥交付战机。

在与玻里沙利欧阵线游击队交战的过程中，摩洛哥皇家空军的前线战斗机主要是在CH-47和AB.205运兵直升机的支援下执行对地攻击任务。不过，此时的玻里沙利欧阵线游击队也升级了武器装备。有资料显示，玻里沙利欧阵线游击队在20世纪80年代初便用单兵便携式地对空导弹击落过摩洛哥方面的战机。

1981年年末，战事进一步升级。虽然有沙特阿拉伯提供的资金支持，以及美国与以色列提供的武器支援，但摩洛哥的财政收支依然越发捉襟见肘，难以维系对军事行动的投入。20世纪80年代中期，摩洛哥在西属撒哈拉地区建立了"摩洛哥隔离墙"（Moroccan Wall）——战争由此陷入僵局。

奥斯塔－贝尔（Agusta-Bell）AB.205A
20世纪80年代初，摩洛哥皇家空军
20世纪80年代中期，摩洛哥皇家空军装备了24架AB.205A直升机（即奥斯塔在意大利生产的授权生产版贝尔－205）。这些直升机被摩洛哥皇家空军用于同玻里沙利欧阵线游击队作战，负责执行协助大型直升机（如CH－47）和固定翼运输机（如C－130）执行运兵任务。

规格

机组成员：1—2人
动力设备：1台"莱康明"（Lycoming）T53-L-13B涡轮轴发动机（功率为1044千瓦）
最高速度：222千米/时
航程：580千米
实用升限：4570米
尺寸：旋翼直径14.63米；机长12.69米；机高4.48米
重量：4309千克
武器：无

利比亚，1977—1986 年

1969 年，利比亚领导人穆阿迈尔·卡扎菲（Muammar al-Gaddafi）开始掌权。在向苏联示好并寻求支持后，卡扎菲"在国际舞台上表现出了愈发强硬的态度"。

"赎罪日战争"期间，利比亚曾派"幻影"战机支援埃及。不过，1977 年 7 月，埃及与利比亚之间的边境争端却升级为了一场短暂的空战。昔日的盟友如今反目成仇，利比亚率先发起炮击。随后，埃及空军出动米格 -21 与苏 -20 战机袭击利比亚的多处雷达站。与此同时，埃及陆基防空阵地宣称击落了一架利比亚的米格战机与一架"幻影"战机。这场空战持续了数日时间，在此期间，埃及空军轰炸了位于阿丹姆（El Adem）的利比亚空军基地，而利比亚战机则袭击了埃及边境的居民点。

美国海军介入战事

继袭击埃及和干涉乌干达与乍得之间的冲突后，利比亚宣称整个锡德拉湾（Gulf of Sidra）都是其领海，并向美国发起挑衅——在海域内展开空中巡逻，以及骚扰美国海军第六舰队的飞机与船只。1981 年 8 月，利比亚空军的两架苏 -22 攻击机被从美国海军"尼米兹"号航母上起飞的 F-14A 战机击落，导致局势急剧恶化。

作为报复，利比亚开始资助巴勒斯坦解放组织等团体。该行为进一步激怒了美国，导致两国之间的矛盾持续升级。1986 年 3 月，两国关系已然到了兵戈相向的程度。美国派两架 F-14 战机，驱逐了执行截击任务的利比亚空军的米格 -25 战机。在此之后，利比亚向美国海军的飞机发射了数枚地对空导弹。美国海军立即予以反击，命令"萨拉托加"（Saratoga）号航母上的 A-7E 攻击机向利比亚地对空导弹基地发射反雷达导弹。与此同时，从"美国"（America）号航母和"萨拉托加"号航母上起飞的 A-6E 战机也击沉了三艘利比亚的巡逻艇。

1986 年 4 月，西柏林的美国驻军常去的一架迪斯科舞厅发生爆炸，美国认为"此次爆炸袭击与利比亚有关"，遂对利比亚发起大规模空袭。美国空军派 F-111 战机担任先锋，从位于英国的基地起飞，在空中加油机的支援下前往利比亚执行任务。在开始空袭前，美国空军的 RC-135 侦察机和美国海军的 EP-3 与 EA-3B 侦察机已完成了情报搜集任务。接下来，美国又派 SR-71A、U-2R 和 TR-1A 侦察机负责对作战目标进行侦察。

意大利飞机制造公司（Aeritalia）G.222
20 世纪 80 年代初，利比亚空军

在 20 世纪 70 年代至 80 年代，利比亚是苏联飞机的采购大户。此外，拥有丰富的石油资源的利比亚，也有财力从法国和意大利采买装备。据悉，美国空军的 F—111F 战机曾通过投掷 Mk 82 常规炸弹（单枚重量为 227 千克）的方式，将不止一架意大利出售给利比亚的 G.222 运输机直接摧毁在地面上。

规格

机组成员：4 人
动力设备：2 台通用电气 T64-GE-P4D 涡轮螺旋桨发动机（单台功率为 2535 千瓦）
最高速度：540 千米 / 时
航程：1371 千米
实用升限：7620 米
尺寸：翼展 28.70 米；机长 22.7 米；机高 9.8 米
重量：28000 千克
武器：无

1986 年，部署在利比亚的美国空军		
机型	**所属作战单位**	**基地**
F-111F	第 48 战术战斗机联队	英国皇家空军莱肯西斯空军基地
EF-111A	第 42 电子战中队（42 ECS）	英国皇家空军上黑福德空军基地
U-2R、TR-1A	第 9 战略侦察中队（支队）	英国皇家空军亚克罗提利空军基地
SR-71A	第 9 战略侦察联队（支队）	英国皇家空军米尔登霍尔（Mildenhall）空军基地
KC-10A	多个作战单位均有列装	英国皇家空军米尔登霍尔空军基地、英国皇家空军费尔福德（Fairford）空军基地
KC-135A/E/Q	多个作战单位均有列装	英国皇家空军米尔登霍尔空军基地、英国皇家空军费尔福德空军基地

　　4 月 15 日晚，美国与英国联合发起了代号为"黄金峡谷"（El Dorado Canyon）的海空打击行动。由 18 架 F-111 战机组成的庞大空袭机群（另有六架支援飞机），在 EF-111A 电子干扰机的掩护下从英国起飞。至于海军，则负责打击黎波里机场、贝尼纳空军基地（连同各类训练设施）、军营，以及指挥中心等目标。为了完成任务，美国海军出动了 "珊瑚海"（Coral Sea）号航母与"美国"号航母

上的攻击机，在 EA-6B 电子干扰机的支援下参与了行动。美国方面宣称，此次行动大获全胜，大量利比亚战斗机和直升机在地面上便被直接击毁或重创，而美国方面仅损失了一架 F-111 战机。

F/A-18 "大黄蜂"

1986 年，美国对利比亚发起袭击时，美国海军的 F/A-18 "大黄蜂" 战机首次亮相，从 "珊瑚海"（Coral Sea）号航母上起飞参战。这张照片中，美国海军航空兵的军械员正在为第 131 海军战斗攻击机中队的一架 F/A-18 "大黄蜂" 战机装载 AGM-88 导弹。

乍得，1968—1987 年

1960 年，乍得在摆脱法国的殖民获得独立后不久，便深陷内战的泥潭。1980 年，利比亚干涉乍得内战，导致局势进一步恶化。

乍得取得独立后，法国军队仍驻扎在乍得境内，帮助前者镇压反政府武装。法国空军从 1968 年起，将 AD-4 战机部署在恩贾梅纳。此后一年内，法国开始派军用运输机与直升机为平叛作战单位提供支援。随着实力的进一步增强，叛军开始对恩贾梅纳构成威胁，法国遂将更多的地面部队部署至此地。随后，法国多次派 AD-4 战机提供近距离支援，成功将叛军逼退。

1973 年，利比亚介入乍得内战，接管了乍得北部存在争议的奥组（Aouzou）地带，并持续为叛军提供支援。在"1975 年的军事政变"发生前，乍得境内长期驻扎着一支负责维持秩序的法国军队。1975 年 10 月，最后一支法国军队撤离乍得，法国留下的少量 AD-4 战机也被移交给新掌权的乍得政府（用于镇压游击队）。

1978 年 4 月，法国军队重返乍得。在 1978 年 4 月至 1980 年 1 月期间，法国还部署了"美洲虎"攻击机，为驻守乍得的法国陆军提供支援。到了 1980 年年中，法国再次从乍得撤离，在此之前，法国在各种军事行动中总共损失了至少四架"美洲虎"攻击机。形势发展至此，乍得政府与游击队之间再也无法达成有效的停火协议。

利比亚对乍得发动袭击

20 世纪 80 年代，利比亚开始采用更为直接的方式来干涉乍得内战。1980 年，大批利比亚部队被派往乍得。同年 10 月，利比亚空军出动图 -22 轰炸机，轰炸恩贾梅纳附近的反政府武装"北方军"（Forces Armées du Nord，简称 FAN）的阵地。利比亚出兵乍得期间，利比亚空军使用得最多的战机为装备涡轮螺旋桨发动机的 SF.260W 平叛战斗机。

迫于国际压力，利比亚放弃了吞并乍得的计划，并于 1981 年年末从乍得撤军。此后，一支非洲维和部队被派驻乍得。不过，这支维和部队并未能阻止"北方军"夺取政权。失势的乍得政府军集结在乍得北部，在伺机发起反击的同时，得到了利比亚的支持。1983 年 6 月，利比亚空军不仅出动了米格 -23、苏 -22 和 SF.260W 战机，还将部分战机向前部署至奥组地带。此外，利比亚还出动了"幻影"

与米格 -25 战机，并最终迫使反政府游击队同意停火并撤军。①

　　因为此前曾与乍得达成过协议，所以法国又再次了介入乍得内战，从恩贾梅纳派"美洲虎"与"幻影"F1 战机分别执行对地攻击和防空任务。此外，法国还出动了"美洲豹"（PUMA）与"小羚羊"直升机来执行支援任务。此后，扎伊尔（Zairean）也为反政府游击队提供支援，出动了"幻影"5M 与 M.B.326 战机，而美国则为反政府游击队提供了单兵便携式地对空导弹。最终，利比亚空军的进攻被迫中断。不过，失势的乍得政府军仍控制着乍得北部——战事由此陷入了僵局。

　　1984 年秋季，法国和利比亚同意从乍得撤军。1986 年，乍得地区再次爆发冲突。在利比亚的支持下，失势的乍得政府军发起了新一轮攻势，而法国则空袭了位于瓦迪杜姆地区（Ouadi Doum）的利比亚基地。为报复法国，利比亚出动了更多架次的战机，甚至动用图 -22 轰炸机袭击了恩贾梅纳。1987 年 8 月，失势的乍得政府军一度控制了奥组地区，但此地的利比亚空军机场不久便遭到了反政府游击队的袭击。最终，失势的乍得政府军与反政府游击队签署了停战协议，而法国空军也开始常驻乍得。

达索飞机制造公司（Dassault）"幻影"5M
1981—1983 年，扎伊尔空军，第 21 联队［位于恩贾梅纳与卡米那（Kamina）］
20 世纪 80 年代初，除了乍得、法国和利比亚空军，扎伊尔空军在乍得的活动也比较频繁。扎伊尔空军将"幻影"战斗机和 M.B.326 近距离支援飞机部署在乍得境内，最初是为给乍得境内的非洲维和部队提供支援。但是，在 20 世纪 80 年代的大部分时间里，这些战机被频繁用于打击失势的乍得政府军。

规格

机组成员：1 人
动力设备：1 台斯涅克玛"阿塔"09C 加力涡轮喷气发动机（推力为 58.72 千牛）
最高速度：2350 千米 / 时
航程：1307 千米
实用升限：16093 米
尺寸：翼展 8.26 米；机长 15.65 米；机高 4.51 米
重量：13671 千克
武器：2 门 30 毫米"德发"（DEFA）机炮；可携带多种空对空导弹；最大载弹量为 3991 千克

---

　　① 译者注：为方便表述，译者将利比亚支持的一方译为"失势的乍得政府军"，将法国支持的一方译为"反政府游击队"。

1968—1988 年，位于乍得的法国空军、法国海军航空兵和法国陆军的战机		
机型	**所属作战单位**	**基地**
AD-4 "空中袭击者"	第 21 航空旅第 1 空中支援联队（EAA 1/21）[1]	恩贾梅纳
AD-4 "空中袭击者"	第 22 航空旅第 1 空中支援联队（EAA 1/22）	恩贾梅纳
"诺拉特拉斯"、"云雀" II 型、"布鲁塞尔"	第 59 混合运输大队（GMT 59）[2]	恩贾梅纳、蒙戈（Mongo）
H-34 直升机	第 67 大队第 2 固定翼直升机支队（DPH 2/67）[3]	恩贾梅纳
"美洲虎" A、"美洲虎" E	第 11 战斗机联队（EC 11）	恩贾梅纳、班基（Bangui）、利伯维尔（Libreville）
"美洲虎" A	第 7 战斗机联队（EC 7）	班基
"诺拉特拉斯"、"云雀" II 型	第 55 海外运输联队（ETOM 55）[4]	恩贾梅纳
"幻影" F1C	第 5 战斗机联队（EC5）	恩贾梅纳、班基
"幻影" F1CR	第 33 侦察机联队（ER 33）	恩贾梅纳、班基
C.160NG "协同" 运输机	第 63 航空旅第 1 运输机联队（ET 1/63）	恩贾梅纳、班基
KC-135F	第 93 空中加油机联队（ERV 93）[5]	恩贾梅纳、班基
"大西洋"（Atlantique）	22F 小队	恩贾梅纳、班基、达喀尔
"小羚羊" 直升机	第 1 战斗直升机团（1 RHC）[6]	恩贾梅纳、阿贝歇（Abeche）
"小羚羊" 直升机	第 2 战斗直升机团（2 RHC）	恩贾梅纳、阿贝歇
"美洲豹" 直升机	第 5 战斗直升机团（5 RHC）	恩贾梅纳、阿贝歇

在非洲的葡萄牙势力，1959—1975 年

　　安哥拉（Angola）、莫桑比克（Mozambique）与葡属几内亚（Portuguese Guinea）均为葡萄牙在非洲的殖民地，当地人民发起的独立运动遭到了葡萄牙的镇压。在镇压独立运动期间，葡萄牙主要动用的是空中力量。

　　葡萄牙在镇压安哥拉、莫桑比克与葡属几内亚的人民发起的独立运动期间，葡萄牙空军的身影随处可见。1959 年 8 月，葡属几内亚人民率先揭竿而起。此时，葡萄牙空军仅有少量的 T-6 教练机和 F-84 战机（从 1963 年开始引进）。随着起义的

---

① 译者注：EAA 为 Escadron d'Appui Aérien 的缩写。
② 译者注：GMT 为 Groupe Mixte de Transport 的缩写。
③ 译者注：DPH 为 Détachement Permanent d'Hélicoptères 的缩写。
④ 译者注：ETOM 为 Escadron de Transport Outre-Mer 的缩写。
⑤ 译者注：ERV 为 Escadre de Ravitaillement en Vol 的缩写。
⑥ 译者注：RHC 为 régiment d'hélicoptères de combat 的缩写。

愈演愈烈，葡萄牙空军从 1967 年起逐步加强葡属几内亚驻军，并于 1967 年提供了首批 G.91 系列轻型战机。

葡属几内亚以丛林和沼泽地形为主，在此开展军事行动异常艰难。为此，葡萄牙空军从 1968 年开始引入"云雀"Ⅲ型直升机，在一定程度上克服了环境带来的不利影响。自 1970 年起，葡属几内亚起义军获得了外国势力的支持——尼日利亚空军出动了部署在科纳克里基地（Conakry）的米格-17 战机（主要执行侦察任务），而苏联则提供了米-4 直升机（执行运输任务）。对此，葡萄牙军方开始采取更为强硬的措施，大量使用凝固汽油弹与落叶剂。葡属几内亚起义军宣称，他们在七年的时间里使用单兵便携式地对空导弹和防空火炮（简称 AAA）共击落了 21 架战机。1973 年，葡属几内亚宣布独立。1974 年，葡萄牙里斯本发生了军事政变，葡萄牙正式承认葡属几内亚独立。

洛克希德公司（Lockheed）PV-2"鱼叉"（Harpoon）
1962 年，葡萄牙空军，第 91 中队 [位于第 9 号空军基地（罗安达）]
葡萄牙在镇压安哥拉爆发的起义时，武器十分稀缺。因此，PV-2"鱼叉"战机在镇压起义初期发挥了重要的作用。图中这架 PV-2"鱼叉"战机，曾于 1962 年被部署在位于罗安达的第 9 号空军基地。可执行轰炸任务的 PV-2"鱼叉"，是葡萄牙首批投入安哥拉作战的战机之一。[1]

规格

机组成员：2—6 人
动力设备：2 台普拉特·惠特尼 R-2800-31 星形风冷发动机（单台功率为 1490 千瓦）
最高速度：454 千米 / 时
航程：2880 千米
实用升限：7285 米
尺寸：翼展 22.86 米；机长 15.87 米；机高 4.04 米
重量：15271 千克
武器：3 挺 12.7 毫米固定式机枪；8 枚 127 毫米 HVAR 火箭弹；最大载弹量为 1814 千克

---

① 译者注：经查，葡萄牙空军主要使用空军基地和辅助机场两种军事设施，空军基地(Air base)的缩写为 BA，辅助机场(auxiliary airfield)的缩写为 AB。

共和飞机公司（Republic）F—84G"雷电喷气"

20 世纪 60 年代初，葡萄牙空军，第 93 中队 [第 9 号空军基地（罗安达）]

F—84G"雷电喷气"战机在安哥拉主要执行地面支援任务。据称，在葡萄牙镇压安哥拉起义的前三年内，至少有 5 架 F—84G"雷电喷气"战机失事——失事的主要原因为飞行员操作失误。F—84G"雷电喷气"战机通常会装备杀伤性炸弹和凝固汽油弹。

规格

机组成员：1 人

动力设备：1 台"阿里森"J35-A-29 涡轮喷气发动机（推力为 24.7 千牛）

最高速度：1000 千米 / 时

航程：1600 千米

实用升限：12344 米

尺寸：翼展 11.1 米；机长 11.6 米；机高 3.84 米

重量：8200 千克

武器：6 挺 12.7 毫米 M3 勃朗宁机枪；可携带火箭弹和炸弹；最大载弹量为 2020 千克

北美航空公司（North American）T—6G"德克萨斯人"（Texan）

葡萄牙，葡萄牙空军 [位于辛特拉（Sintra）]

图中这架 T—6G"德克萨斯人"被部署在葡萄牙的辛特拉。葡萄牙空军派 T—6G"德克萨斯人"战机参与了在几内亚、安哥拉和莫桑比克进行的军事行动。该机型可装备小型炸弹与火箭弹，非常适用于打击游击队。

规格

机组成员：2 人

动力设备：1 台普拉特·惠特尼 R-1340-AN-1 "大黄蜂"星形发动机（功率为 450 千瓦）

最高速度：335 千米 / 时

航程：1175 千米

实用升限：7400 米

尺寸：翼展 12.81 米；机长 8.84 米；机高 3.57 米

重量：2548 千克

武器：最多可挂载 3 挺 7.62 毫米机枪；可携带小型炸弹和火箭弹

菲亚特公司（Fiat）G.91R/4
1967—1974 年，葡萄牙空军，第 121 中队 [位于第 12 号空军基地（比萨兰卡）]

菲亚特公司的 G.91R/4 是葡萄牙在非洲境内部署的性能最为强大的对地攻击机，该系列战机曾在葡属几内亚、安哥拉和莫桑比克服役。葡萄牙空军的第 121 中队被部署在位于葡属几内亚比萨兰卡的第 12 号空军基地，列装了由西德提供的 G.91R/4 对地攻击机（其中三架在 1973 年春季被地对空导弹击落）。

规格

机组成员：1 人
动力设备：1 台布里斯托尔 – 斯德德利"奥菲斯"803 涡轮喷气发动机（推力为 22.2 千牛）
最高速度：1075 千米 / 时
航程：1150 千米
实用升限：13100 米
尺寸：翼展 8.56 米；机长 10.3 米；机高 4 米
重量：5440 千克
武器：4 挺 12.7 毫米勃朗宁 M2 机枪；最大载弹量为 1814 千克

法国航宇工业公司（Aérospatiale）"云雀"Ⅲ型
1971 年，葡萄牙空军，第 121 中队 [位于第 12 号空军基地（比萨兰卡）]

葡萄牙军队在非洲殖民地展开军事行动时，使用的主力运输机是"云雀"Ⅲ型直升机。图中的"云雀"Ⅲ型直升机于 1971 年被部署在位于比萨兰卡的第 12 号空军基地，负责在葡属几内亚境内运输士兵。葡萄牙空军从 1969 年开始，将"云雀"Ⅲ型直升机部署在葡属几内亚（第一批部署了 12 架）。

规格

机组成员：2 人
动力设备：1 台透博梅卡"阿都斯特"（Artouste）Ⅲ B 涡轮轴发动机（功率为 649 千瓦）
最高速度：220 千米 / 时
航程：604 千米
实用升限：3200 米
尺寸：旋翼直径 11.02 米；机长 10.03 米；机高 3 米
重量：2200 千克
武器：后舱的两侧舱门位置各有 1 门 20 毫米固定式机炮

在葡萄牙忙于镇压葡属几内亚的独立运动之际，"安哥拉人民解放运动"（Movimento Popular de Libertação de Angola，简称 MPLA，该政党于 1956 年 12 月成立）的活动也日渐频繁。为了镇压安哥拉境内的独立运动，葡萄牙空军将 PV-2"鱼叉"战机与 C-47 运输机部署至罗安达（Luanda）。值得一提的是，DC-3 和"比奇"（Beech）-18 这两种民用机型也被葡萄牙改装为了运输机，负责向前哨阵地运送补给。

安哥拉上空的喷气式飞机

葡萄牙军队从 1961 年 6 月开始将 F-84G 战机用于平定安哥拉起义。不过，由于偶发的安全事故，葡萄牙损失了部分 F-84G 战机。此外，为了解救被围困的城市，葡萄牙空军还先后使用 C-47 和"诺拉特拉斯"（Noratlas）运输机空降伞兵部队。虽然美国对葡萄牙实施了武器禁运，但葡萄牙仍旧获得了大量 B-26 轰炸机，并将其用于轰炸"安哥拉人民解放运动"的军事目标。同时，葡萄牙还出动了 F-84G、T-6 和 Do 27A-4 等型号的飞机，为轰炸行动提供支援。

苏联不断加大对"安哥拉人民解放运动"的支援力度，并逐步培植起了另一支反对葡萄牙统治的起义力量——安哥拉彻底独立全国联盟（União Nacional para a Independência Total de Angola，简称 UNITA）。为了镇压该势力，葡萄牙空军发动了一场旷日持久的军事行动，而 T-6 教练机也再次成为此次作战的首选机型。

为了应对"安哥拉人民解放运动"的军队逐步向西推进，葡萄牙空军从 1972 年开始将 G.91 系列轻型战机部署至安哥拉，并大量使用直升机来投送兵力。不过，葡萄牙最终还是于 1975 年承认安哥拉独立。至此，葡萄牙在非洲的军事行动也随之落幕。

1962 年，莫桑比克解放阵线（Frente da Libertação de Moçambique，简称 FRELIMO）开始反抗葡萄牙的殖民统治——双方于 1964 年爆发激烈冲突。与在安哥拉进行的军事行动类似，葡萄牙空军在战争之初仅装备有 C-47 运输机与 T-6 教练机。但不久后，葡萄牙军队的人数便扩充至 16000 人，并补充了 T-6、PV-2"鱼叉"、Do 27 与"云雀"Ⅲ型直升机等装备。莫桑比克解放阵线将大本营设在坦桑尼亚（Tanzania）和赞比亚（Zambia）境内，而葡萄牙空军在莫桑比克部署的兵力最终超过了其在安哥拉或葡属几内亚投入的兵力。从1968年开始，葡萄牙展开了一系列重大的空中作战行动，迫使莫桑比克解放阵线从1970年起逐步加强攻势。最终，葡萄牙军队未能达成行动目的，遂于1974年将G.91系列轻型战机调回本土。1975年6月，葡萄牙正式承认莫桑比克独立。

1961—1975年，部署在安哥拉的葡萄牙空军		
机型	所属作战单位	基地
G.91R/4	第93中队	第9号空军基地
PV-2、B-26B/C	第91中队	罗安达、第9号空军基地
DC-6A/B、707	第501中队	罗安达、纳卡拉（Nacala）
DC-6A/B、707	运输机大队	里斯本（Lisbon）
C-54、"诺拉特拉斯"	第92中队	第9号空军基地、马古拉（Maguela）、第4号空军基地
C-47、"比奇"-18	第801中队	洛伦索马克斯（Lorenco Marques）
"奥斯特"、Do 27A-4	无详细资料	第9号空军基地、第3号辅助机场、第4号辅助机场
"云雀"Ⅱ型、"云雀"Ⅲ型、"美洲豹"	第94中队	第9号空军基地、加戈（Gago）和奎托等地

1962—1975年，部署在莫桑比克的葡萄牙空军		
机型	所属作战单位	基地
G.91R/4	第502中队	纳卡拉
G.91R/4	第702中队	太特（Tete）
PV-2、T-6G	第101中队	贝拉（Beira）
T-6G、C-47、PV-2、"云雀"Ⅲ型	第10号空军基地	贝拉
T-6G、"奥斯特"、Do 27、"云雀"Ⅲ型	第5号辅助机场	纳卡拉、穆埃达（Mueda）、阿梅利亚港（Porto Amelia）
T-6G、"奥斯特"、Do 27	第6号辅助机场	新弗雷舒（Nova Freixo，今库安巴）
T-6G、"奥斯特"、Do 27、"云雀"Ⅲ型	第7号辅助机场	太特
"诺拉特拉斯"	运输机中队	贝拉
C-47	第801中队	洛伦索马克斯

1963—1974年，部署在葡属几内亚的葡萄牙空军		
机型	所属作战单位	基地
G.91R/4	第121中队	比萨兰卡
T-6G	无详细资料	比萨兰卡
Do 27	第121中队	比萨兰卡
"诺拉特拉斯"	第123中队	比萨兰卡
"云雀"Ⅲ型	第122中队	比萨兰卡

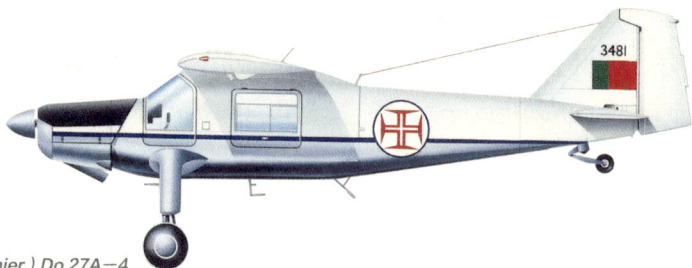

道尼尔公司（Dornier）Do 27A—4
葡萄牙空军

葡萄牙在安哥拉进行军事行动期间，将 Do 27A—4 通信联络机部署在第 9 号空军基地（位于罗安达）、第 3 号辅助机场［位于内加热（Negage）］和第 4 号辅助机场［位于恩里克·德卡瓦略（Henriques de Carvalho）］，与"奥斯特"战机共同执行任务。据称，"安哥拉人民解放运动"击落的第一架飞机（击落时间为 1967 年 6 月）便是 Do 27A—4 通信联络机。

规格

机组成员：1—2 人
动力设备：1 台莱康明 GO-480-B1A6 6 缸活塞发动机（功率为 201 千瓦）
最高速度：232 千米 / 时
航程：1100 千米
实用升限：3353 米
尺寸：翼展 12 米；机长 9.60 米；机高 3.5 米
重量：1850 千克
武器：无

尼日利亚，1967—1970 年

尼日利亚于 1960 年取得独立后，相对稳定的和平局面维持了数年时间。1966 年，联邦政府垮台后，该国的局势急转直下，开始爆发流血冲突。

1966 年，尼日利亚北方各地发生了大规模屠杀伊博人的事件。1961 年[①]，尼日利亚东部伊博族聚居地的军事长官宣告独立，成立了比夫拉（Biafra）共和国（以下简称"比夫拉"）。随即，惨烈的内战爆发了。在内战之初，尼日利亚空军的战机主要是由"东方阵营国家"提供的，而机组成员则均是雇佣兵。1968 年 5 月至 10 月间，尼日利亚空军对比夫拉境内的村庄实施了不间断的轰炸，导致约 3000 人丧生。

---

① 译者注：原文如此。经查证，比夫拉共和国成立于 1967 年。

1967—1970 年，尼日利亚空军	
机型	基地
伊尔 -28	哈科特港（Port Harcourt）、卡拉巴尔（Calabar）、贝宁城（Benin City）
米格 -17	贝宁城、拉各斯（Lagos）、埃努古（Enugu）、卡杜纳（Kaduna）、阿梅利亚港
"喷射宪兵司令式"（Jet Provost）	拉各斯、贝宁城
L-29	贝宁城、卡杜纳
DC-3	贝宁城
DC-4、"诺拉特拉斯"	贝宁城、拉各斯
Do 28	贝宁城
Do 27	贝宁城、卡杜纳、卡诺（Kano）
"阿兹特克"（Azec）	贝宁城
"旋风" 2、"旋风" 3	卡杜纳

比夫拉空军

　　内战初期，比夫拉空军的主要装备是各式老旧的民用飞机（操纵这些飞机的多为雇用的飞行员），军用飞机并不多——其中最具战斗力的当属两架 B-26 轰炸机，它们在 1967 年执行了突袭停泊在哈科特港（Port Harcourt）的尼日利亚驱逐舰的任务。

伊留申设计局（Ilyushin）伊尔 —28
1967—1970 年，尼日利亚空军（位于贝宁城、卡拉巴尔和阿梅利亚港）

"比夫拉战争"期间，尼日利亚从阿尔及利亚和埃及接收了六架伊尔 —28 轰炸机。这批战机被尼日利亚方面用于轰炸比夫拉境内的村庄，驾驶它们的是埃及飞行员、尼日利亚飞行员和外籍雇佣兵。据称，至少有三架伊尔 —28 尚未起飞便被比夫拉空军的"轻型平叛战机"机队直接摧毁或重创。

规格

机组成员：3 人
动力设备：2 台克里莫夫 VK-1 涡轮喷气发动机（单台推力为 26.3 千牛）
最高速度：902 千米 / 时
航程：2180 千米
实用升限：12300 米
尺寸：翼展 21.45 米；机长 17.65 米；机高 6.70 米
重量：21200 千克
武器：4 门 23 毫米机炮；内部炸弹舱的载弹量为 1000 千克；最大载弹量为 3000 千克（伊尔 -28 鱼雷轰炸机最多可携带 2 枚 400 毫米轻型鱼雷）

后来，比夫拉空军列装了更具战斗力的 MFI-9B "轻型平叛战机"（MinCOIN）。该战机装备了专为 "平叛作战" 而设计的火箭弹，由瑞士的古斯塔夫·冯·罗森伯爵（Swedish Count Gustav von Rosen）等雇佣兵飞行员驾驶，主要用于袭击尼日利亚的石油工业（对尼日利亚造成了一定的损失）。

1970 年 1 月，比夫拉政权垮台，其军事首领奥朱古上校逃往科特迪瓦（Ivory Coast）。至此，尼日利亚内战宣告结束。

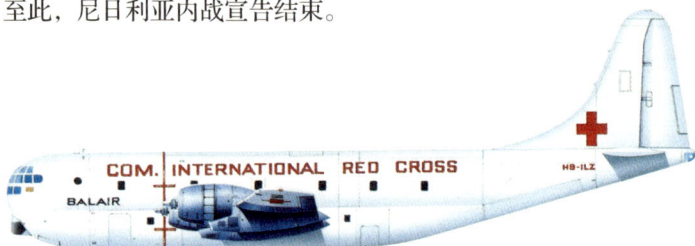

波音公司（Boeing）HB—ILZ（C—97G）
1969—1970 年，国际红十字会（位于比夫拉）
图中这架 HB—ILZ 的前身，是美国空军的 C—97G 运输机。"比夫拉战争"期间，国际红十字会（International Red Cross）通过 "全机出租" 的形式获得了包括 HB—ILZ 在内的三架飞机，并将其用于在饱受战火摧残的比夫拉地区执行救援任务。

规格

机组成员：4 人
动力设备：4 台普拉特·惠特尼 R-4360B "大黄蜂" 星形发动机（单台功率为 2610/ 千瓦）
最高速度：603 千米 / 时
航程：6920 千米
实用升限：10670 米
尺寸：翼展 43.1 米；机长 33.7 米；机高 11.7 米
重量：54420 千克
武器：无

刚果，1960—1963 年

1960 年，比利时在刚果国内局势尚未稳定的情况下，贸然承认刚果独立。该行为导致刚果陷入了一场长达七年时间的部落内战。

在新成立的刚果政府与比利时殖民者爆发冲突之际，刚果西南部的加丹加省（Katanga）趁机宣布独立。为了应对刚果危机，联合国通过 "联合国安理会 143 号决议"，向刚果派驻了一支约 20000 人的维和部队，并发起 "联合国刚果行动"（Organization Nations-Unies au Congo，简称 ONUC）——加拿大、埃塞俄比亚、印度、意大利和瑞典均为该行动提供了空中支援。行动期间，由志愿者驾驶的瑞典空军的"萨博"（Saab）29战斗机表现突出。装备了适合进行对地攻击的机炮与火箭弹的"萨博"29战斗机（其衍生机型S29C还可承担侦察任务），主要负责打击加丹加分离主义分子。1961—1963年间，上述机型曾多次执行战斗任务，并于1962年12月和1963年1月参与了突袭科卢韦齐（Kolwezi）的行动，将大部分加丹加战机直接摧毁在了地面上。刚成立不久的加丹加空军就这样被扼杀在了摇篮里。

此后，刚果更名为"扎伊尔共和国"（Zaire）。1977—1978年间，加丹加省的分离势力再度死灰复燃，引来了法国与摩洛哥两国的军事干涉，而扎伊尔空军也出动了"幻影"Ⅲ和M.B.326战机。

1960—1964年，参与"联合国刚果行动"的作战单位		
机型	所属作战单位	基地
"堪培拉"B（I）.Mk 58	印度空军，第5中队	卡米纳（Kamina）
J29B、S29C	瑞典空军，F22独立联队	卢卢加布尔、卡米纳
F-86F	埃塞俄比亚空军	卢卢加布尔、卡米纳
"佩刀"Mk 4	意大利空军，第4航空兵旅	利奥波德维尔（Leopoldville）
C-119G	意大利空军，第46航空兵旅	利奥波德维尔、卡米纳

英国电气公司（English Electric）"堪培拉"B（I）.Mk 58
1961—1962年，参与"联合国刚果行动"的印度空军 [位于卢卢加布尔（Luluabourg）]
图中这架印度的"堪培拉"B（I）.Mk 58轰炸机喷涂有"联合国刚果行动"（ONUC）的标识。该轰炸机所属的"堪培拉"轰炸机支队曾于1961—1962年间被部署在卢卢加布尔。因为瑞典空军的"萨博"29战斗机表现出色，所以"堪培拉"系列轰炸机被认为不再适合在刚果境内执行低空突击任务。不过，维和部队仍多次派该战机在夜间向伊利萨白维尔（Elisabethville）发起袭击。

规格

机组成员：2人
动力设备：2台罗尔斯－罗伊斯"埃汶"Mk 101发动机（单台推力为28.9千牛）
最高速度：917千米/时
航程：4274千米
实用升限：14630米
尺寸：翼展29.49米；机长19.96米；机高4.78米
重量：24925千克
武器：弹舱最大载弹量为2727千克；翼下挂架的载弹量为909千克

罗德西亚，1965—1979年

1965年，推行"白人少数管治"政策的伊恩·史密斯（Ian Smith）政权单方面宣布独立。英国立刻对罗德西亚实施经济封锁，并出动了战机与航母。

在英国对罗德西亚实施封锁期间，英国皇家空军出动了驻扎在马达加斯加基地里的"沙克尔顿"海上巡逻机，而英国皇家海军则派出了航母。对此，罗德西亚皇家空军也派出了"猎人"和"堪培拉"战机。[1]总的说来，英国对罗德西亚的封锁以经济制裁为主，军事打击为辅。

在被封锁后，罗德西亚的空军与境内外游击组织的交火日渐频繁。斗争初期，罗德西亚皇家空军主要承担空运补给、巡逻和侦察任务。1967年，罗德西亚皇家空军秘密接收了多架AL.60运输机。1969年，罗德西亚共和国宣告成立。1972年，基地设在博茨瓦纳（Botswana）、莫桑比克（Mozambique）和赞比亚（Zambia）的游击组织将势力渗透至罗德西亚境内。对此，罗德西亚动用"堪培拉"轰炸机和"猎人"战斗机，向游击组织的基地发起空降、突袭和空中打击。从1976年开始，兰斯-塞斯纳337"猞猁"（Reims Cessna 337 Lynx）、"云雀"Ⅲ型和SF.260W等"新型平叛战机"被罗德西亚用于进行反游击作战。在遭遇制裁的情况下，罗德西亚仍持续对游击组织发起攻击。1979年，史密斯政权与国内的黑人民族主义者签署了一份《内部解决方案》，同意在罗得西亚实施"多数管治"政策，并将国名更改为"津巴布韦罗得西亚"（Zimbabwe Rhodesia）。[2]

1965年，罗德西亚皇家空军		
机型	所属作战单位	基地
"堪培拉" B.Mk 2	第5中队	新塞勒姆（New Sarum）
"猎人" FGA.Mk 9	第1中队	桑希尔
"吸血鬼" FB.Mk 9	第2中队	桑希尔
"教务长" T.Mk 52	第4中队	桑希尔
C-47	第3中队	新塞勒姆
"云雀"Ⅱ型	第7中队	新塞勒姆

---

[1] 译者注：在罗德西亚宣布采用共和制政体后，"罗德西亚皇家空军"也被更名为"罗德西亚空军"。

[2] 译者注：罗德西亚共和国先是于1979年更名为"津巴布韦罗得西亚"（并未得到国际社会的承认），后又于1980年4月18日将国名更改为"津巴布韦"（得到了国际社会的承认）。

帕西瓦尔公司（Percival）"教务长"（Provost）T.Mk 52
20 世纪 60 年代中期，罗德西亚皇家空军，第 4 中队 [位于桑希尔（Thornhill）]

图中这架"教务长"T.Mk 52 战机，曾于 20 世纪 60 年代参与过军事行动，其尾翼上喷涂有罗德西亚在单方面宣布独立前使用的徽标。罗德西亚方面在发布《单方独立声明》（Rhodesia's Unilateral Declaration of Independence，缩写为 UDI）后，采取了一系列行动来防范游击组织的袭击。例如，为多个飞行支队列装了"教务长"系列战机，并把它们部署在万基（Wankie）和卡里巴（Kariba）。

规格

机组成员：2 人

动力设备：1 台阿尔维斯·利奥尼兹（Alvis Leonides）126 星形 9 缸发动机（功率为 410 千瓦）

最高速度：320 千米 / 时

航程：1020 千米

实用升限：7620 米

尺寸：翼展 10.7 米；机长 8.73 米；机高 3.70 米

重量：1995 千克

武器：无固定式武器

英国电气公司（English Electric）"堪培拉"B.Mk 2
1970 年，罗德西亚空军，第 5 中队（位于新塞勒姆）

图中这架"堪培拉"B.Mk 2 轰炸机主要负责对游击组织实施远程轰炸与侦察，曾在罗德西亚、安哥拉、博茨瓦纳、莫桑比克和赞比亚境内开展行动。有两架罗德西亚空军的"堪培拉"B.Mk 2 轰炸机，在莫桑比克上空执行任务时被击落。

规格

机组成员：2 人

动力设备：2 台罗尔斯 - 罗伊斯"埃汶"Mk 101 发动机（单台推力为 28.9 千牛）

最高速度：917 千米 / 时

航程：4274 千米

实用升限：14630 米

尺寸：翼展 29.49 米；机长 19.96 米；机高 4.78 米

重量：24925 千克

武器：弹舱最大载弹量为 2727 千克；翼下挂架的载弹量为 909 千克

南非，1961—1988 年

因实行种族隔离政策而被国际社会排斥的南非，边境经常遭遇境外势力的袭扰。为了剿灭敌对的游击组织，南非动用了大批空中力量。

南非不仅拥有强大的军工产业，还和外国（如以色列）进行了秘密合作。因此，南非平叛武装是整个非洲装备最为精良的部队。这支部队能够同时从空中和地面向境外势力发起猛攻。

1961 年，南非脱离了英联邦。而联合国对南非进行的制裁，反而更加坚定了南非白人打击境外势力与游击组织的决心。从 20 世纪 60 年代初开始，南非出动军队阻止周边国家（安哥拉、博茨瓦纳、莫桑比克、赞比亚和津巴布韦）向本国境内渗透。

在遭受联合国的制裁前，南非已从英国接收了包括"堪培拉"轰炸机和"海盗"攻击机在内的各型战机。不久后，南非又购买了法国的"幻影"Ⅲ和F1战机。此外，南非还在获得授权的情况下生产了适用于平叛作战的"黑斑羚"（Impala，原型机为意大利的 M.B.326）战机。

南非军队与西南非洲人民组织（SWAPO）的对峙

当时，纳米比亚（Namibia）处于南非的非法管辖之下。从 1965 年秋开始，西南非洲人民组织渗透至此地，并从位于安哥拉与赞比亚境内的基地出兵，发起了一场反对南非统治的战争。安哥拉与赞比亚也因此成为南非军队的打击目标。纳米比亚境内的低强度平叛作战从 20 世纪 60 年代一直持续至 20 世纪 70 年代。最终，西南非洲人民组织被逐出纳米比亚，躲入了周边国家。

自 1975 年起，安哥拉成为反南非组织争夺纳米比亚控制权的大本营。安哥拉独立以后，亲西方的安哥拉民族解放阵线（Frente Nacional da Libertação de Angola，简称FNLA）与安哥拉民族独立运动全国联盟（União Nacional para a Independencia Total de Angola，简称UNITA，该组织接受了由南非提供的武器装备）结盟，同安哥拉人民解放运动（Movimento Popular de Libertacão de Angola，简称MPLA）爆发内战。随着战事的发展，大量古巴军队也被卷入战争，开始与南非军队交战。

加拿大飞机公司（Canadair）"佩刀"（Sabre）Mk 6
20 世纪 70 年代，南非空军，第 1 中队 [位于彼得斯堡（Pietersburg）]

在南非空军参与打击周边游击组织之初，"佩刀" Mk 6 战机仍在军中服役——主要承担防空任务。1956—1957 年，装备该机型的
第 1 中队被部署在沃特克鲁夫（Waterkloof）。后来，该中队被调防至彼得斯堡，并继续使用"佩刀" Mk 6 战机至 1975 年。

规格

机组成员：1 人
动力设备：1 台阿芙罗 - 奥伦达（Avro Orenda）马克 14 发动机（推力为 32.35 千牛）
最高速度：975 千米 / 时
航程：无详细数据
实用升限：15450 米
尺寸：翼展 11.58 米；机长 11.58 米；机高 4.57 米
重量：6628 千克
武器：6 挺 12.7 毫米勃朗宁 M2 机枪；2 枚 AIM-9 "响尾蛇"导弹；导弹和弹药的有效载荷为 2400 千克

法国航宇工业公司（Aérospatiale）"云雀"Ⅲ型
20 世纪 80 年代初，南非空军

1966 年 8 月，南非首次对位于北纳米比亚地区的西南非洲人民组织发起袭击，进攻后者设在奥万博兰（Ovamboland）的一处营地。
此役中，南非出动了直升机来投送南非安全部队。这一事件成为南非"丛林战争"开始的标志。在整个"丛林战争"期间，"云雀"Ⅲ
型直升机得到了广泛运用。据悉，南非空军中至少有三个中队装备了"云雀"Ⅲ型直升机。

规格

机组成员：2 人
动力设备：1 台透博梅卡 "阿都斯特"（Artouste）Ⅲ B 涡轮轴发动机（功率为 649 千瓦）
最高速度：220 千米 / 时
航程：604 千米
实用升限：3200 米
尺寸：旋翼直径 11.02 米；机长 10.03 米；机高 3 米
重量：2200 千克
武器：后舱的两侧舱门位置各有 1 门 20 毫米固定式机炮

亚特拉斯航空公司（Atlas）AM.3C "薮羚"（Bosbok）

20 世纪 80 年代初，南非空军，第 42 中队 [位于波切夫斯特鲁姆（Potchefstroom）]

亚特拉斯航空公司的 "薮羚"（该机型经意大利授权后，可在南非本土生产）飞机和单发动机版 "旋角羚"（Kudu）飞机，分别被南非空军用于执行轻型运输任务和联络任务。此外，南非空军中的一些 "薮羚" 飞机还承担了空中前进管制和伤员后送任务。

规格

机组成员：2 人

动力设备：1 台莱康明 GSO-480-B1B6 活塞发动机（功率为 236 千瓦）

最高速度：278 千米 / 时

航程：990 千米

实用升限：2440 米

尺寸：翼展 11.73 米；机长 8.73 米；机高 2.72 米

重量：1500 千克

武器：最多可挂载 2 个机炮吊舱（可替换为 4 个发烟火箭弹发射巢或 170 千克重的炸弹）

亚特拉斯航空公司（Atlas）C4M "旋角羚"（Kudu）

20 世纪 80 年代初，南非空军，第 41 中队 [位于斯瓦特科普空军基地（Swartkop）或兰瑟瑞安空军基地（Lanseria）]

"旋角羚" 短距离起降飞机的性能强大，可在无铺筑道面的简易机场上起降，能够通过执行空投、伤员后送和投送小股部队等任务的方式，为地面部队提供支援。截至 1979 年，南非空军共接收了 40 架 "旋角羚" 飞机，并用其列装了两个前线中队。

规格

机组成员：1 人

动力设备：1 台阿芙科 - 莱康明（Avco Lycoming）GSO-480-B1B3 发动机（功率为 253 千瓦）

最高速度：260 千米 / 时

航程：1297 千米

实用升限：无详细数据

尺寸：翼展 13.08 米；机长 9.31 米；机高 3.66 米

重量：2040 千克

武器：无

截至 1976 年春，安哥拉人民解放运动已控制了安哥拉的大部分地区。对此，南非空军将战机部署至位于南非西北部的基地。在安哥拉空军（装备了苏制武器）的支援下，安哥拉人民解放运动加强了对安哥拉民族解放阵线的攻势，并将战火燃至南非境内。1974—1987 年间，南非方面曾多次向安哥拉人民解放运动控制区发起突袭，并出动喷气式战机攻击安哥拉空军的战机与直升机。值得一提的是，苏联向西南非洲人民组织提供的地对空导弹与防空火炮，导致了战事的进一步升级。

20 世纪 80 年代初，南非空军先发制人，出动"海盗""堪培拉""幻影"和"黑斑羚"等型号的战机，大举突袭安哥拉腹地。在古巴军队撤出安哥拉之后，南非军队也于 1988 年撤离纳米比亚——纳米比亚由此获得了独立。

1966—1988 年，南非空军中列装了战斗机与轰炸机的作战单位		
机型	所属作战单位	基地
"海盗" S.Mk 50	第 24 中队	沃特克鲁夫
"堪培拉" B（I）.Mk 12	第 12 中队	沃特克鲁夫
"佩刀" Mk 6、"黑斑羚" I、"幻影" F1AZ/CZ	第 1 中队	沃特克鲁夫、彼得斯堡、霍斯普鲁特（Hoedspruit）
"幻影" F1CZ	第 3 中队	沃特克鲁夫
"幻影" III AZ/BZ/CZ/DZ/RZ	第 2 中队	沃特克鲁夫
"幻影" III DZ/EZ、"黑斑羚" II	第 85 中队	彼得斯堡

肯尼亚，1952—1955 年

肯尼亚原为英国的殖民地。1955 年，肯尼亚的基库尤（Kikuyu）省爆发了起义。这次起义遭到了英国的残酷镇压。有资料显示，1952—1955 年间，共有 11000 名茅茅组织（Mau Mau）成员在起义中丧生。

1952 年，肯尼亚非洲人联盟（Kenya African Union）的领导人被捕，但肯尼亚起义的燎原之火并未被扑灭。此后，英国宣布肯尼亚进入紧急状态，逮捕了多名有起义嫌疑的部落首领与"疑似激进分子"，开始对茅茅组织进行无情的镇压。

从 1953 年 4 月起，英国开始在大规模"平叛作战"中使用空中力量，开始将皇家空军的"哈佛"地面攻击机从罗德西亚部署至前线——负责执行对地攻击任务的"哈佛"战机，一年内共出动了 2000 架次。1953 年 11 月，英国派"林肯"重型轰炸机从伊斯特利（Eastleigh）起飞，参与"平叛作战"（每三月进行一次轮换）。英国皇家空军驻中东地区空军（Middle East Air Force）也提供了少量的"吸血鬼"战斗轰炸机（通常被部署在亚丁的柯马克萨）和"流星"空中照相侦察机。

阿芙罗（Avro）"林肯"B.Mk 2
1954 年，英国皇家空军，第 214 中队（位于伊斯特利）
1953 年，英国皇家空军将首批原本属于第 49 中队的"林肯"B.Mk 2 轰炸机派至肯尼亚的伊斯特利。1954 年，英国皇家空军又用从第 110 中队和第 214 中队汰换下来的飞机，替换了这批"林肯"B.Mk 2 轰炸机。在"肯尼亚战争"期间，"林肯"B.Mk 2 轰炸机被英国皇家空军用来轰炸茅茅组织的补给仓库与据点。

规格

机组成员：7 人
动力设备：4 台罗尔斯 – 罗伊斯"梅林"68 型（或 68A 型、300 型）活塞发动机（单台功率为 1305 千瓦）
最高速度：491 千米 / 时
航程：4506 千米
实用升限：无详细数据
尺寸：翼展 36.58 米；机长 23.85 米
重量：37195 千克
武器：2 门 20 毫米机炮；4 挺 7 毫米机枪；最大载弹量为 6530 千克

1952—1956 年，部署在肯尼亚的英国皇家空军		
机型	**所属作战单位**	**基地**
"林肯"B.Mk 2	第 21 中队	伊斯特利（Eastleigh）
"林肯"B.Mk 2	第 49 中队	伊斯特利
"林肯"B.Mk 2	第 61 中队	伊斯特利
"林肯"B.Mk 2	第 100 中队	伊斯特利
"林肯"B.Mk 2	第 214 中队	伊斯特利
"吸血鬼"FB.Mk 9	第 8 中队（支队）	伊斯特利
"流星"PR.Mk 10	第 13 中队（支队）	伊斯特利
"兰开斯特"PR.Mk 1、"达科塔"Mk 3	第 82 中队	伊斯特利
"哈佛"Mk 2B	第 1340 小队	伊斯特利
"安森"C.Mk 21、"学监"（Proctor）Mk 4、"瓦莉塔"C.Mk 1、"达科塔"Mk 3、"奥斯特"AOP.Mk 6、"彭布罗克"C.Mk 1、"大枫树"HR.Mk 14	通讯小队	伊斯特利

在"奥斯特"、"彭布罗克"（Pembroke）、"瓦莉塔"和"大枫树"（Sycamore）直升机（该机型主要用于支援地面部队）的帮助下，英国皇家空军在1955年镇压了起义。事实上，英国的"平叛作战"带来了难以估量的严重后果：英国在行动期间并未采取有效的手段来区分茅茅组织成员和无辜平民（据说部分英国陆军还为杀死茅茅组织成员的人提供了赏金），导致了大量平民伤亡。

1965年，肯尼亚共和国成立。

第七章

南亚

冷战期间，各大国虽没有直接卷入印度与巴基斯坦这两个南亚次大陆国家间的冲突，但仍然为交战双方提供了大批先进的战机。其中，巴基斯坦方面得到了美国与中国的支持，而印度方面则得到了来自苏联的援助。

随着北方边境形势的变化，毗邻阿富汗的地带逐渐成为战争的焦点。苏联在此深陷消耗战的泥潭，同美国支持的势力展开了惨烈的拉锯战。

沈阳飞机制造公司（Shenyang）歼-6
这张照片中的战机，是巴基斯坦空军的歼-6单座双发超音速喷气式战斗机。

第一次印巴战争，1947—1948 年

南亚次大陆原为英国殖民地，并在受英国统治期间被划分为三个国家。政治与信仰的分歧，导致印度与巴基斯坦之间爆发了三次大规模冲突。

1947 年 8 月，英国从印度撤军。根据此前颁布的《蒙巴顿方案》，原英属印度被划分为两个独立的国家——印度和巴基斯坦。不过，印度与巴基斯坦却在克什米尔的主权归属问题上产生了分歧。

印度与巴基斯坦获得独立后，均开始为各自的空军扩充军备，并接收了原英国皇家空军的"暴风式"FB.Mk 2 战斗机——印度于 1947 年获得了 89 架，巴基斯坦于 1948 年获得了 24 架。同时，英国还为两国提供了大量援助，并培训了大批技术人员。此外，印度和巴基斯坦还装备了一些其他型号的战机：印度方面接收了"解放者""达科塔""奥斯特""哈佛"和"虎蛾式"（Tiger Moth）；巴基斯坦方面引进了"狂怒""哈利法克斯""达科塔""奥斯特""德文"（Devon）与"哈佛"。

1947 年 10 月，位于印度西北边境的帕坦族（Pathan）在巴基斯坦的支持下向克什米尔首府斯利加那（Srinagar）进军。印度很快做出回应，使用民航飞机与"达科塔"运输机将空降部队运送至克什米尔地区。此后，克什米尔危机再次爆发。为了平定此次危机，印度空军出动了"暴风式"FB.Mk 2 与"喷火"战斗机。

1948 年年初，巴基斯坦公开涉足克什米尔危机，先是提供火炮支援，后又动用"哈利法克斯"运输机来执行空运任务。战争一直持续至 1948 年 12 月，印度与巴基斯坦在联合国的调停下划定了停火线，并以此作为两国之间的边界。

西北边境省（Northwest Frontier）

在印度与巴基斯坦围绕克什米尔问题爆发冲突期间，巴基斯坦空军还卷入了巴基斯坦与阿富汗在西北边境省问题上的争端。

为了解决争端，巴基斯坦空军将"暴风式"战斗机部署至白瓦沙（Peshawar）。1947 年 12 月，这批战机开始在开伯尔山口（Khyber Pass）执行警戒任务。与此同时，巴基斯坦空军还使用"达科塔"运输机将陆军部队运送至此地，并出动"哈利法克斯"战机执行轰炸任务。1948—1949 年间，仍未能从西北边境省问题中脱

身的巴基斯坦，派"暴风式"战斗机轮番前往前线作战。1950年，巴基斯坦用"狂怒"战斗机取代了"暴风式"战斗机。

美国团结飞机公司（Consolidated）B—24J"解放者"
1948—1949年，印度空军，第5中队 [位于浦那（Poona）与坎普尔（Kanpur）]

除了原英国皇家空军的"暴风式"战斗机外，印度还部署了一批B—24J"解放者"轰炸机，并逐步组建了一支战略航空兵部队。这些B—24J"解放者"轰炸机是印度利用二战时期英国储藏在坎普尔的机身组装而成的。第5中队装备的B—24J"解放者"轰炸机在坎普尔与浦那两地服役，负责执行轰炸与侦察任务。

规格

机组成员：8人
动力设备：4台普拉特·惠特尼R-1830-65双排14缸星形活塞发动机（单台功率为895千瓦）
最高速度：483千米/时
航程：3380千米
实用升限：8535米
尺寸：翼展33.53米；机长20.47米；机高5.49米
重量：29484千克
武器：机头、机背、机腹和机尾炮塔里各装有一挺12.7毫米机枪；机身两侧装有多挺12.7毫米机枪；内置弹舱的最大载弹量为3992千克

霍克公司（Hawker）"狂怒"FB.Mk60
1951年，巴基斯坦空军，第9中队 [位于白沙瓦]

"狂怒"FB.Mk60是巴基斯坦在1951年接收的第二批战机。巴基斯坦在1949—1954年间共装备了93架"狂怒"FB.Mk60，是装备陆基"狂怒"系列战斗机数量最多的国家。随后，英国又向巴基斯坦交付了"哈利法克斯"轰炸机、"攻击者"战斗机和"布里斯托尔"170运输机。

规格

机组成员：1人
动力设备：1台布里斯托尔"人马座"XⅧC星形发动机（功率为1850千瓦）
最高速度：740千米/时
航程：无详细数据
实用升限：10900米
尺寸：翼展11.7米；机长10.6米；机高4.9米
重量：5670千克
武器：4门20毫米西斯帕诺马克5型机炮；12枚76毫米航空火箭弹或908千克重的炸弹

第二次印巴战争，1965 年

1965 年，印度与巴基斯坦再次因争夺克什米尔地区的控制权而爆发战争。在为期 22 天的冲突中，飞机数量处于劣势的巴基斯坦空军表现出色，击败了印度空军。

1965 年，由巴基斯坦提供训练和装备的游击队向克什米尔地区发起渗透。巴基斯坦试图借此在克什米尔地区策动起义，从而使该地区倒向己方。在为起义军提供了一些火炮后，巴基斯坦在查谟（Jammu）附近向印度军队发起了进攻。

战争期间，巴基斯坦空军共投入了 12 支战斗中队（包括预备队），而印度空军则出动了 14 支战斗中队。虽然巴基斯坦投入的飞机数量比印度少，但据称前者"在战损比上取得了优势"（其中 F-86"佩刀"战斗机"拿下了"大部分战绩）。

在此战中，大多数的战斗都发生在印巴边境沿线北部，而东部仅发生了零星的战斗。所以，印度将大部分空军从印巴边境沿线东部撤离。从 9 月 6 日开始，交战双方持续向对方的领土发起突袭，但均未取得太大的效果。不过，从这一时期开始，印度空军在出动的飞机架次上取得了优势，而巴基斯坦空军则被迫重组和保留实力。

达索飞机公司（Dassault）"飓风"
1965 年，印度空军，第 29 中队（位于古瓦哈提）
印度在 1953—1954 年间接收了 104 架法国产"飓风"喷气式战斗机，并使用印度语"Toofani"（意思仍是"飓风"）为其重新命名。实战证明，印度空军的"吸血鬼"战斗机不敌巴基斯坦空军的 F-86"佩刀"战斗机。因此，第二次印巴战争爆发初期，"吸血鬼"和"飓风"战机已不再执行前线作战任务。

规格

机组成员：1 人
动力设备：1 台罗尔斯 - 罗伊斯"尼恩"（Nene）104B 涡轮喷气发动机（推力为 22.2 千牛）
最高速度：940 千米 / 时
航程：920 千米
实用升限：13000 米
尺寸：翼展 13.16 米；机长 10.73 米；机高 4.14 米
重量：7404 千克
武器：4 门 20 毫米西斯帕诺 - 佐加 HS.404 机炮；可携带火箭弹；最大有效载荷为 2270 千克

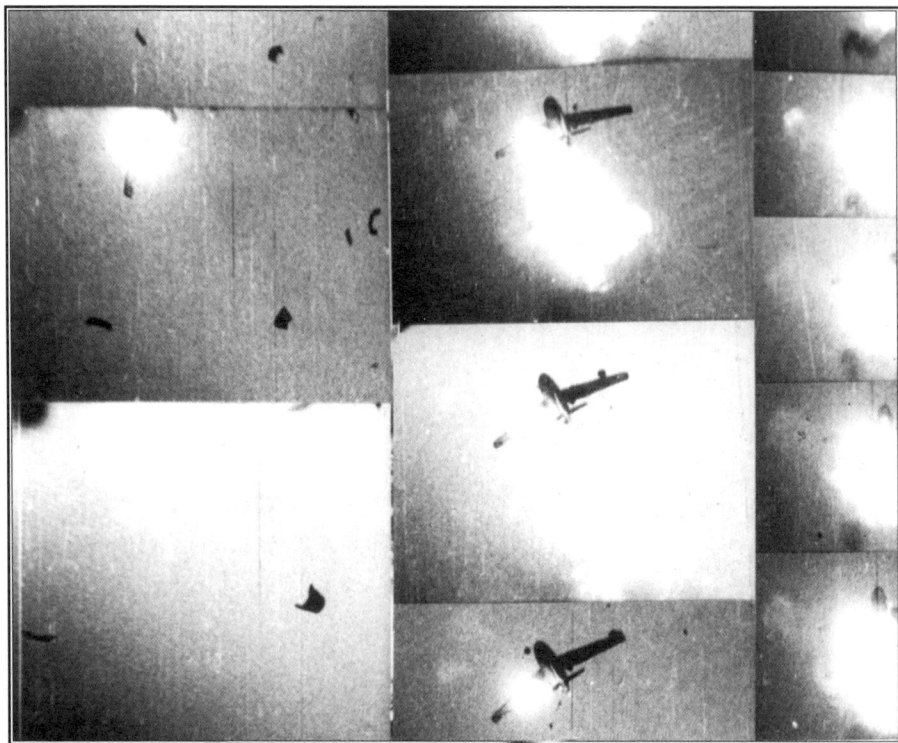

F-86"佩刀"

由枪炮相机拍摄的，巴基斯坦空军的一架 F-86"佩刀"战斗机被印度战斗机击落前的影像。在第二次印巴战争期间，F-86"佩刀"战斗机是巴基斯坦空军的主力机型。为准备发起第三次印巴战争，巴基斯坦及时补充了更多的"佩刀"Mk 6 战斗机（这批战机原属德国空军）。

在地面战斗方面，印度军队发起反击，逼退了边境线上部分地区的巴基斯坦军队。此后，交战双方陷入了僵局，并于 9 月 23 日宣告停火。

两败俱伤

第二次印巴战争结束后，印度与巴基斯坦签订了和约，同意将克什米尔地区的边境恢复至战前状态。在这场战争中，巴基斯坦虽然在战机数量上处于劣势，但却凭借战术和飞行员的技术取得了空中优势，以损失 25 架战机的代价击落了 60 架印度战机。不过，巴基斯坦空军也在前线失去了 70% 的战斗力。更糟糕的是，此战导致美国拒绝向巴基斯坦提供军事援助。

费尔柴尔德（Fairchild）C—119G "飞行车厢"（Flying Boxcar）
印度空军

印度空军有三个飞行中队装备了 C—119G 运输机。该机型在加装了一台涡轮喷气发动机后，性能得到了提升，可在 "高温高海拔" 的环境下作战。在第二次印巴战争期间，印度空军保留了两个装备 C—119G 运输机的作战单位，即第 12 中队和第 19 中队。

规格

机组成员：6—8 人
动力设备：2 台赖特 R-3350-85 活塞发动机（单台功率为 2610 千瓦）；1 台布里斯托尔·奥菲斯涡轮喷气推力发动机（推力为 22 千牛）
最高速度：470 千米 / 时
航程：3669 千米
实用升限：7300 米
尺寸：翼展 33.3 米；机长 26.37 米；机高 8 米
重量：33747 千克
武器：无

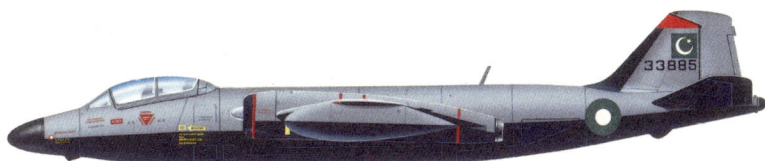

马丁公司（Martin）B—57B
巴基斯坦空军，第 7 中队

在第二次印巴战争期间，印度空军装备的是英国 "堪培拉" 轰炸机，而巴基斯坦空军装备的则是 B—57B 轰炸机——即获得了英国电气公司的生产授权的美国制 "堪培拉" 轰炸机。在这次战争中，B—57B 轰炸机 [基地设在毛利布尔（Mauripur）、里萨拉布尔（Risalspur）和萨戈达（Sargodha）] 多次被巴基斯坦空军用来袭击印度机场。

规格

机组成员：2 人
动力设备：2 台赖特 J65-W-5 涡轮喷气发动机（单台推力为 32.1 千牛）
最高速度：960 千米 / 时
航程：4380 千米
实用升限：13745 米
尺寸：翼展 19.5 米；机长 20 米；机高 4.52 米
重量：18300 千克
武器：4 门 20 毫米 M39 机炮；内置弹舱的载弹量为 2000 千克；4 个外挂点共可挂载 1300 千克重弹药（包括非制导火箭弹）

第三次印巴战争，1971 年

被印度隔开的东巴基斯坦与西巴基斯坦地区，相距 1600 千米。1971 年，印度和巴基斯坦围绕"多数居民为孟加拉族的东巴基斯坦"重启战端。

在东巴基斯坦，民族解放军（Mukti Bahani）发动起义，主张孟加拉脱离西巴基斯坦的统治，此举得到了印度军队的大力支持，同时也拥有广泛的民众基础。

第二次印巴战争于 1971 年爆发。因为交战地点远离巴基斯坦空军的西部主基地，所以严重限制了巴基斯坦空军的发挥。反观印度方面，该国早已为战争做好了充分的准备，其位于东西巴基斯坦边境沿线上的各个机场早已戒备森严，形成了两道严密的防线。与此同时，印度空军还制定了"两步作战计划"：第一步，袭击巴基斯坦的机场；第二步，对巴基斯坦的前线阵地与通信实施封锁。

11 月 3 日，巴基斯坦空军进入西部领空，印度截击机紧急升空拦截。11 月 23 日，双方爆发第一次激战，四架巴基斯坦空军的"佩刀"战斗机在执行低空扫射任务时与位于加尔各答（Calcutta）东北方向的四架"蚊蚋"（Gnat）战斗机交战。印度方面宣称，共有三架"佩刀"战斗机被击落。

加拿大飞机公司（Canadair）"佩刀" Mk 6

1971 年，巴基斯坦空军 [位于拉菲克空军基地（Rafiqui）]

继第二次印巴战争后，巴基斯坦的"佩刀"机队一如既往地在第三次印巴战争中发挥了重要作用。不过，由于在战机数量上处于劣势，所以巴基斯坦空军在空战中惨遭印度空军"猎人"和"蚊蚋"战斗机的围攻。不仅如此，还有一部分巴基斯坦战机尚未起飞便被印度的"堪培拉"轰炸机、米格 -21 战斗机和苏 -7 战斗轰炸机摧毁。

规格

机组成员：1 人

动力设备：1 台阿芙罗 - 奥伦达（Avro Orenda）马克 14 发动机（推力为 32.35 千牛）

最高速度：975 千米 / 时

航程：无详细数据

实用升限：15450 米

尺寸：翼展 11.58 米；机长 11.58 米；机高 4.57 米

重量：6628 千克

武器：6 挺 12.7 毫米 M2 勃朗宁机枪；2 枚 AIM-9 "响尾蛇"导弹；最大有效载荷为 2400 千克

为了支援民族解放军，印度开始向东孟加拉发起袭击。巴基斯坦对此做出谴责，并发起了全面进攻。为了防止印度飞机攻击北部的巴基斯坦部队，巴基斯坦空军抢先袭击了东孟加拉西侧的印度空军前哨基地与雷达站，但收效甚微。在此之后，巴基斯坦空军又发起了多轮进攻，甚至出动了 B-57 轰炸机夜袭印度机场等军事目标。

两线作战

12 月 4 日 ①，巴基斯坦正式向印度宣战。印度空军集中优势兵力，出动"堪培拉"轰炸机与苏 -7 战斗轰炸机在东西两线同时发起进攻。面对兵力占优势的敌人，陷入两线作战困境的巴基斯坦，被迫采取守势。印度空军在东巴基斯坦战场上出动了 10 支飞行中队，而驻孟加拉湾的"维克兰特"（INS Vikrant）号航母也派"海鹰"舰载战斗机和"贸易风"（Alizé）舰载螺旋桨反潜巡逻机参与了战斗。

从 12 月 4 日起，印度空军开始使用"猎人"、米格 -21 和苏 -7 战机打击位于代杰冈（Tezgaon）和库米托拉（Kurmitola）两地的巴基斯坦空军基地。虽然在数量上不及印度，但是巴基斯坦的"佩刀"战机（部分战机装备了导弹）仍进行了顽强抵抗。

12 月 6 日，印度袭击泰贾贡和库米托拉，并摧毁了位于这两地的巴基斯坦空军基地。相比之下，巴基斯坦仅向位于西线的帕坦科特（Pathankot）的印度主机场发起了五次袭击，但未能彻底摧毁目标，该机场能仍能维持运转。

接下来，印度和巴基斯坦空军的主要作战目标就是摧毁敌方的机场、雷达设施，并为地面部队提供近距离支援。为此，巴基斯坦空军出动了 C-130 运输机和 B-57B 轰炸机，印度空军出动"堪培拉"轰炸机与安 -12 运输机（主要执行暗夜突袭任务）。在此期间，印度空军的"风神"（Marut）喷气式战斗轰炸机首次亮相，并袭击了巴基斯坦的装甲部队。虽然巴基斯坦负责执行空中战斗巡逻任务的战机（装备了"响尾蛇"导弹），击落了多架印度的米格 -21 战斗机和苏 -7 战斗轰炸机，但是巴基斯坦失去了空中优势。

---

① 译者注：原文如此。经查证，巴基斯坦向印度宣战的时间为 12 月 3 日。

沈阳飞机制造公司（Shenyang）歼—6

1971 年，巴基斯坦空军，第 11 中队 [位于萨戈达（Sargodha）]

在等待美国交付新战机期间，巴基斯坦重新装备了由沈阳飞机制造公司生产的歼—6 战斗机。1965 年，首批歼—6 战斗机抵达了巴基斯坦（沈阳飞机制造公司共向巴基斯坦交付了 135 架歼—6 战斗机）。据说，图中这架战机是巴基斯坦在 1966 年接收的首批歼—6 战斗机之一。

规格

机组成员：1 人

动力设备：2 台沈阳 WP-6 涡轮喷气发动机（单台推力为 31.9 千牛）

最高速度：1540 千米 / 时

航程：1390 千米

实用升限：17900 米

尺寸：翼展 9.2 米；机长 14.9 米；机高 3.88 米

重量：10000 千克

武器：3 门 30 毫米 NR-30 机炮；4 个外挂点的最大有效载荷为 500 千克（可挂载空对空导弹、250 千克重的炸弹、55 毫米火箭弹发射巢、212 毫米航空火箭弹或副油箱）

达索飞机制造公司（Dassault）"幻影"Ⅲ EP

1971 年，巴基斯坦空军，第 5 中队 [位于萨戈达（Sargodha）]

1971 年，巴基斯坦空军列装了法国的"幻影"Ⅲ EP 战机。随后，一支独立中队在 1969 年 6 月正式形成了战斗力。巴基斯坦空军不仅列装了可挂载导弹的"幻影"Ⅲ EP 截击型，还列装了"幻影"Ⅲ EP 侦察型。

规格

机组成员：1 人

动力设备：1 台斯涅克玛"阿塔"9C 涡轮喷气发动机（推力为 60.8 千牛）

最高速度：1390 千米 / 时

航程：1200 千米

实用升限：17000 米

尺寸：翼展 8.22 米；机长 16.5 米；机高 4.5 米

重量：13500 千克

武器：2 门 30 毫米"德发"552A 机炮（每门机炮备弹 125 发）；3 个外挂架的最大有效载荷为 3000 千克

米高扬－格林维奇设计局（Mikoyan—Gurevich）米格－21PF
1971 年，印度空军，第 1 中队 [位于阿达姆普尔（Adampur）]

印度主要通过两种方式来获取米格－21 系列战斗机：第一，采用出口交付的形式从苏联购买；第二，在获得生产授权后，由印度斯坦航空有限公司（HAL）进行生产。图中这架米格－21PF 战斗机，采用了"为应对第三次印巴战争而仓促设计"的涂装方案，并装备了 GSh－23 机身炮组与 R－13 空对空导弹。

规格

机组成员：1 人
动力设备：1 台图曼斯基推力加力涡轮喷气发动机（推力为 60.8 千牛 ）
最高速度：2050 千米 / 时
航程：1800 千米
实用升限：17000 米
尺寸：翼展 7.15 米；机长 15.76 米（含空速管的长度）；机高 4.1 米
重量：9400 千克
武器：1 门 23 毫米机炮；最大有效载荷为 1500 千克，可搭载空对空导弹、火箭弹发射巢、凝固汽油弹或副油箱等武器装备

英国电气公司（English Electric）"堪培拉" B.Mk 66
1971 年，印度空军，第 5 中队 [位于阿格拉（Agra）]

第二次印巴战争期间，印度曾出动过"堪培拉" B（I）.Mk 58[在"堪培拉" B（I）MK 8 的基础上改进而成的截击机型，可携带炸弹] 战机。第三次印巴战争期间，印度则出动了"堪培拉" B.Mk 66 战机。第三次印巴战争期间，"堪培拉" B.Mk 66 战机曾同时在东线与西线作战，而"堪培拉" PR.Mk 57 战机也在战争中执行过侦察任务。

规格

机组成员：3 人
动力设备：2 台埃汶 R.A.7 Mk.109 涡轮喷气推力发动机，单台功率：33.23 千牛
最高速度：933 千米 / 时
航程：5440 千米
实用升限：15000 米
尺寸：翼展 19.51 米；机长 19.96 米；机高 4.77 米
重量：24948 千克
武器：4 门 20 毫米机炮；2 个火箭弹发射巢或 2772 千克炸弹

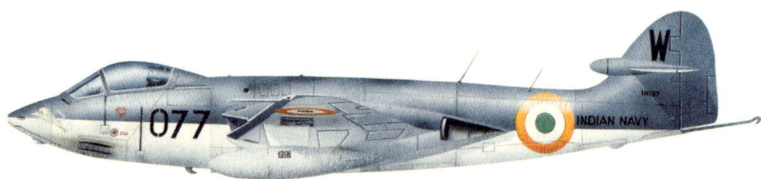

霍克公司（Hawker）"海鹰" FGA.Mk 6
1971年，印度海军，第300中队 [位于"维克兰特"号航母上]

第三次印巴战争期间，印度海军的"海鹰" FGA.Mk 6战斗轰炸机曾从"维克兰特"号航母上起飞作战。该机型从1971年12月4日开始参与战争，据称其击沉了7艘军舰与1艘潜艇。此外，巴基斯坦沿岸的机场等设施也遭到过"海鹰" FGA.Mk 6战斗轰炸机的袭击。

规格

机组成员：1人
动力设备：1台罗尔斯 - 罗伊斯 "尼恩" 103涡轮喷气发动机（功率为24千瓦）
最高速度：969千米/时
航程：370千米
实用升限：13565米
尺寸：翼展11.89米；机长12.09米；机高2.64米
重量：7348千克
武器：4门20毫米西斯帕诺机炮；此外，该机型还有三种挂载方案：第一种是挂载4枚227千克重的炸弹，第二种是挂载2枚227千克重的炸弹和20枚76.2毫米航空火箭弹，第三种是挂载2枚227千克重的炸弹和16枚127毫米航空火箭弹

12月7日，印度派米 -4和米 -8直升机，在"云雀"直升机的护航下运送步兵。12月10日，印度继续派直升机将步兵运送至梅克纳河西岸。12月11日，位于达卡（Dacca）附近的印度部队搭乘安 -12与C-119G运输机发起了空降突袭。在接下来的数天时间内，印度空军持续发起进攻，并袭击了巴基斯坦的前哨基地。至此，印度空军的主要作战任务已转为切断巴基斯坦的通信线路，以及为陆军提供近距离支援。

经过14天的战斗，印度空军在实力上全面超越巴基斯坦空军。最终，印度最终战胜了巴基斯坦。东巴基斯坦从巴基斯坦独立，并更名为"孟加拉国"。

阿富汗战争，1979—1989年

在这场战争中，苏联为夺取区域霸权，曾出动空中力量打击行踪神秘莫测的游击队。

1979 年 12 月，苏联入侵阿富汗。苏联发起这场军事行动的主要目的有两个：一是"斩首"阿富汗的总统哈菲佐拉·阿明；二是扶植新的亲苏政权。在此之前，苏联已向阿富汗派驻了 1000 余名军事顾问。在这些顾问的策应下，苏联顺利达成了第一个目标。不过，苏联终究未能征服整个阿富汗，反而激起了当地人的反抗……

苏联军队最终于 1989 年 1 月撤离阿富汗。在此之前，苏联军队一直深陷游击战的泥潭，不得不尝试使用空中力量来进行反游击作战。

游击战术

在部分情形下，苏联的空中火力支援十分有效。不过，在应对躲藏于山区中的游击队时，苏联的空中力量便失去了优势。与此同时，苏联陆军还常遭到敌人的伏击与袭扰。为了重新掌控战场的主动权，苏联空军不仅会在必要时为地面部队提供直接空中支援，还长期出动图 -16、图 -22 和图 T-22M 轰炸机来投掷自由落体炸弹，试图以此瓦解阿富汗人的意志。

苏联空军的米格 -27、苏 -17M、苏 -24 和苏 -25 战机，均在打击敌军阵地的过程中为苏联陆军提供过近距离支援。此外，苏联还曾派大量直升机来运送部队，并使用武装直升机（如米 -24 和米 -8 重装型）提供火力支援。除不断增加部署战机外，苏联的地面驻军数量也从 1979 年 12 月的 6000 人增长至 20 世纪 80 年代的 130000 余人。此外，苏联运输航空兵的安 -12、安 -22 与伊尔 -76 运输机也在战争期间承担了后勤保障任务。不过，随着阿富汗游击队获得的由美国中央情报局提供的防空火炮与单兵便携式地对空导弹的数量的增加，苏军运输机面临的威胁与日俱增。

除苏联空军外，还有少量阿富汗空军也作为苏联的盟军参与了战斗。当时，阿富汗空军的装备与苏联空军类似，如米格 -17 和米格 -21 战机、米 -8 和米 -24 直升机。

为了克服酷寒天气带来的不利影响，苏联方面通常会在初春向游击队发起多轮攻势。苏联方面称，其"从 1980 年的第一场初春攻势开始，到 1980 年年末，已将米 -24 直升机的数量扩充至最初的四倍（达到了 240 架），并新建了 6 座机场"。

苏联的进攻，以直升机机炮打击与直升机机降突击为主。1981 年春，苏联开始革新空战战术，并引入了专用的对地攻击机苏 -25。与此同时，苏联的战术喷气式战机也开始大量使用精确制导武器。在这一时期，温压弹也颇受苏联人的青睐——被用于摧毁洞穴掩体工事与建筑群。

苏霍伊设计局（Sukhoi）苏－25
苏联前线航空兵

苏－25 对地攻击机在阿富汗战争中首次登场，一经亮相便引起了西方分析师的注意。作为二战时期的伊尔－2"斯图莫维克"战机的继任者，苏－25 对地攻击机拥有较强的战场生存能力。苏联方面有时会让苏－25 对地攻击机和米－24 直升机共同执行任务。

规格

机组成员：1 人
动力设备：2 台图曼斯基 R-195 涡轮喷气发动机（单台推力为 44.1 千牛）
最高速度：975 千米 / 时
航程：750 千米
实用升限：7000 米
尺寸：翼展 14.36 米；机长 15.53 米；机高 4.8 米
重量：17600 千克
武器：1 门 30 毫米 GSh-30-2 机炮（备弹 250 发）；8 个外挂架（最大载弹量为 4400 千克），可挂载空对空导弹、空对地导弹、反辐射导弹、反坦克导弹、制导炸弹和集束炸弹

安－22
苏联运输航空兵

在入侵阿富汗期间，安－22 是苏联性能最强的战略运输机，曾飞入过喀布尔（Kabul）和信丹德（Shindand）境内。1979 年 12 月 24 日至 26 日，苏联出动约 300 架次安－22 运输机，将由 6000 名士兵组成的苏联先头部队运抵阿富汗。

规格

机组成员：5—6 人
动力设备：4 台库兹涅佐夫 NK-12MA 涡轮螺旋桨发动机（单台功率为 11030 千瓦）
最高速度：740 千米 / 时
航程：5000 千米
实用升限：8000 米
尺寸：翼展 64.4 米；机长 57.9 米；机高 12.53 米
重量：250000 千克
武器：有效载荷为 80000 千克

继1983年的围攻霍斯特（Khost）行动和1984年年初的联合进攻尼吉拉（Najrab）行动后，苏联又于1984年春发起了对潘杰希尔山谷（Panjshir valley）的轰炸行动。在接下来的四年时间里，阿富汗游击队与苏联军队进行了漫长的消耗战。从1988年开始，苏联逐步从阿富汗撤军。冷战结束时，苏联军队已完全撤离阿富汗，撇下阿富汗政府军同游击队继续交战。至此，阿富汗的战事陷入了僵局。

第八章

远东

冷战期间，各国在地区冲突和民族解放运动中频繁出动空中力量。在朝鲜半岛，美国空军涉足朝鲜战争；在东南亚地区，法国殖民者撤出越南，致使该地陷入乱局，而美国空军也随之深陷越南战争的泥潭；在马来亚（Malaya）与婆罗洲（Borneo）两地，英国为了处置殖民时代的历史遗留问题，同样动用了空中力量。

共和飞机公司（Republic）F—105 "雷公"（Thunderchief）
道格拉斯公司（Douglas）B—66 "毁灭者"（Destroyer）

一架 B—66 "毁灭者" 领航机正在使用先进的电子导航与攻击装置引导四架美国空军的 F—105 "雷公" 战斗轰炸机。这张照片反映了 "越南战争" 的一大特点：美国为了打击行踪诡秘的敌人，不断升级包括战机在内的各式武器。

朝鲜战争，1950—1953 年

1945 年，朝鲜半岛以北纬 38° 线为界发生分裂。1950 年，朝鲜战争爆发。

　　1950 年 6 月 25 日，"联合国军"进入朝鲜，驻守日本、菲律宾与冲绳（Okinawa）的美国远东空军司令部（Far East Air Force）也派遣三支 F-82 战斗机中队与三支 F-80C 战斗机联队参与此次军事行动。战争之初，韩国空军并未装备任何战斗机，所以当朝鲜军队抵近韩国首都首尔时，美国空军派 F-82 与 F-80 战机掩护撤离。6 月 27 日，美国空军首次与朝鲜空军的雅克 -9 和伊尔 -10 战机交火。

　　麦克阿瑟将军（General Douglas MacArthur）在出任"联合国军"总司令后，开始推行更为强硬的军事策略——在将 F-80 战斗机作为空战主力的同时，还让美国空军、澳大利亚空军和南非空军出动 F-51 战机提供支援，为"联合国军"赢得了制空权。从 7 月开始，朝鲜空军在长达数月的时间内只能被迫在有限的空域内活动。

　　朝鲜战争爆发后，美国驻远东空军的轰炸机部队也在关岛部署了一支 B-29 独立联队和两支 B-26 中队。在战争初期，B-29 轰炸机与 B-26 轰炸机奉命轰炸朝鲜北部机场，将大批朝鲜战机直接摧毁在地面上。此时的朝鲜空军的反击能力有限，几乎是只能任由美国空军的轰炸机袭击朝鲜的工业设施。

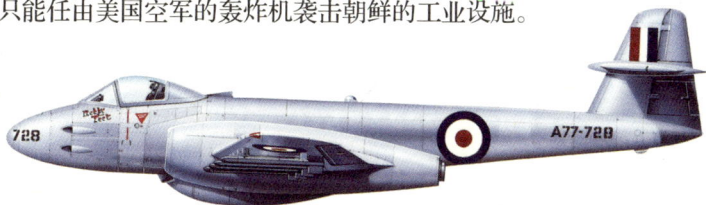

格罗斯特公司（Gloster）"流星"（Meteor）F.Mk 8
1951—1953 年，澳大利亚皇家空军，第 77 中队［位于 K14（金浦）空军基地］
澳大利亚皇家空军援助"联合国军"的分遣队驻扎在 K14 空军基地，该分遣队列装的是英国产"流星"F.Mk 8 战机。当米格 -15 战机出现在朝鲜战场上后，"流星"F.Mk 8 战机因性能不及前者，不再执行制空作战与为 B-29 护航的任务，改为负责进行对地攻击。"转型"之后，"流星"F.Mk 8 战机共计出动了 15000 余架次。

规格

机组成员：1 人
动力设备：2 台罗尔斯 - 罗伊斯"德温特"8 涡轮喷气发动机（单台推力为 16.0 千牛）
最高速度：962 千米 / 时
航程：1580 千米
实用升限：13106 米
尺寸：翼展 11.32 米；机长 13.58 米；机高 3.96 米
重量：8664 千克
武器：4 门 20 毫米西斯帕诺机炮；经过改装的 F.8 外贸版机型，可携带 2 枚普通炸弹或 8 枚火箭弹

米高扬 — 格林维奇设计局（Mikoyan—Gurevich）米格 —15

中国人民志愿军空军

1950 年 11 月，美国空军在朝鲜战场上首次遭遇米格 —15 战机。这批由中国飞行员驾驶的米格 —15 战机，当时正准备飞越鸭绿江。米格 —15 战机参战后，很快就表现出强大的战斗力，在性能方面碾压了美国空军的 F—80 战机。于是，美国匆忙将 F—86A 战机派往朝鲜。11 月 11 日，第 4 战斗机联队（4th FIW）抵达朝鲜战场。

规格

机组成员：1 人

动力设备：1 台克里莫夫 VK-1 涡轮喷气发动机（推力为 26.3 千牛）

最高速度：1100 千米 / 时

航程：1424 千米

实用升限：15545 米

尺寸：翼展 10.08 米；机长 11.05 米；机高 3.4 米

重量：5700 千克

武器：1 门 37 毫米 N-37 机炮；2 门 23 毫米 NS-23 机炮；翼下挂架的最大有效载荷为 500 千克

朝鲜战场上的近距离支援

为了支援地面作战，"联合国军"开始派战斗轰炸机袭击桥梁等基础设施，并袭扰行军队伍与装甲车队，试图以此迟滞朝鲜部队的攻势。"联合国军"虽然凭借空中优势发动了全天候的空袭，但依旧难以阻挡朝鲜军队的进攻势头。1950 年 9 月，"联合国军"已被逼退至朝鲜半岛最南端的"釜山（Pusan）包围圈"内。

朝鲜地面部队推进迅速，但是战线却因此被拉得过长。9 月 15 日，"联合国军"在空中优势火力的掩护下，在朝鲜海岸线中部的仁川发起两栖登陆作战。与此同时，釜山守军也配合登陆部队发起了反击。除地面攻势外，"联合国军"的战机也在持续打击朝鲜地面部队。不仅如此，美国海军与英国皇家海军的 F4U-4B、AD-4、F9F-2、"海喷火"和"萤火虫"舰载战斗机也从航母上起飞作战，为仁川登陆提供空中支援。而且，这些战机还在滩头阵地得到了 OY-1 引导机、F7F-3N 夜间战斗机和 HO3S-1 直升机的辅助支援。

米高扬－格林维奇设计局（Mikoyan－Gurevich）米格－15
朝鲜空军

在朝鲜战场上，驾驶米格－15战斗机的可能是苏联飞行员、中国飞行员或朝鲜飞行员。图中这架编号为"2057"的米格－15战斗机，就是由朝鲜飞行员驾驶的。为防范美国第五航空军（Fifth Air Force）袭击朝鲜机场，中国与朝鲜的军队都将飞机全部部署在位于鸭绿江以北的机场里。

规格

机组成员：1人
动力设备：1台克里莫夫VK-1涡轮喷气发动机（推力为26.3千牛）
最高速度：1100千米/时
航程：1424千米
实用升限：15545米
尺寸：翼展10.08米；机长11.05米；机高3.4米
重量：5700千克
武器：1门37毫米N-37机炮；2门23毫米NS-23机炮；翼下挂架的最大有效载荷为500千克

洛克希德公司（Lockheed）F－94B"星火"
1952—1953年，美国空军，第319战斗截击机中队 [位于K13（水原）空军基地]

"联合国军"的首批F－94B"星火"全天候战斗机于1951年3月抵达朝鲜。不过，美国因为担心E－1火控雷达落入敌手，所以最初并未大规模使用该机型。鉴于B－29轰炸机被击毁的数量越来越多，美国空军终于决定使用双座版F－94B"星火"战斗机为轰炸机护航。

规格

机组成员：2人
动力设备：1台阿里森J33-A-33涡轮喷气发动机（推力为26.7千牛）
最高速度：933千米/时
航程：1850千米
实用升限：14630米
尺寸：翼展11.85米（不含翼尖油箱）；机长12.2米；机高3.89米
重量：7125千克
武器：4挺12.7毫米机枪

北美航空公司（North American）F—86F"佩刀"

1952—1953 年，南非空军，第 2 中队［位于 K55（巫山）空军基地］

除美国空军外，南非空军也列装了 F—86F"佩刀"战机。朝鲜战争期间，南非空军用部署在 K55［巫山（Osan）］空军基地的 F—86F"佩刀"战机替换了原有的 F—51D 战机。南非空军第 2 中队（该中队受美国空军第 18 战斗轰炸机大队指挥）的喷气式战斗机主要负责执行战斗轰炸任务。

规格

机组成员：1 人

动力设备：1 台阿芙罗 - 奥伦达马克 14 推力涡轮喷气发动机（推力为 32.36 千牛）

最高速度：965 千米 / 时

航程：530 千米

实用升限：14600 米

尺寸：翼展 11.58 米；机长 11.4 米；机高 4.4 米

重量：6628 千克

武器：6 挺 12.7 毫米机枪

中国出兵朝鲜

通过仁川登陆这步险棋，"联合国军"夺回了位于金浦（Kimpo）的重要机场。到了 9 月底，朝鲜军队已被逼退回位于"三八线"以北的阵地。在此危急情形下，中国决定出兵朝鲜。与此同时，麦克阿瑟公布了他的作战目标——占领整个朝鲜半岛，而非按照联合国最初的意愿将朝韩边界恢复至 1945 年时的状态。为了实现此目标，以美国为首的"联合国军"大举向朝鲜北部进军，并于 10 月 19 日占领了朝鲜首都平壤。

11 月 1 日，"联合国军"的战机首次在空中与米格 -15 战斗机相遇。这些由苏联提供的、性能远超当时"联合国军"的任何战机的后掠翼战斗机从鸭绿江北岸的基地起飞作战，在空战中无人能敌。此时，美国空军部署在朝鲜战场上的战斗机作战单位仅有三支 F-51 活塞战斗机联队和两支 F-80 喷气式战斗机中队。值得一提的是，澳大利亚皇家空军（RAAF）的一支独立分队（列装了 F-51 战机）

也参与了战斗——该独立分队接受美国空军第35战斗轰炸机大队的指挥。

在米格–15战斗机提供的空中掩护下，中国人民志愿军进入朝鲜作战。对此，"联合国军"加强了近距离支援，出动美国第77特遣舰队（Task Force 77）和英国皇家海军"忒休斯"（Theseus）号航母上的舰载机，在鸭绿江口配合陆基战斗轰炸机作战。考虑到出动B–29轰炸机阻断中国部队进攻存在较大风险，"联合国军"选择了出动舰载战斗轰炸机炸毁鸭绿江上的桥梁的方案。

11月8日，史上首次喷气式战机之间对决在鸭绿江上空展开，交战双方驾驶的战机为F–80C和米格–15。在此后数天的时间内，米格–15战机持续重创了B–29轰炸机。11月底，随着中国人民志愿军进入朝鲜境内，朝鲜战争交战方在参战人数方面达成了均势。而在制空权方面，米格–15战机的加入，也让空中战场的形势发生了逆转。

11月26日，中国人民志愿军与朝鲜部队联合发动突然袭击，试图切断"联合国军"过长的补给线。猝不及防的"联合国军"被迫从朝鲜北部撤退，用运输机与船只转移部队。

洛克希德公司（Lockheed）F－80C"流星"

1951年，美国空军，第8战斗轰炸机大队，第36战斗轰炸机中队（位于K13（水原）空军基地）
朝鲜战争爆发之初，F–80系列战机一度成为美国空军在朝作战的中坚力量。不过，随着米格–15战机亮相朝鲜战场，在空中战中失去了优势的F–80战机，开始改为执行战斗轰炸任务。图中这架F－80C–5战机隶属第8战斗轰炸机大队下辖的第36战斗轰炸机中队——此中队驻扎在K13空军基地。

规格

机组成员：1人
动力设备：1台阿里森J33–A–35涡轮喷气发动机（推力为24千牛）
最高速度：966千米／时
航程：1930千米
实用升限：14000米
尺寸：翼展11.81米；机长10.49米；机高3.43米
重量：5738千克
武器：6挺12.7毫米M2勃朗宁机枪；2枚454千克重的炸弹；8枚非制导火箭弹

共和飞机公司（Republic）F—84E "雷电喷气"

1951 年，美国空军，第 49 战斗轰炸机大队，第 9 战斗轰炸机中队 [K2（大邱）空军基地]

1951 年年底，装备了 F—84E 战斗轰炸机的第 49 战斗轰炸机大队被部署至 K2 空军基地。图中这架 F—84E 的座舱罩下方涂有一个醒目的标识。注意，这架造型独特的喷气式飞机的机翼下方挂有一枚炸弹。

规格

机组成员：1 人

动力设备：1 台阿里森 J35-A-17 涡轮喷气发动机（推力为 21.8 千牛）

最高速度：986 千米 / 时

航程：2390 千米

实用升限：13180 米

尺寸：翼展 11.1 米；机长 11.41 米；机高 3.91 米

重量：10185 千克

武器：6 挺 12.7 毫米机枪；2 枚 454 千克重的炸弹或 8 枚 69.85 毫米航空火箭弹

伊留申设计局（Ilyushin）伊尔 —10

朝鲜空军

1950 年 6 月朝鲜战争爆发之初，朝鲜空军估计有 70 架单座活塞战斗机（雅克 —9、拉 —7 和拉 —11）和 65 架攻击机（伊尔 —2 和伊尔 —10）。1950 年 6 月 27 日，战斗一开始美国战斗机便击落了多个型号的朝鲜战机，其中便包括伊尔 —10。

规格

机组成员：2 人

动力设备：1 台米库林（Mikulin）AM-42 型 V-12 液冷发动机（功率为 1320 千瓦）

最高速度：550 千米 / 时

航程：800 千米

实用升限：4000 米

尺寸：翼展 13.40 米；机长 11.12 米；机高 4.1 米

重量：6345 千克

武器：两翼各有 2 门诺德尔曼 - 苏阿诺夫（Nudelman-Suranov）型 23 毫米机炮；BU-9 后机炮手位装有 1 挺 12.7 毫米别列津机枪；可携带 600 千克重的炸弹

雅克福列夫设计局（Yakovlev）雅克 －18
朝鲜空军

雅克 －18 原本是教练机，在朝鲜战争期间，该机型被朝鲜空军用来与波 －2 多用途双翼飞机一起在夜间袭扰"联合国军"机场。
这两种令"联合国军"士兵在夜间坐卧不安的飞机，被他们戏称为"夜间查铺的查理"。

规格

机组成员：2 人
动力设备：1 台伊夫琴科（Ivchenko）Al-14RF 星形活塞发动机（功率为 224 千瓦）
最高速度：300 千米 / 时
航程：700 千米
实用升限：5060 米
尺寸：翼展 10.6 米；机长 8.35 米；机高 3.35 米
重量：无详细数据。最大起飞重量为 1320 千克
武器：无

1951 年 1 月底，双方在"三八线"以北重新形成对峙局面。此时，"联合国军"已补充部署了更多的航母，并装备了 F-86A 战斗机。作为对标米格 -15 战斗机的机型，F-86A 战斗机已于 1950 年 12 月在驻守金浦的第 4 战斗截击机大队中列装。同一时期内，美国空军开始部署 F-84E 战斗轰炸机，而澳大利亚皇家空军飞行分队则重新列装了"流星"战斗机。很快，难以胜任空战任务的"流星"战斗机转为执行对地攻击任务。相比之下，F-84E 战机不仅擅长对地攻击，还能够担负空中遮断、武装侦察和近距离支援等各类任务。

12 月 11 日，米格 -15 战斗机与 F-86A 战斗机爆发了首次冲突，并在此后的数次战斗中围绕制空权展开了激战。而作为双方争夺焦点的鸭绿江上空，也被称为"米格走廊"（MiG Alley）。

面对中朝军队的步步紧逼，F-86A 战斗机暂时退出了战斗，从金浦撤离至日本境内的约翰逊空军基地（Johnson AFB）。此时，"联合国军"的空战任务，主要由航母舰载机执行，而 F4U 等战机则主要负责提供近距离支援。在上一阶段的战斗中，

中朝军队的战机已掌握了一定的制空权。在此基础上，中朝军队着手改建位于朝鲜境内的机场，并为更多的作战单位列装了米格 -15 战斗机，试图进一步扩大制空权。在这一时期，美国空军出动 RB-26C 战机执行空中侦察任务——最初从日本境内起飞作战，后改为从韩国境内的大邱（Taegu）与金浦起飞。

朝鲜战争期间，美国空军在朝鲜半岛附近部署的战斗机		
机型	所属作战单位	基地
F-82G	第 4（全天候）战斗机联队 [4th F（AW）S]	那霸（Naha）
F-82G、F-94B	第 68（全天候）战斗机联队	板付（Itazuke）、K13（支队）
F-82G	第 339（全天候）战斗机联队	恒田（Yokota）
F-51D、F-80C	第 8 战斗轰炸机联队（8th FBW）	板付
F-51D	第 35 战斗截击机大队（35th FIG）	强森空军基地（Johnson AB）、K2
F-51D、F-80C	第 35 战斗截击机大队	强森空军基地（Johnson AB）、K1、K3、K13
F-86A/E	第 4 战斗截击机大队	K14、日本、K2、K13
F-86E/F	第 51 战斗截击机大队	K13、K14
F-94B	第 319 战斗截击机大队	K13

1950 年，美国空军在朝鲜半岛附近部署的战斗轰炸机		
机型	所属作战单位	基地
F-51D、F-80C	第 8 战斗轰炸机大队（8th FBG）	板付、K2、K13
F-51D、F-80C	第 35 战斗截击机大队	强森空军基地（Johnson AB）、K1、K2、K3
F-80C	第 44 战斗轰炸机中队	克拉克空军基地（Clark AB）
F-51D、F-80C	第 18 战斗轰炸机大队	K2、K24、K10
F-80C	第 49 战斗轰炸机大队	K2、三泽
F-80C	第 51 战斗截击机联队	K14、K13
F-84E/G	第 27 战斗机护航大队	板付、K2

"雷电喷气"攻势

1951 年 1 月，第 27 战斗机护航大队（the 27th Fighter Escort Group）的 F-84E 战机开始执行进攻任务，数次与米格系列战斗机进行空中缠斗并取得了胜利。第 27 战斗机护航大队的基地设在韩国南部的大邱。截至 1951 年 5 月底，该护航大队共执行了约 12000 次战斗任务。此后，第 27 战斗机护航大队重归美国战略空军指挥，取而代之的是同样装备了 F-84E 战机的第 136 战斗轰炸机联队。与此同时，一支"雷电喷气"大队和第 49 战斗轰炸机大队一起被部署至战场——后者装备了

F-80C 战机，在战争爆发之初就已被部署在至朝鲜半岛。

1951 年 3 月，中朝军队开始发动春季攻势。此时的美国空军处于下风：能够参战的空中力量仍然仅有一支 F-86 独立联队，且还有多架 B-29 轰炸机在战斗中被米格系列战斗机击落。于是，美国空军只好将 F-86A 战机重新从日本调回朝鲜战场。由于中朝军队的米格 -15 战斗机主要部署在朝鲜战场以西和以北，因此空战主要集中在鸭绿江上空。不过，还有一部分米格 -15 战斗机被部署在安东①附近，离前线更近。到了 4 月，空战进一步升级，米格 -15 战斗机不仅在战斗中充分展示了其远超 F-84E 的性能，还屡屡击落 "联合国军" 的轰炸机。4 月 12 日，一批米格 -15 战斗机与 B-29 轰炸机相遇（由 F-84E 护航、F-86 提供高空掩护），史上规模最大的空战由此爆发。三支 B-29 联队和两支规模较小的 B-26 联队虽然损失惨重，但仍持续袭扰中朝军队，并在战斗机的护航下执行大部分昼间任务。

道格拉斯公司（*Douglas*）B−26C "入侵者"
B−26 系列轰炸机一直是美国空军在朝鲜战场上的主力轻型轰炸机。除了执行轰炸任务外，该机型还承担了侦察与截击任务。

---

① 译者注：今辽宁丹东。

随着空战的日趋白热化，美国空军为确保己方战机在任何空战中都能保持数量优势，将另一支 F-86 中队向前调动至水原（Suwon）并调整了战术。美国空军的 F-86 系列战机很快便证明了自身的价值——截至 5 月底，共出动 3500 余架次，击毁 22 架米格系列战斗机。

在 1951 年的春季地面攻势受阻后，中朝军队同"联合国军"展开谈判。与此同时，双方均在努力夺取制空权，并于当年 6—7 月在"米格走廊"进行了激烈的空战。直到 1951 年 9 月，F-86 的改进机型——使用全自动水平尾翼（Flying tail）助力的 F-86E 被部署至朝鲜战场。

1951 年 6 月，"联合国军"为切断中朝军队的补给与通信线路，发起了"扼杀行动"（Strangle），出动美国空军的轰炸机、美国海军陆战队的陆基战机和美国海军第 77 特遣舰队的航母舰载机，大规模轰炸公路、桥梁、铁路和隧道。作为反击，中朝军队派米格 -15 战斗机参战。声势浩大的"扼杀行动"一直持续到 9 月，但依然未能切断中朝军队的补给线。究其原因，主要是因为中朝军队大多依靠公路而非铁路来进行补给运输，过多的地面目标让美国战机难以集中打击力量。

朝鲜战争期间，美国空军在朝鲜半岛附近部署的轰炸机		
机型	所属作战单位	基地
B-29A	第 19 轰炸机大队（中型）	冲绳嘉手纳基地
B-29A	第 22 轰炸机大队（中型）	冲绳嘉手纳基地
B-29A	第 92 轰炸机大队（中型）	横田（Yokota）
B-29A	第 98 轰炸机大队（中型）	横田
B-29A	第 307 轰炸机大队（中型）	冲绳嘉手纳基地
B-26B/C	第 3 轰炸机大队（轻型）	岩国（Iwakuni）、K8、K16
B-26B/C	第 452 轰炸机大队（轻型）	美保基地（Miho）、K1
B-26B/C	第 17 轰炸机大队（轻型）	K1

"夜间查铺的查理"（Bedcheck Charlies）

为了对付从水原（Suwon）起飞作战的 F-86 系列战机，中朝军队决定袭击"联合国军"的机场，将战机直接摧毁在地面上。中朝军队从 6 月 17 日开始，派波 -2 多用途双翼飞机（Po-2，美军称其为"夜间查铺的查理"）与雅克 -18 教练机一起夜袭水原机场（采用低空慢速飞行的方式来进行袭扰），令"联合国军"一时间束手无策。与此同时，米格 -15 战斗机再度与 F-86 系列战机在鸭绿江上空爆发了激烈空战。

格鲁曼公司（Grumman）F9F-2 "黑豹"

1951 年，美国海军，第 781 海军战斗机中队 [位于 "好人理查德"（ USS Bonne Homme Richard ）号航母]

1951 年 5 月—11 月，美国海军第 102 舰载机大队下辖的第 781 海军战斗机中队(图中这架 F9F-2 "黑豹" 战机便隶属该中队)在 "好人理查德" 号航母上保持待命状态。F9F-2 "黑豹" 与 F2H "女妖" 战机同为驻扎在朝鲜附近的美国海军主力舰载机，曾多次参与空战。

规格

机组成员：1 人

动力设备：1 台普拉特·惠特尼 J42-P-6/P-8 涡轮喷气发动机（推力为 26.5 千牛)

最高速度：925 千米 / 时

航程：2100 千米

实用升限：13600 米

尺寸：翼展 11.6 米；机长 11.3 米；机高 3.8 米

重量：7462 千克

武器：4 门 20 毫米 M2 机炮；最多可携带 910 千克重的炸弹和 6 枚 127 毫米航空火箭弹

超级马林公司（Supermarine）"海喷火" FR.Mk 47

1950 年，英国皇家海军，第 800 海航中队 [位于 "凯旋"（HMS Triumph）号航母]

作为 "喷火" 与 "海喷火" 系列战机的终极改良版本，"海喷火" FR.Mk 47 战机在朝鲜战争中主要承担对地攻击任务。图中这架 FR.Mk 47 被部署在 "凯旋" 号航母上，后者是英国皇家海军派往朝鲜的首艘航母（于 1950 年 7 月抵达朝鲜战场），搭载了一支列装 "海喷火" FR.Mk 47 战机的航空兵联队和一支列装 "萤火虫" F.Mk 1 战机的海航中队（第 827 海航中队）。

规格

机组成员：1 人

动力设备：1 台罗尔斯 - 罗伊斯 "格里芬" 88 活塞发动机（功率为 1752 千瓦)

最高速度：727 千米 / 时

航程：2374 千米

实用升限：13135 米

尺寸：翼展 11.25 米；机长 10.46 米；机高 3.88 米

重量：4853 千克

武器：4 门 20 毫米西斯帕诺 V 机炮；最多可携带 8 枚 RP-3 火箭弹；最多可携带 3 枚 230 千克重的炸弹

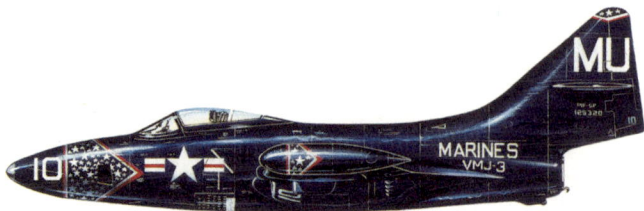

格鲁曼公司（Grumman）F9F—5P "黑豹"

1953 年，美国海军陆战队，美国海军陆战队第 3 航拍中队 [位于伊丹（ITAMI）]

F9F—5P 是 "黑豹" 战机的照相侦察机型。图中这架 F9F—5P 照相侦察机隶属驻日本伊丹的美国海军陆战队第 3 航拍中队（VMJ—3）。美国海军陆战队航拍中队（ Marine Photo—Reconnaissance Squadron ）的缩写为 VMJ。除 F9F—5P 照相侦察机外，美国海军的 F9F—2P 舰载机也频繁在朝鲜上空执行照相侦察任务。

规格

机组成员：1 人

动力设备：1 台普拉特·惠特尼 J48-P-6A 涡轮喷气发动机（推力为 27.7 千牛）

最高速度：972 千米 / 时

航程：2093 千米

实用升限：13045 米

尺寸：翼展 11.6 米；机长 12.1 米；机高 3.7 米

重量：8057 千克

武器：无

格鲁曼公司（Grumman）F7F—3N "虎猫"（Tigercat）

1950—1953 年，美国海军陆战队，第 1 航空联队指挥中队 [HEDRON—1，位于 K3（浦项）空军基地]

F7F—3N "虎猫" 是一款特殊的夜间战斗机。朝鲜战争期间，美国仅在海军陆战队里列装了少量的 F7F—3N "虎猫" 战斗机，且这些战机均被部署在陆上的空军基地里。该机型的机头内部装备了空中截击雷达，两翼挂载了 30 毫米机炮。图中这架战机，隶属驻 K3 空军基地的第 1 航空联队指挥中队。

规格

机组成员：2 人

动力设备：2 台普拉特·惠特尼 R-2800-34W 星形活塞发动机（单台功率为 1566 千瓦）

最高速度：700 千米 / 时

航程：1545 千米

实用升限：12405 米

尺寸：翼展 15.7 米；机长 13.8 米；机高 4.6 米

重量：11880 千克

武器：4 门 30 毫米机炮；最大载弹量为 1814 千克

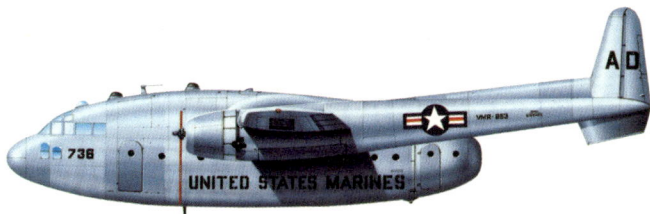

费尔柴尔德飞机公司（Fairchild）R4Q—1"飞行车厢"

1950—1953 年，美国海军陆战队，陆战队第 253 空中加油运输机中队（位于伊丹）

R4Q—1 就是美国海军陆战队版的 C—119 运输机，共有 41 架该型号的飞机被分别部署至陆战队第 252 空中加油运输机中队（VMR—252）和陆战队第 253 空中加油运输机中队（VMR—253）。作为一款机降突击运输机，R4Q—1 于 1950—1953 年间被美国部署在板付空军基地。朝鲜战争期间，美国海军陆战队列装的运输机还有 R4D（C—47）、R5D（C—54）和 R5C（C—46）。

规格

机组成员：6—8 人

动力设备：2 台普拉特·惠特尼 R-4360-20 活塞发动机（单台功率为 2610 千瓦）

最高速度：476 千米 / 时

航程：3669 千米

实用升限：7300 米

尺寸：翼展 33.3 米；机长 26.37 米；机高 8 米

重量：29029 千克

武器：无；可装载 4500 千克重的货物

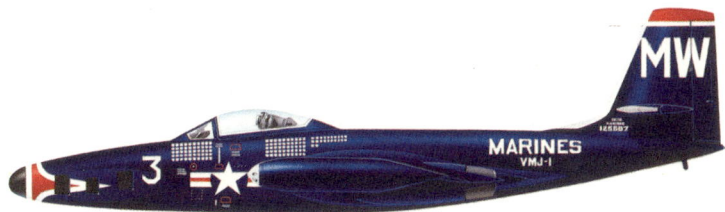

麦克唐纳飞机公司（McDonnell）"女妖"

1952—1953 年，美国海军陆战队，陆战队第 1 航拍中队（位于 K3 和 K14 空军基地）

朝鲜战争期间，图中这架"女妖"照相侦察机隶属陆战队第 1 航拍中队（VMJ—1），其机身上喷涂有 122 个任务符号。陆战队第 1 航拍中队由美国第五航空队指挥，驻扎在 K3 和 K14 空军基地。1952 年 3 月，随着该中队被部署至朝鲜战场，美国海军陆战队的侦察能力得到了进一步提升。

规格

机组成员：1 人

动力设备：2 台西屋 J34-WE-34 涡轮喷气发动机（单台推力为 14.5 千牛）

最高速度：851 千米 / 时

航程：1930 千米

实用升限：14785 米

尺寸：翼展 13.6 米；机长 12.9 米；机高 4.4 米

重量：9342 千克

武器：无

6月20日，中朝军队的伊尔-10攻击机在雅克-9战斗机的护航下袭击了"联合国军"控制的一处朝鲜沿岸岛屿。

在美国的干涉下，朝鲜与韩国之间的裂隙日深，朝鲜半岛的统一最终成为泡影。当地面战事陷入僵局后，交战双方在1951年7月展开和谈。此时，马修·邦克·李奇微（General Matthew B. Ridgway）中将[1]已接替麦克阿瑟出任"联合国军"总司令。

朝鲜战争期间，位于朝鲜半岛附近的美国海军陆战队的战机（仅列举美国海军陆战队第3航空大队下辖的作战单位）		
机型	所属作战单位	基地
F9F-2B、F9F-4	美国海军陆战队第115战斗机中队（VMF-115）	K3、K6
F9F-2B	美国海军陆战队第311战斗机中队	K3
F4U-4、AU-1	美国海军陆战队第212战斗机中队	K3、"培登海峡"（Badoeng Strait）号航母、K14、元山（Wonsan）、K3
F4U-4	美国海军陆战队第312战斗机中队	K14、元山、K27、K1、"培登海峡"号等各型航母
F4U-4	美国海军陆战队第214战斗机中队	K9、芦屋（Ashiya）、"西西里"（Sicily）号航母、K1、K6
F4U-4、AU-1	美国海军陆战队第323战斗机中队	K9、芦屋、"西西里"号航母、"培登海峡"号航母、K1、K6
F4U-4N、F4U-5N、F7F-3N	美国海军陆战队第542战斗机中队	K14、元山、K27、K8
F7F-3N、F4U-5N、F3D-2N	美国海军陆战队第513战斗机中队	板付、元山、K1、K6
AD-3	美国海军陆战队第121战斗攻击机中队（VMA-121）	K3
F4U-4	美国海军陆战队第332战斗攻击机中队（VMA-332）	"贝罗科"（Bairoko）号航母
AD-3	美国海军陆战队第121战斗攻击机中队（VMA-121）	K3
HO3S-1、OY-2、OE-1	美国海军陆战队第6战场侦察中队（VMO-6）	K9、"西西里"号航母、K14

1951年夏，美国空军的B-29轰炸机对朝鲜境内的目标进行了长时间的轰炸。中朝方面使用米格系列战斗机和防空火炮（此时已使用雷达引导，射击精度得到了大幅提升）进行反击，仅在6月和7月便击毁了13架B-29轰炸机。同年8月，

---

① 译者注：事实上，李奇微已于1951年5月被晋升为上将。

美国空军派 B-29 轰炸机对朝鲜北部多地的铁路调车场与港口实施了轰炸——后期，这些轰炸机还得到了美国海军的 F2H-2 与 F9F 战机的护航。此外，随着第 116 战斗轰炸机大队抵达远东，另一支 F-84 飞行大队也被部署至朝鲜战场，供"联合国军"调遣。

1951 年 8 月，中朝方面在安东新增了一个米格 -15 航空兵团，迫使"联合国军"将 F-86 战机调至金浦前线。9 月，"联合国军"的 F-86E 战机随第 4 战斗截击机大队加入了战斗（最初仅用于补充 F-86A 的战损）。同年年底，"联合国军"的第一支整编 F-86E 联队——第 51 战斗截击机大队用 F-86E 替换了所有 F-80C。

改进型米格战斗机参战

"联合国军"发起了新一轮的作战行动，以取代此前的"扼杀行动"。新的作战行动的目标是炸毁朝鲜北部的铁路，并切断通往朝鲜前线的公路补给线。中朝军队反应迅速，立刻新增了一个米格航空兵团。这个米格航空兵团装备了经过改进的米格战斗机的衍生机型，该机型是专为打击 B-29 轰炸机而设计的。从 10 月开始，B-29 轰炸机的被击落数量再度出现增长。

朝鲜战争期间，美国在朝鲜半岛附近部署的侦察机		
机型	所属作战单位	基地
RB-29A、RB-50A、RB-36A、WB-26、RB-45C、KB-29A	第 91 战略侦察中队	横田、三泽（Misawa）
RB-29A	第 31 战略侦察中队	横田
RB-17G	第 6204 照相地图制图小队（PMF）	横田
RB-26C	第 162 战术侦察中队	板付、K2
RB-26C	第 12 战术侦察中队	K2
RF-80A	第 8 战术侦察中队	横田、板付
RF-80A	第 15 战术侦察中队	K2
F-6D（RF-51D）、RF-80C	第 45 战术侦察中队	板付、K2
AT-6G、LT-6G	第 6148 战术控制中队（TCS）	K16、K47
AT-6G、LT-6G	第 6149 战术控制中队（TCS）	K47

此轮空战的规模在 10 月 22 日达到最大程度。当日，100 架米格战斗机与 B-29 轰炸机群（由 F-84 和 F-86 战机护航）爆发激战。美国空军宣称，共有六架米格战斗机被击落，而己方则有三架 B-29 轰炸机被击落、四架 B-29 轰炸机受损严

重、一架 F-84 战机被击毁。最终，慑于中朝空军在战斗机数量上的优势，美国空军不再使用 B-29 轰炸机来执行昼间轰炸任务，转而开始出动大批舰载机（主要是具备夜战能力的 F4U-5N 和 AD-4N）实施夜间空袭。与此同时，美国海军陆战队也首次出动了 AD-3 陆基攻击机，派首次组建的 AD-3 分队从位于浦项的 K3 空军基地起飞参战。

从 1951 年 5 月开始，两支原先被部署在日本的 B-26 飞行大队被调至群山（Kusan）与釜山。这两支 B-26 飞行大队主要承担夜间突袭任务，负责打击开往前线的中朝车队。

夜间战斗机之间的战斗

朝鲜战争爆发以后，美国空军的 F-82 螺旋桨战斗机便被编入了三支（全天候）战斗机中队，频繁从日本的板付空军基地（Itazuke，今福冈机场）起飞作战。在美国空军转而进行夜战后，美国远东空军司令部便于 1951 年 3 月调来了一批 F-94A 和 F-94B 夜间战斗机，用以汰换老旧的 F-82 战斗机。不过，因为这两款战斗机存在明显的设计缺陷，所以一直被禁止参与战斗。直到 1951 年 12 月，美国空军才启用两架 F-94B 战斗机在水原随第 68 战斗截击机中队执行战备值班任务。

1952 年 3 月，第 319 战斗截击机中队携 F-94B 战斗机抵达了朝鲜战场。不过，这批 F-94B 战斗机被禁止在敌方控制区上空活动，以免被击落并导致新的雷达系统落入敌手。这一时期，虽然美国海军陆战队第 513 夜间战斗机中队 [VMF（N）-513]出动了 F7F-3N 战机，但 B-29 轰炸机的损失仍日渐惨重。因此，上述飞行禁令在 1952 年 12 月被取消，F-94B 战斗机获准在清川江（Chongchon）与鸭绿江之间的空域巡逻，并为夜间轰炸提供支援。

第 116 战斗轰炸机大队的 F-84 战机被部署在三泽（Misawa）和千岁（Chitose），主要负责执行防卫日本领空的任务。朝鲜战争期间，该大队在 KB-29P 空中加油机的支援下多次参与了军事行动。1952 年 5 月，"联合国军"发起一系列被合称为"涨潮计划"（Project Hight Tide）的军事行动，袭击了朝鲜境内的沙里院（Sariwon）。同月，美国空军首次出动携载炸弹的 F-86E 战机执行战斗轰炸任务，袭击了新义州机场。

1952 年 6 月 23 日，"联合国军"发起了一场规模空前的空袭行动，行动目标为位于水丰（Shuiho）的水力发电站。为此，美国空军、美国海军、美国海军陆战队和韩国空军共出动了 200 余架对地攻击机，并派 100 余架 F-86E 战机为前者护航。奇怪的是，朝鲜空军并未做出抵抗。相反，米格战斗机主要被用于保护中国东北境内的工业设施。

洛克希德公司（*Lockheed*）*RF—80A"流星"*
美国空军，第 67 战术侦察联队（位于 K13 空军基地）
图中这架隶属驻水原的第 67 战术侦察联队的 RF—80A"流星"照相侦察机，喷涂了"实验性水基橄榄褐色战场涂装"。实战证明，RF—80A"流星"照相侦察机的抗打击能力较强。有时，它还会被用于执行长途空中加油任务。

规格

机组成员：1 人
动力设备：1 台阿里森 J33–A–35 涡轮喷气发动机（推力为 24 千牛）
最高速度：966 千米 / 时
航程：1328 千米
实用升限：14265 米
尺寸：翼展 11.81 米；机长 10.49 米；机高 3.43 米
重量：7646 千克
武器：无

新型"佩刀"战机

1953 年是朝鲜战争的最后一年。在此期间，中朝军队尝试夺回空战的主动权，并以此迫使"联合国军"在遣返战俘的问题上妥协，但却未能如愿。究其原因，是因为"联合国军"已在 1952 年 6—7 月引入"佩刀"战机的衍生机型——F86F，大幅提升了战斗力。改进后的新型"佩刀"战机装备了动力更强的发动机（在各个飞行高度上的机动性均超过了米格 -15 战斗机），作战性能得到了大幅提升。

1952 年 8 月，米格 -15 战斗机的活动频次有所增加，而"联合国军"的 F-86F

也相应地出动了更多架次。与此同时，美国方面还对 F-86F 的机翼做出了改进，并"从 10 月开始以套件的形式向部队提供可提升战机机动性的新机翼"。此后，第 8 和第 18 战斗轰炸机大队用 F-86F 汰换了此前装备的 F-80 和 F-51。在经过较长时间的机组改编后，F-86F 成了"战斗轰炸机"，并于 1953 年 2 月开始执行"升级后的首次战斗任务"。

西科斯基公司（Sikorsky）HO3S-1

美国海军陆战队，陆战队第 33 飞行保养中队（MAMS-33，位于朝鲜半岛）

陆战队第 33 飞行保养中队列装了多种机型，如 HO3S-1 直升机以及 F9F 和 AD-2 固定翼飞机。图中这架 HO3S-1 直升机的绰号为"迷醉南方"（机身上喷涂有"Southern Comfort"字样）[1]，曾负责执行船只护航和搜救任务。美国海军陆战队的 HO3S-1 直升机与美国空军的 H-5F"蜻蜓"直升机十分相似。

规格

机组成员：1 人

动力设备：1 台普拉特·惠特尼 R-985-AN-5 涡轮轴发动机（功率为 335 千瓦）

最高速度：172 千米 / 时

航程：442 千米

实用升限：4510 米

尺寸：旋翼直径 14.9 米；机长 17.6 米；机高 3.9 米

重量：2495 千克

武器：无

在"联合国军"派 F-86F"战斗轰炸机"参加战斗期间，中朝军队再次增加了米格系列战斗机的出动频次。然而，这一时期的朝鲜战局发生了变化。1953 年 3 月，斯大林逝世，朝鲜失去了来自苏联的政治支持。此时，地面上战斗仍在继续。"联合国军"方面为地面部队提供空中支援的主要有两大机型：改进后的

---

① 译者注：该绰号源于美国的"威士忌桃子甜酒"（又称"金馥力娇酒"）。

F-84G 战机（该机型从 1952 年夏季开始便被部署在大邱与群山）与 B-26 轰炸机（被部署在群山与釜山）。此外，朝鲜半岛沿岸还至少有三艘第 77 特遣舰队的航母处于待命状态。值得一提的是，这些航母从 1952 年 10 月开始装备更为先进的 F9F-5 舰载战斗机。

　　1953 年 6 月，中朝军队与"联合国军"之间再次爆发战斗。交战之初，"联合国军"的战机数量远少于中朝军队。为维持空中优势，"联合国军"的 F-86 系列战机共出动了近 8000 架次。7 月 27 日，中国、朝鲜和美国签订了停火协议，战争终于结束了。

朝鲜战争期间，美国陆军在朝鲜半岛附近部署的直升机		
机型	所属作战单位	基地
H-13、H-23A	陆军野战医院（MASH）	各基地均配备有此机型
H-19C	第 6 直升机运输连（THC-6）	各基地均配备有此机型
H-5A/G、H-19	第 3 空中救援中队（3rd ARS）	日本、K14、K96
H-19A	第 3 空中救援中队	日本、椒岛（Cho-do）

西科斯基公司（Sikorsky）HRS—1
1951—1953 年，美国海军陆战队，陆战队第 161 直升机运输中队（位于 K18 空军基地）
1951 年 9 月，美国开始在位于江陵（Kangnung）的 K18 空军基地部署 HRS—1 直升机。至朝鲜战争末期，美国海军陆战队的 9 支直升机运输中队共装备了 60 架 HRS—1 直升机（每架最多可运载 8 名士兵）。此外，HRS—1 直升机还被美国海军陆战队用于执行搜救任务。

规格

机组成员：2 人
动力设备：1 台普拉特·惠特尼 R-1340-57 星形发动机（功率为 450 千瓦）
最高速度：163 千米 / 时
航程：652 千米
实用升限：3200 米
尺寸：旋翼直径 16.16 米；机长 19.1 米；机高 4.07 米
重量：3266 千克
武器：无

在印度的法国势力，1946—1954 年

二战期间，日军侵占法属印度支那，越南独立同盟委员会（Viet Minh，简称"越盟"）发起了抗日运动。二战结束后，法国殖民者试图重返印度支那，但却遭到了越盟的激烈抵抗。[1]

格鲁曼公司（Grumman）F6F-5"地狱猫"

1951—1952 年，法国海军，第 1F 飞行中队 [位于"埃罗芒什"号航母]

法国海军的 F6F 舰载战斗机从"埃罗芒什"号航母上起飞作战，曾于 1954 年在印度支那上空参与军事行动。1953 年，"埃罗芒什"号航母驶抵印度支那沿岸待命。此时，该航母上搭载了一支飞行联队，该联队下辖法国海军航空兵第 11F 飞行中队（列装了 F6F 舰载战斗机）和第 3F 飞行中队（列装了 SB2C 舰载俯冲轰炸机）。在 1954 年的奠边府战役中，第 14F 飞行中队的 AU-1"海盗"战机也曾参加战斗。

规格

机组成员：1 人
动力设备：1 台普拉特·惠特尼 R-2800-10W"双黄蜂"双排 18 缸星形发动机（功率为 1491 千瓦）
最高速度：603 千米 / 时
航程：2559 千米
实用升限：11705 米
尺寸：翼展 13.06 米；机长 10.24 米；机高 3.99 米
重量：7025 千克
武器：4 挺 12.7 毫米勃朗宁机枪

1946 年年末，试图夺取河内等城市的越盟游击队，与法国殖民者当局爆发激烈冲突。于是，法国空军从这一年开始把包括"喷火"Mk IX 型在内的战机部署至西贡市（Saigon，于 1976 年正式更名为"胡志明市"），作为此前从日本手中缴获的大批 Ki-43"隼式"战斗机的补充。法国空军用这批"喷火"战斗机装备了四个飞行中队。这批"喷火"战斗机在反游击作战中表现突出，同难以适应在热带地区作

---

① 译者注：印度支那，亦称中南半岛或中印半岛，通常特指曾是法国殖民地的"法属印度支那"。第一次印度支那战争，指二战结束后，发生在印度支那半岛的以越南战场为主体的局部战争。

战的"蚊式"轰炸机形成了鲜明的对比——后者于 1947 年列装部队。除法国空军的战机外，参与战斗的还有法国海军的 SBD-5 俯冲轰炸机、PBY 水上飞机、"水獭"（Sea Otter）水陆两用飞机和缴获自日军的 E13A1 水上侦察机。

1947 年春，第一轮战斗结束，法国军队仍然控制着城市地区。同年年底，法军发起攻势，试图剿灭武元甲（Vo Nguyen Giap）领导的游击队，迫使后者转入农村建立根据地。

战斗期间，法国空中力量的任务仅限于为地面部队提供空中支援。从 1949 年起，美国开始援助法国，并提供了 P-63 战斗机等武器装备。到了 1950 年 6 月，法国利用现有战机，在印度支那北部、中部和南部各组建起一支地方战术武装（即战术飞行大队），这些武装力量直接听从当地地面部队司令的指挥。此外，法国海军也进一步提升了装备的现代化水平，部署了 F6F 舰载战斗机与 SB2C 舰载俯冲轰炸机，以及 PB4Y-2 陆基巡逻机。

农村包围城市

截至 1950 年，越盟已控制了印度支那中部与北部的大部分农村地区，而法国的势力则集中在印度支那南部。在这一年，法国用 F6F 战机汰换了"喷火"与 P-63 战机。从 11 月开始，法国陆续将 B-26 系列轰炸机部署至前线，并用其列装了四个飞行大队。此外，法国编入在越作战部队的战机还有：RB-26 与 NC.701 的侦察机型、各种战场观察与通讯机型，以及大批直升机（如 UH-12A、H-23A/B、S-51 和 S-55）。

1950 年年末，越盟占领了高平（Cao Bang）与谅山（Lang San）。1951 年，法国部队相继攻占永安（Vinh Yen）与帽溪（Mao Khe）两地。

1952—1953 年间，双方的战斗主要集中在东京（Tonkin，越南北部北圻地区的旧称）与老挝（Laos）两地。在此期间，法国着手在越盟控制区内组建驻军，并试图主动出击，凭借火力优势战胜越盟游击队。起初，法国的作战计划进展顺利。不过，在 1954 年 5 月爆发的奠边府（Dien Bien Phu，位于东京与老挝交界处）战役中，法国遭遇惨败。从 1953 年 1 月开始，法国空军的 F6F 战机被逐步淘汰，取而代之的是 F8F 战机。

越盟围困奠边府期间，法军在印度支那半岛共部署了约 400 架战机，其中包括 C-47 运输机与少量"容克"（Ju）52/3m 运输机。在奠边府撤军行动中，法军出动了至少 100 架 C-47 运输机。5 月 7 日晚,最后 600 名法国驻军发起刺刀冲锋,试图突破 4 万名越盟士兵的包围,但最终被击败。奠边府大捷之后,第一次印度支那战争以越盟获胜而告终。1954 年 7 月,双方达成停战协议。

格鲁曼公司(Grumman)F8F-1"熊猫"
1953—1954 年,法国空军,第 21 战斗机联队第 2 大队(位于新山一空军基地)
1951 年,F8F-1 战机随法国空军在南非首次亮相。图中这架法国空军的 F8F-1 战机被部署在新山一空军基地,曾在 1953—1954 年间参加印度支那战争。该机型可挂载火箭弹、炸弹和凝固汽油弹,能够提供高效的近距离支援。

规格
机组成员:1 人
动力设备:1 台普拉特·惠特尼 R-2800-34W "双黄蜂"星形活塞发动机(功率为 156 千瓦)
最高速度:678 千米 / 时
航程:1778 千米
实用升限:11796 米
尺寸:翼展 10.92 米;机长 8.61 米;机高 4.21 米
重量:5873 千克
武器:4 挺 12.7 毫米 M2 机枪;最多可携带 454 千克重的炸弹或 4 枚 127 毫米航空火箭弹

越南战争中的美国,1959—1975 年

法国撤出印度支那地区后,该地区分裂为四个国家,即北越("越南民主共和国")、南越("越南国")、老挝和柬埔寨。这一时期,美国开始干涉印度支那地区的事务。

第一次印度支那战争后,越盟控制了北越。美国担心南越步北越的后尘,遂开始对其提供支援。在法国撤出印度支那地区后,美国仍继续派军事顾问留驻南越。南越拥有自己的空军,并装备有 F8F、C-47、H-19 和 L-19 等机型。

1959 年,北越领袖胡志明(Ho Chi Minh)决定统一越南。于是,越南人民军(the

North Vietnamese Army，简称 NVA）开始支持游击队在南越境内展开活动。越南战争爆发后，美国在向南越派驻更多军事顾问的同时，还先后为其提供了 AD-6（A-1）攻击机（于 1960 年 9 月部署至南越）和 H-34 直升机。越南战争期间，旋翼飞机得到了广泛使用——主要负责执行近距离支援、运送补给、伤员后送和作战指挥等任务——美国陆军的空中机动理论也由此发生了转变。

1961—1964 年，美国空军在越南发起的作战行动			
行动代号	参战机型	所属作战单位	基地
烟杆（Pipe Stem）	RF-101C	第 15 战术侦察中队	新山一
亚伯·梅布尔（Abel Mabel）	RF-101C	第 45 战术侦察中队	廊曼（Don Muang）、新山一
农场大门	T-28D、SC-47、B-26B、RB-26C、U-10A、RB-26L	第 4400 战斗机组人员训练中队（CCTS）	边和（Bien Hoa）
农场大门	T-28B、SC-47、B-26B、RB-26C/L、U-10A、A-1E	第 4410 战斗机组人员训练中队	边和、波莱古（Pleiku）
农场大门	O-1E	第 19 战术空中支援中队（TASS）	边和、芹苴（Can Tho）
骡队（Mule Train）	C-123B	第 346 军事运输机中队（TCS）	新山一、岘港（Dan Nang）
骡队	C-123B	第 776 军事运输机中队	新山一
骡队	C-123B	第 310 军事运输机中队	新山一
骡队	C-123B	第 309 军事运输机中队	新山一
骡队	C-123B	第 777 军事运输机中队	岘港、廊曼
骡队	C-123B	第 311 军事运输机中队	岘港、廊曼
农场雇员	UC-123B/K	特种空中喷洒小队（SASF）	新山一
水杯（Water Glass）	TF/F-102A	第 509 战斗截击机中队	新山一
水杯	AD-5Q	第 35 海军空中指挥和控制中队（VAW-35）	新山一
帕特里夏·林恩（Patricia Lynn）	RB-57E	第 33 战术飞行大队（TG）	新山一
蛟龙夫人（Dragon Lady）	U-2A/C	第 4080 气象侦察中队	边和

1961 年，肯尼迪在就职美国总统后，决定进一步加强对越南的军事干涉。在此背景下，美国空军的一支机动指挥分队于 1961 年被率先部署至新山一（Tan Son Nhut）空军基地。紧接着，美国空军发起了"农场大门"（Farm Gate）行动，向边和（Bien Hoa）输送丛林战专家与平叛战机。美国在南越部署的首批喷气式战机，是 RF-101C 空中照相侦察机。美国陆军也参与了在南越发生的战事，他们先是使用

H-21 直升机投送部队，后又为南越空军（VNAF）提供了 T-28 平叛飞机。此后，美国陆军又在南越部署了 C-123 运输机，以提升空运能力。1962 年，美军发起了代号为"农场雇员"（Ranch Hand）的行动，出动 C-123 运输机喷洒落叶剂。

1964 年 8 月，美军宣称海军驱逐舰遭到了北越鱼雷艇的袭击，与北越爆发冲突，史称"北部湾事件"。战斗爆发之初，美军的 F-8E 战机率先从"提康德罗加"（Ticonderoga）号航母上起飞，击沉了一艘北越鱼雷艇。几日后，多架 A-1 攻击机也从"提康德罗加"号上起飞参战。在战斗的最后阶段，美国海军的 A-1 和 A-4 攻击机从"提康德罗加"号与"星座"（Constellation）号航母上起飞作战，袭击了北越的多处海军基地与油库。美国以"北部湾事件"为借口，全面介入了越南战争。

美国深度介入越南战争

"北部湾事件"发生后，美国先于 1964 年 8 月向边和派遣了美国空军的 B-57 轰炸机，后又向岘港（Da Nang）输送了 F-100 和 F-102 战斗机。与此同时，美国还将一部分战机部署至泰国境内的两处泰国皇家空军（Royal Thai AF）基地 [乌塔堡（U-Tapao）和乌隆（Udorn）]。不久，美国的空军基地遭遇到了袭击。因此，美国计划在 1965 年 2 月发起一系列代号为"火飞镖"（Flaming Dart）的报复性空袭行动。为了执行该计划，美国海军出动舰载机袭击越南人民军的军事目标。

越南战争初期，F-100D 战斗机在承担了大部分轰炸任务的同时，还负责执行防御性战斗空中巡逻（CAP）任务。因为在执行防空任务时的表现并不出色，所以 F-104C 战斗机从 1965 年秋开始改为执行低空战术轰炸任务。

1964 年年末，美国发起了代号为"桶滚"（Barrel Roll）的空袭行动。1965 年，美国开始向老挝政府提供 T-28 平叛飞机 [用以打击北越支持的巴特寮（Pathet Lao）游击队]。

1965 年 3 月，美国向越南人民军发起了新一轮轰炸，代号为"滚雷行动"（Rollin Thunder）——美国试图以此来瓦解对手的意志。不过，此次行动并未摧毁太多真正具有军事价值的目标，反而进一步激化了北越的反美情绪。不仅如此，美国为避免因不必要的误炸而引发国际纠纷，还将河内等城市和北越的机场与地对空导弹阵地划为行动禁区。

此外，导致"滚雷行动"未能达成预期目标的原因还有：当地的美国部队缺少行动自主权，在确定打击目标时，必须先上报华盛顿方面，不得擅自行动。此外，在空战方面，美国飞行员也被一条僵化的规定束缚了手脚——飞行员必须在交战前完成主动视觉识别。

1965 年 3 月，美军发起了另一项重大行动，又向岘港派驻了 3500 名美国海军陆战队队员。同时，为了建立方便日后作战的补给线，C-141 运输机也于 1965 年服役，取代了使用活塞发动机的 C-124 和 C-133 运输机。C-141 运输机不仅负责将部队和物资从美国本土运至越南战场，还要承担伤员后送任务。当部队和物资被运至东南亚境内后，C-130 和 C-123 运输机便接替 C141 运输机，负责将人员与物资运往前线附近的简易机场。

1965 年，随着战事的进一步升级，美国空军和北越空军开始爆发直接冲突。此外，美国和北越也开始动用地对空导弹和电子对抗手段。1965 年年初，北越开始扩充军备，大量使用米格 -15 与米格 -17 战斗机来对抗美国空军。有资料显示，6 月 17 日，两架 F-4B 战斗机从"中途岛"号航母上起飞，与四架米格 -17 发生遭遇战。美国方面宣称击落了其中两架米格 -17 战斗机。

共和飞机公司（Republic）F—105 "雷公"（Thunderchief）
一组被部署至东南亚的 F—105 "雷公" 战斗轰炸机。请注意，这批战机机身的金属部分并未喷涂油漆。

1964—1965 年，美国海军在越南附近部署的战机		
机型	所属作战单位	基地
F-8E	第 191 海军战斗机中队	"好人理查德"（USS Bonne Homme Richard）号两栖攻击舰
F-8C	第 194 海军战斗机中队	"好人理查德"号两栖攻击舰
A-4C	第 192 海军攻击中队	"好人理查德"号两栖攻击舰
A-4C	第 195 海军攻击中队	"好人理查德"号两栖攻击舰
A-1H/J	第 196 海军攻击中队	"好人理查德"号两栖攻击舰
E-1B	第 11 海军空中指挥和控制中队	"好人理查德"号两栖攻击舰
RF-8A	第 63 海军轻型摄影中队（VFP）	"好人理查德"号两栖攻击舰
A-3B	第 4 海军重型攻击中队（VAH）	"好人理查德"号两栖攻击舰
UH-2A	第 1 通用直升机中队（UH-1）	"好人理查德"号两栖攻击舰
F-4B	第 142 海军战斗机中队	"星座"号航母
F-4B	第 143 海军战斗机中队	"星座"号航母
A-4C	第 144 海军攻击中队	"星座"号航母
A-1H/J	第 145 海军攻击中队	"星座"号航母
A-4C	第 146 海军攻击中队	"星座"号航母
E-1B	第 11 海军空中指挥和控制中队	"星座"号航母
RF-8A	第 63 海军轻型摄影中队	"星座"号航母
A-3B	第 10 海军重型攻击中队（VAH）	"星座"号航母
UH-2A	第 1 通用直升机中队	"星座"号航母
F-8E	第 51 海军战斗机中队	"提康德罗加"号航母
F-8E	第 53 海军战斗机中队	"提康德罗加"号航母
A-1H/J	第 52 海军攻击中队、第 56 海军攻击中队	"提康德罗加"号航母
A-4B	第 55 海军攻击中队	"提康德罗加"号航母
A-4E	第 56 海军攻击中队	"提康德罗加"号航母
E-1B	第 11 海军空中指挥和控制中队	"提康德罗加"号航母
RF-8A	第 63 海军轻型摄影中队	"提康德罗加"号航母
A-3B	第 4 海军重型攻击中队	"提康德罗加"号航母

越南战争期间，F-105 是美国方面首批大规模参战的战斗轰炸机。美国空军最初部署的是 F-105 基本型，后又补充了一批装备了增强型航电系统的"雷公Ⅱ"（Thunderstick Ⅱ，F-105 的改进机型）。在对敌防空压制方面，美国空军使用了双座版 F-105G 或野鼬战机，后者可以通过主动或被动手段找到并攻击北越的防空雷达。最初，美国常用的轰炸战术如下：一方面，出动由一架 B-66 轰炸机引导的 F105 战斗轰炸机编队，从中空（真高 1000—7000 米的飞行高度）飞行至目标区域；另一方面，部署 EB-66C 电子对抗飞机干扰敌方的防空雷达，为战斗

轰炸机编队提供掩护。后来，美国改良了战术，用低速飞机取代了轰炸机编队中的引导机——由空中前进引导员（Forward air controller）负责驾驶低速飞机环绕作战区域飞行，并伺机呼叫战术战斗机实施打击。

侦察任务

在战场侦察方面，美国出动了A-26A（在B-26的基础上重新设计的平版机型）、RF-101C空中照相侦察机和美国海军的RA-5C与RF-8舰载机。这类侦察机主要负责执行两种任务：搜寻轰炸目标，以及在轰炸机编队完成任务后分析判断轰炸效果。此外，美国空军还使用经特殊改装的DC-130无人机控制母机发射泰勒雷恩（Teledyne-Ryan）147系列无人机。该系列无人机装备有各类传感器，多被用于在越南执行"低空高危险性的侦察任务"。完成任务后，无人机会关闭引擎并打开降落伞降落，等待HH-3E直升机前来进行回收。

北美航空公司（North American）F—100A"超级佩刀"（Super Sabre）
1970年，第31战术战斗机联队，第208战术战斗机中队（位于绥和）
图中这架绰号为"珍妮·凯伊"的F—100A—61—NA在东南亚服役。F—100A"超级佩刀"系列战机的昵称为"Hun"[1]，它们在越南战争爆发之初便参与了作战行动，是"美军强大的对地攻击平台"。

规格

机组成员：1人
动力设备：1台普拉特·惠特尼J75涡轮喷气发动机（推力为104.5千牛）
最高速度：2018千米/时
航程：370千米
实用升限：15850米
尺寸：翼展10.65米；机长19.58米；机高5.99米
重量：18144千克
武器：1门20毫米M61机炮；内置弹舱的最大载弹量为3629千克；可外挂2722千克重的武器装备

---

① 译者注：源于英文 one hundred 的缩写。

越南战争期间，美国空军部署的战斗机与攻击机			
机型	所属联队	所属中队	基地
B-57B/C/E	第405战术轰炸机联队（TBW）、第6252战术战斗机联队	第8战术轰炸机中队（TBS）、第13战术轰炸机中队	新山一、边和、岘港、潘阳（Phan Rang）
F-102A	无	第16战斗截击机中队	新山一
TF/F-102A	无	第509战斗截击机中队	新山一、边和
TF/F-102A	无	第64战斗截击机中队	边和
F-102A	无	第82战斗截击机中队	岘港
F-105D	第4战术战斗机联队	第36战术战斗机中队、第80战术战斗机中队	塔克里、呵叻（Korat）
F-104C	无	第435战术战斗机中队、第476战术战斗机中队	岘港
F-105D	第18战术战斗机联队	第12战术战斗机中队、第44战术战斗机中队、第67战术战斗机中队	呵叻
F-100D	第405战术战斗机联队	第511战术战斗机中队	塔克里
F-100D/F、B-57B/C/E	第35战术战斗机联队	第612战术战斗机中队、第614战术战斗机中队、第615战术战斗机中队、第352战术战斗机中队、第8战术轰炸机中队、第13战术轰炸机中队、第120战术战斗机中队	潘阳、岘港、绥和（Tuy Hoa）
F-105D	第23战术战斗机联队	第562战术战斗机中队、第563战术战斗机中队	岘港
F-4C	第12战术战斗机联队	第45战术战斗机中队、第43战术战斗机中队、第557战术战斗机中队、第558战术战斗机中队、第559战术战斗机中队、第389战术战斗机中队、第480战术战斗机中队	乌汶（Ubon）、金兰湾（Cam Ranh Bay）、富吉（Phu Cat）
F-100D	第474战术战斗机联队	第429战术战斗机中队、第481战术战斗机中队	边和、新山一
F-100D/F、F-5A、A-37B	第3战术战斗机联队	第307战术战斗机中队、第308战术战斗机中队、第510战术战斗机中队、第531战术战斗机中队、第90战术战斗机中队、第4503战术战斗机中队、第8攻击中队、第90攻击中队	边和
F-100D/F	第37战术战斗机联队	第612战术战斗机中队、第355战术战斗机中队、第416战术战斗机中队、第174战术战斗机中队	富吉

		第333战术战斗机中队、	
F-105D/F、F-111A	第355战术战斗机联队	第334战术战斗机中队、 第335战术战斗机中队、 第354战术战斗机中队、 第357战术战斗机中队、 第428战术战斗机中队、 第44战术战斗机中队、	塔克里
F-105D/F/G、 F-4C/D/E、A-7D	第388战术战斗机联队	第421战术战斗机中队、 第13战术战斗机中队、 第469战术战斗机中队、 第561战术战斗机中队、 第44战术战斗机中队、 第12战术战斗机中队、 第34战术战斗机中队、 第6010战术战斗机中队、 第17战术战斗机中队、 第44战术战斗机中队、 第354战术战斗机中队、 第67战术战斗机中队、 第25战术战斗机中队、 第561战术战斗机中队、 第3战术战斗机中队	呵叻
F-4C/D/E、B-57G	第8战术战斗机联队	第433战术战斗机中队、 第497战术战斗机中队、 第25战术战斗机中队、 第555战术战斗机中队、 第435战术战斗机中队、 第13战术轰炸机中队、 第35战术战斗机中队、 第336战术战斗机中队、 第334战术战斗机中队	乌汶、呵叻
F-4C/D/E	第366战术战斗机联队	第389战术战斗机中队、 第390战术战斗机中队、 第480战术战斗机中队、 第4战术战斗机中队、 第421战术战斗机中队、 第35战术战斗机中队、 第7战术战斗机中队、 第9战术战斗机中队、 第417战术战斗机中队	潘阳、岘港、塔克里
F-104C	第479战术战斗机联队	第435战术战斗机中队、 第476战术战斗机中队	岘港
F-100D/F	第31战术战斗机联队	第306战术战斗机中队、 第308战术战斗机中队、 第309战术战斗机中队、 第355战术战斗机中队、 第416战术战斗机中队、 第136战术战斗机中队、 第188战术战斗机中队	绥和

		第13战术战斗机中队、 第555战术战斗机中队、 第524战术战斗机中队、 第8战术战斗机中队、 第308战术战斗机中队、 第307战术轰炸机中队、 第58战术战斗机中队、 第523战术战斗机中队、 第4战术战斗机中队	
F-4C/D/E	第432战术侦察联队（TRW）		乌隆
F-111A	第347战术战斗机联队	第429战术战斗机中队、 第430战术战斗机中队	塔克里、呵叻
A-7D	第354战术战斗机联队	第353战术战斗机中队、 第355战术战斗机中队、 第356战术战斗机中队	呵叻
F-5A、A-27A/B	第3战术战斗机联队	第10设备检修中队（FCS）、 第604空降特遣中队（ACS）、 第8攻击中队、 第90攻击中队	边和

越南战争期间，越南中央军委开辟出了一条通往南方的补给通道，这一"庞大且隐秘的补给通道网络"被美国称为"胡志明小道"（Ho Chi Minh trail）。正是因为有了这条通道，周边国家提供的武器等补给物资才能经由老挝被源源不断输送至越南前线。美军多次试图摧毁"胡志明小道"，但收效甚微。为此，美国在1965—1967年间集中空中力量打击"胡志明小道"沿线的重要目标，并派空中前进引导员驾驶O-1（后被O-2取代）引导战机实施打击：空中前进引导员驾驶引导战机在"由地对空导弹与防空火炮编织的火力网之间穿梭"，靠近并使用火箭弹（Rocket）标记目标。为了切断"胡志明小道"，美军发起了"白冰屋"（Igloo White）行动，使用OP-2E[①]或战术喷气式飞机向丛林中投放传感器，以侦测人声与振动信号。执行中继传导任务的EC-121R预警机在收到传感器发出的信号后，会将信号转发给地面站进行分析。1971年，美军开始发起"铺路鹰"（Pave Eagle）行动，大量使用体形更小的QU-22电子侦察机来替代EC-121R，部分QU-22还被改装成了无人机。除了"白冰屋"行动空投的传感器，AQM-34L无人机（即雷恩147型）也可通过DC-130无人机控制母机发送信号。

---

① 译者注：即拆除了所有反潜电子设备，并安装了新的雷达系统，可空投各种传感器的"海王星"反潜机。

道格拉斯公司（Douglas）A—1H "空中袭击者"
1966 年，南越空军，第 83 特种作战大队（位于新山一）

图中这架采用了特殊的低可视涂装方案的 A—1H 攻击机，被南越空军第 83 特种作战大队用于执行近距离支援、攻击和前进空中管制任务。这架特殊的飞机的设计初衷，是为了满足美国海军的需要。1966 年，该飞机被部署至新山一空军基地，改隶南越空军。

规格

机组成员：1 人
动力设备：1 台普拉特·惠特尼 R-3350-26WA 星形活塞发动机（功率为 2013 千瓦）
最高速度：520 千米 / 时
航程：2115 千米
实用升限：8660 米
尺寸：翼展 15.25 米；机长 11.84 米；机高 4.78 米
重量：11340 千克
武器：4 门 20 毫米机炮；最多可携带 3600 千克重的炸弹、火箭弹或其他军械

　　然而，即使发现了目标，使用战术喷气式飞机实施打击也并非易事（因为大多数此类飞机都不具备精准投弹的能力）。后来，A-6A 攻击机的出现，让这种情况有所改观。A-6A 攻击机装备了先进的雷达系统与攻击导引设备，不仅能够从美国海军陆战队的地面基地起飞作战，还被美国海军用作舰载机。

越南战争期间，美国海军陆战队部署的战斗机与攻击机		
机型和所属大队	所属作战单位	基地
海军陆战队第 11 航空大队（MAG-11）：		
TF-9J、TA-4F	海军陆战队第 11 航空后勤中队（H&MS-11）	岘港
F-8E	海军陆战队第 235 战斗机中队（VMF-235）	岘港
F-4B/J	海军陆战队第 542 战斗攻击中队（VMFA）	岘港
F-4B	海军陆战队第 531 战斗攻击中队	岘港
A-6A	海军陆战队第 242 攻击中队（VMA-242）	岘港
OV-10A	海军陆战队第 2 观察机中队（VMO-2）	五行山
A-6A	海军陆战队第 225 攻击中队	岘港
A-4E	海军陆战队第 311 攻击中队	岘港

海军陆战队第 12 航空大队 （MAG-12）： A-4C	海军陆战队第 224 攻击中队 海军陆战队第 225 攻击中队	茱莱港
A-4E	海军陆战队第 214 攻击中队 海军陆战队第 311 攻击中队 海军陆战队第 223 攻击中队 海军陆战队第 211 攻击中队 海军陆战队第 121 攻击中队	茱莱港、边和
A-6A	海军陆战队第 533 攻击中队	茱莱港
海军陆战队第 13 航空大队 （MAG-13）： F-4B	海军陆战队第 323 战斗攻击中队 海军陆战队第 115 战斗攻击中队 海军陆战队第 122 战斗攻击中队	茱莱港
F-8E F-4J	海军陆战队第 232 战斗机中队 海军陆战队第 232 战斗攻击中队	岘港、茱莱港 茱莱港
海军陆战队第 15 航空大队 （MAG-15）： F-4B F-4J A-6A	海军陆战队第 115 战斗攻击中队 海军陆战队第 232 战斗攻击中队 海军陆战队第 533 攻击中队	岘港、南蓬 岘港、南蓬 南蓬

定点轰炸

在美国空军中，B-57G 轰炸机与 F-111A 全天候战斗机均装备了当时最为先进的航电系统，其中前者的数量较少且经过了重大改进。1968 年 3 月，F-111A 随第 482 战术战斗机中队被率先部署至塔克里（Takhli）基地。不过，F-111A 首次参战便惨遭失利——多架战机在战斗中被击落。此后，F-111A 仅执行了少量作战任务，直至另外两个列装了该机型的中队于 1972 年年底抵达塔克里。

为截断"胡志明小道"，美军还采用了一种相对传统的方法——将运输机改装为炮艇机。在这类飞机中，率先参战的是被称为"神龙帕夫"（Puff the Magic Dragon）的 AC-47，该机型于 1965 年 11 月被部署至新山一基地（Tan Son Nhut）。随后，AC-47 被 AC-119G（绰号为"阴影"）和 AC-119K（绰号为"毒刺"）取代，后两种机型均是在 C-119 运输机的基础上改装而成的。最后在越南战场上出现的是 AC-130，该机型装备有 7.62 毫米加特林机枪、40 毫米机炮和 105 毫米榴弹炮。值得一提的是，AC-130 还可根据由"白冰屋"行动投放的传感器所提供的目标坐标来执行任务。

在美国于越南部署的运输机中，C-47 堪称"劳模"——除了被改装为炮艇机外，它还被改装成电子战飞机（即 EC-47），负责监听"胡志明小道"沿线的通信信号。此外，还有一部分 C-47 运输机装备了扩音器并携带传单，负责执行"心理战"任务。除 C-47 运输机外，其他参与"心理战"的机型还有体形更小的 O-2B、AU-23A 和 U-10。O-2B 是 O-2A 观测 / 引导机的改进型（装备了多个扬声器和一个传单分发器），于 1967 年被部署至战场；AU-23A 能够携带机炮、火箭弹以及"心理战"设备，其基地设在泰国；U-10 是专门用于执行特种任务（如特工渗透和空投任务）的短距离起降机型。美国在 U-10 的基础上，研发出了性能更强大的 AU-24A 平叛飞机（该机型可选配各种武器）。

战争"重器"

美国派遣至越南战场上的飞机，承担的几乎都是战术任务，就连 B-52 轰炸机也不例外。在经改装后，B-52 轰炸机能够携带大量常规炸弹。美国曾出动改装后的 B-52 轰炸机，在"弧光"（Arc Light）、"后卫"（Linebacker）和"后卫二号"（Linebacker Ⅱ）行动中袭击了位于东南亚的多个目标。早在 1965 年 2 月，两支列装了 B-52F 轰炸机的中队便被向前调动至位于关岛（此地位于马里亚纳海群岛最南端）的安德森空军基地（Andersen Air Base）。"弧光"行动开始于 1965 年 6 月 18 日，参与此次行动的轰炸机主要是 B-52F。在空中加油机的支援下，B-52F 轰炸机袭击了位于平阳省境内的目标。起初，轰炸的效果差强人意。为此，美军改进了战术。11 月，在德浪河谷（Ia Drang）发生的战斗中，B-52 轰炸机为美军提供了强大的近距离支援，将美军地面部队从越南人民军的包围中解救了出来。

1966 年，B-52D 轰炸机抵达了关岛，该机型的炸弹舱在经过"大腹"（Big Belly）改装后，可携带更多的炸弹。此后，B-52 系列轰炸机被源源不断地部署到关岛。到了 1972 年，位于关岛的空军基地内的 B-52 系列轰炸机的数量已多达 200 架。在 1967 年 9 月前，不断有 B-52 轰炸机遭到地对空导弹的袭击。为此，美国方面为 B-52 轰炸机额外加装了电子战设备。随着轰炸任务的重点从"地毯式轰炸"（Carpet bombing）转为近距离支援，美军启动了"战斗天眼"（Combat Skyspot）行动，使用雷达指引轰炸机来执行任务。1967 年 4 月，乌塔保机场被用作 B-52D 轰炸机的作战基地。得益于此，B-52D 轰炸机的出动次数逐渐增多，而单次任务的飞行时间也随之缩短。

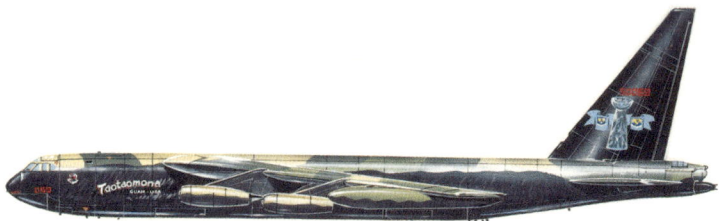

波音公司（Boeing）B-52D "同温层堡垒"

美国空军，第 43 战略飞行联队，第 60 轰炸机中队（位于安德森空军基地）

图中这架 B-52D 轰炸机（编号：55-0069），曾在越南战争进行到白热化阶段时参与了作战。该机从关岛起飞，前往东南亚上空执行夜间作战任务。请注意，该机采用了能够降低夜间可视度的黑色涂装。该机隶属第 43 战略飞行联队下辖的第 60 轰炸机中队——此中队是美国最后一个列装 B-52D 轰炸机的作战单位。

规格

机组成员：5 人
动力设备：8 台普拉特·惠特尼 J57 涡轮喷气发动机（单台推力为 44.5 千牛）
最高速度：1014 千米 / 时
航程：9978 千米
实用升限：16765 米
尺寸：翼展 56.4 米；机长 48 米；机高 14.75 米
重量：204120 千克
武器：遥控尾炮装备 4 挺 12.7 毫米机枪；内置弹舱的最大载弹量为 31750 千克

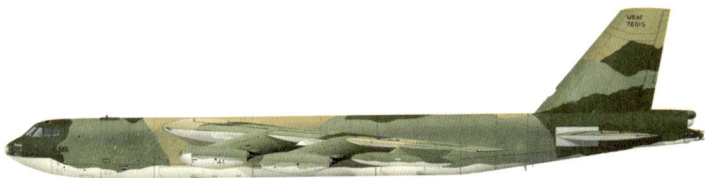

波音公司（Boeing）B-52G "同温层堡垒"

1972—1973 年，美国空军，第 72 战略飞行联队（属临时编队，位于安德森空军基地）

B-52G 轰炸机曾在美国执行"后卫"轰炸行动期间，从关岛起飞参战。B-52G 并未像 B-52D 那样进行过"大腹"（Big Belly）改装，因此最大载弹量不如后者。此外，B-52G 上安装的电子对抗装置也较少，仅能袭击"防御等级较低"的目标。不过，虽然存在上述不足，但 B-52G 在航程上仍保有一定的优势。

规格

机组成员：5 人
动力设备：8 台普拉特·惠特尼 J57-P-43W 涡轮喷气发动机（单台推力为 61.1 千牛）
最高速度：1014 千米 / 时
航程：13680 千米
实用升限：16765 米
尺寸：翼展 56.4 米；机长 48 米；机高 12.4 米
重量：221500 千克
武器：4 挺 12.7 毫米机枪；内置弹舱的最大载弹量为 12247 千克；可挂载 2 枚"猎犬"空对地导弹

道格拉斯公司（Douglas）A—1H"空中袭击者"
1964—1965年，美国海军，第145海军攻击中队［位于"星座"号航母］

为了满足美国海军的需要，道格拉斯公司研发了AD—6攻击机。1962年，在经重新设计后，AD—6的改良机型被命名为A—1H。越南战争初期，A—1H攻击机在"星座"号航母上服役，隶属绰号为"剑客"（Swordmen）的第145海军攻击中队。虽然A—1H攻击机的外观复古，但却具备结实耐用、航程远和有效载荷大等优点。

规格

机组成员：1人
动力设备：1台普拉特·惠特尼R-3350-26WA星形活塞发动机（功率为2013千瓦）
最高速度：520千米/时
航程：2115千米
实用升限：8660米
尺寸：翼展15.25米；机长11.84米；机高4.78米
重量：11340千克
武器：4门20毫米机炮；最多可携带3600千克重的炸弹、火箭弹或其他军械

北美航空公司（North American）RA—5C"民团团员"（Vigilante）
1968—1969年，美国海军，第5海军重型侦察攻击中队（RVAH-5，位于"星座"号航母）

RA—5C舰载侦察机提升了舰载机联队的侦察与情报搜集能力。1968—1969年间，图中这架飞机曾于被部署在北部湾内的"星座"号航母上服役。RA—5C在执行侦察任务时，会装备一部大型侧视机载雷达（Sideways-looking airborne radar，缩写为SLAR）和一台红外线扫描仪（Infrared line-scanner）。

规格

机组成员：2人
动力设备：2台通用电气J79-GE-10涡轮喷气发动机（单台推力为79.4千牛）
最高速度：2230千米/时
航程：5150千米（携带副油箱）
实用升限：20400米
尺寸：翼展16.15米；机长23.11米；机高5.92米
重量：36285千克
武器：无

格鲁曼公司（Grumman）EA-6A "入侵者"

1972—1973 年，美国海军陆战队，海军陆战队第 2 混合侦察中队（VMCJ-2，位于岘港）

图中这架 EA-6A 隶属海军陆战队第 2 混合侦察中队，于 1966 年参与越南战争后，被部署至岘港。EA-6A 在 A-6A 的基础上进行了电子战改装，可干扰敌方无线电传输与情报搜集，被美国海军陆战队用于取代 EF-10 "空中骑士"（Skyknight）。

规格

机组成员：4 人
动力设备：2 台普拉特·惠特尼 J52-P-6 涡轮喷气发动机（单台推力为 37.8 千牛）
最高速度：1016 千米 / 时
航程：3254 千米
实用升限：11580 米
尺寸：翼展 16.15 米；机长 16.90 米；机高 4.7 米
重量：18918 千克
武器：无

为了阻止北越方面经海防市（Haiphong）的港口进口武器装备，美国军方计划在港口的入口处设水雷。后来，因为在港口布雷是一种遭到禁止的行为，所以美军改为在航道入海口附近布雷。1967 年 2 月，首批水雷由 A-6A 攻击机从 "企业"号航母上运送至目的地。

1968 年，越南境内的美国海军陆战队列装了 OV-10A 战机——此机型专为平叛作战而设计，可直接从简易跑道上起飞，在执行攻击和侦察任务时均表现突出。此外，OV-10 系列战机还参与了由美国空军发起的作战行动。在 "铺钉"（Pave Nail）行动中，最先进的 OV-10 衍生机型还装备了升级版夜视与瞄准装置。

在大众的印象中，越南战争是一场直升机战争，其中最让人耳熟能详的直升机便是 UH-1。无论是美国空军、美国海军，还是美国海军陆战队，均在越南战争期间使用过 UH-1 直升机。起初，美军仅有 7 支部队装备了 UH-1B 基本型。到了1963 年，又有 14 支部队装备了 UH-1B 的改进机型——UH-1D。1967 年，经过进一步升级的 UH-1H 直升机开始列装部队。

越南战争期间，UH-1 系列直升机主要负责在美国空军近距离支援单位（如 A-37B 战机）的掩护下，运送"空中骑兵"（Air Cavalry）前往目的地执行任务。此外，UH-1 系列直升机还会得到观察直升机的支援。在这些观察直升机中，OH-6A 不仅可携带武器装备，还能运送少量士兵，以达到扑灭地面的抵抗力量并建立战场观察点的目的。

从 1969 年 9 月开始，美军又列装了新式轻型观察直升机 OH-58A，并将其广泛用于执行侦察与联络任务。1967 年秋，AH-1 "休伊眼镜蛇"（HueyCorbra）武装直升机首次被美军部署至越南战场——主要负责为 UH-1 和 OH-6 等直升机提供火力掩护。值得一提的是，AH-1 直升机可携带各种武器，为空中机动联队提供有序的火力支援。

除轻型直升机外，美国陆军还曾使用 CH-47 运输直升机运送了多达 44 支装备齐全的部队，以及轻型战车或火炮等武器装备。CH-47 运输直升机有一款"重大改进机型"——ACH-47。ACH-47 是一款重型武装直升机，装备了固定式和转动式机枪。不过，美国只生产少量 ACH-47 直升机。因为实战证明，ACH-47 直升机的设计理念存在缺陷。

值得一提的是，美军还曾将 CH-47 和 CH-54（绰号为"空中起重机"）运输直升机用于回收被击落的飞机。如果没有适合着陆的场地，美军会先使用绰号为"摘菊工人"（Daisy Cutter）的重型炸弹（重达 6800 千克）在丛林中开辟出一片可供直升机降落的区域。一般来说，美军士兵会从 C-130 运输机的尾舱斜坡处将"摘菊工人"推下，并在其撞击地面前完成引爆工作。

越南战争期间，美国空军部署的重型轰炸机		
机型	所属作战单位	基地
B-52D	第 3960 战略飞行联队（SW）	安德森空军基地
B-52D/F	第 4133 轰炸机联队（临时编队）	安德森空军基地
B-52D	第 43 战略飞行联队	安德森空军基地
B-52G	第 72 战略飞行联队（临时编队）	安德森空军基地
B-52D	第 4252 战略飞行联队	冲绳嘉手纳空军基地
B-52D	第 376 战略飞行联队	冲绳嘉手纳空军基地
B-52D	第 4258 战略飞行联队	乌塔堡泰国皇家空军基地
B-52D	第 307 战略飞行联队	乌塔堡泰国皇家空军基地
B-52D	第 310 战略飞行联队（临时编队）	乌塔堡泰国皇家空军基地

越南战争期间，美国空军部署的侦察机		
机型	所属作战单位	基地
U-2A/C/F	第 4028 战略侦察中队	边和
U-2C/F/R	第 349 战略侦察中队	边和、乌塔堡
SR-71A	第 1 战略侦察中队	冲绳嘉手纳
RB-47H、KC-135R、RC-135C	第 55 战略侦察中队	冲绳嘉手纳
RC-135M/U	第 82 战略侦察中队	冲绳嘉手纳
RC-135D	第 6 战略飞行联队	冲绳嘉手纳
EC-121R	第 553 侦察联队	那空拍农府（Nakhon Phanom）
RB-57D、C-130A- Ⅱ	第 6091 侦察中队	廊曼
EB-57E、C-130B- Ⅱ	第 556 侦察中队	横田、廊曼
RB-57E	第 33 战术飞行大队	新山一
RF-101C	第 45 战术侦察中队	新山一
RF-4C	第 16 战术侦察中队	新山一
RF-101C	第 20 战术侦察中队	新山一、乌隆
RF-101C、RF-4C	第 12 战术侦察中队	新山一
RF-101C、RF-4C	第 15 战术侦察中队	乌隆
RF-4C	第 6461 战术侦察中队	乌隆
RF-4C	第 11 战术侦察中队	乌隆
RF-4C	第 14 战术侦察中队	乌隆
F-4D	第 25 战术侦察中队	乌隆
QU-22B	第 554 侦察中队	那空拍农府
DC-130A、CH-3E、AQM-34	第 4025 战略侦察中队	边和
DC-130A/E、CH-53A、AQM-34	第 350 战略侦察中队	边和、乌塔堡

越南战争期间，美国部署的电子战飞机		
机型	所属作战单位	基地
预警机		
EC-121D/M	美国空军，第 522 空中预警与指挥联队（522 AEWCW）	台南、新山一、乌汶、乌隆、呵叻
C-130E- Ⅱ	美国空军，第 7 空中指挥控制中队（7 ACCS）	乌隆
EC-121K	美国海军，第 1 海军空中预警中队（VW-1）	岘港
美国空军的电子战飞机		
KC-135A、EC-135L	不详	冲绳嘉手纳空军基地、台南
EC-135L	第 70 空中加油机中队（ARS）	乌塔堡
EC-121J	不详	金兰湾
RB-66B/C	第 41 战术侦察中队	新山一
EB-66C/E	第 41 战术电子战中队（TEWS）	塔克里
RB-66B	第 6460 战术侦察中队	塔克里

EB-66B/E	第 42 战术电子战中队	塔克里、呵叻
EB-66E	第 39 战术电子战中队	呵叻
F-105F	第 44 战术战斗机中队	呵叻
EC-47N/P	第 360 战术电子战中队	波莱古、新山一
EC-47N/P	第 361 战术电子战中队	芽庄（Nha Trang）、新山一、富吉
EC-47N/P	第 362 战术电子战中队	波莱古、岘港
美国空军的对敌防空压制飞机		
F-100F、F-105F/G	第 561 战术战斗机中队	呵叻
F-105F	第 357 战术战斗机中队	塔克里
F-105F/G	第 6010 战术战斗机中队	呵叻
F-105G	第 17 战术战斗机中队	呵叻
F-4C	第 67 战术战斗机中队	呵叻
美国海军陆战队的电子战飞机		
EF-10B、EA-6A、RF-8A、RF-4B	海军陆战队第 1 混合侦察中队	岘港
EA-6A	海军陆战队第 2 混合侦察中队	岘港
EA-6B	第 132 海军电子攻击中队	金兰湾
TF-9J、TA-4F	海军陆战队第 11 航空后勤中队	岘港
TF-9J	海军陆战队第 13 航空后勤中队	茱莱港
TF-9J	海军陆战队第 17 航空后勤中队	岘港
美国海军的电子战飞机		
AP-2H	第 21 海军重型攻击中队	金兰湾

"快乐绿巨人"

越南战争期间，美国空军首创了一项新的直升机任务——作战搜索与援救（简称 CSAR），即救助跳伞逃生的飞行员。首个专为执行此任务而设计的直升机是 HH-3E[绰号"快乐绿巨人"（Jolly Green Giant）]。该机型装备有武器、外部燃料箱、一个加油受油头和一部升降机。HH-3E 直升机于 1968 年服役，鉴于其所执行的任务的危险性，美军对它进行了武装改造。越南战争期间，改造升级后的 HH-3E 直升机常在低速飞行的 A-1H 和 A-1J 攻击机的近距离支援下，深入敌占区执行搜救任务。HH-3E 直升机执行搜救任务时，负责为其进行空中加油的是 H-130P 或 KC-130 空中加油机。HH-3E 直升机的继任者是 HH-53B/C"超级快乐绿巨人"（Super Jolly），后者的搜救范围更广，有效载荷更大。在沿海区域执行救援任务的机型是 HU-16 水陆两用飞机，此机型还负责执行一般运输任务。此外，美国 SP-5 水上飞机也曾在"赶集日"

（Market Time）行动期间执行近海巡逻任务，负责封锁南越海岸，防止北越方面从海上进行渗透。"赶集日"行动后期，美国用 P-2 与 P-3 陆基巡逻机取代了 SP-5。

除各种轻型飞机（C-12、U-8 和 U-12 负责执行战场联络任务，OV-10 负责执行战场侦察任务）外，美国陆军的固定翼飞机也被投入了越南战场，如编号为 CV-2 的 DHC-4 "驯鹿"运输机（Caribou）——该机具备优良的短距离起降性能，可在简易跑道或粗糙路面上完成起降，非常适合为偏远村庄或分散的小股部队提供补给。后来，DHC-4 "驯鹿"运输机又曾在美国空军中服役（编号被改为 C-7）。不仅如此，澳大利亚皇家空军也曾在越南战争期间使用过 DHC-4 "驯鹿"运输机——与"堪培拉"B.Mk20 轰炸机一起执行对地攻击和轰炸任务。

越南战争期间，越南的邻国柬埔寨也遭到过美国的攻击。1969 年 11 月，刚刚在大选中获胜的理查德·尼克松（Richard Nixon）下令出动 B-52 轰炸机执行秘密轰炸任务。轰炸结束后，美军随即实施战术空袭并派出地面部队。客观地说，美国的这次进攻行动导致了西哈努克（Sihanouk）政权垮台，并为波尔布特（Pol Pot）领导的红色高棉（Khnmer Rouge）夺取政权创造了条件。

"贝尔"飞机公司（Bell）AH－1G "休伊眼镜蛇"（HueyCobra）
美国陆军，第 1 空中骑兵师（1st Air Cavalry Division，位于越南）
AH－1G 直升机是美国陆军中首款参与越南战争的"休伊眼镜蛇"机型。该直升机采用单引擎设计，能够搭载 M28 直升机武装子系统（即机首小炮塔）——可以携带两挺 7.62 毫米轻机枪或两门 40 毫米自动榴弹发射器。

规格

机组成员：2 人
动力设备：1 台"莱康明"T53-L-13 涡轮轴发动机（功率为 820 千瓦）
最高速度：352 千米/时
航程：574 千米
实用升限：3475 米
尺寸：旋翼直径 13.4 米；机长 13.4 米；机高 4.1 米
重量：4500 千克
武器：2 挺 7.62 毫米机枪；70 毫米火箭弹；7.62 毫米 M18 速射机枪吊舱

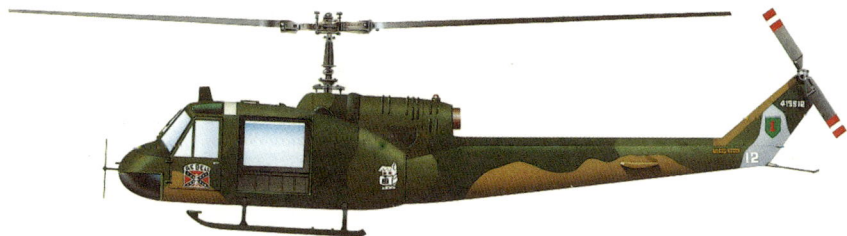

"贝尔"飞机公司（Bell）UH—1B"依洛魁"（Iroquois）
20世纪60年代，美国陆军，第1步兵师，第1航空营，"A"连（位于越南）

UH—1B"依洛魁"是美国在东南亚使用极具标志性的直升机。图中这架绰号为"机灵鬼"（Slick）的UH—1B直升机是"非武装机型"，并未携带武器，且其机身上也没有安装会降低直升机性能的外部装备。该直升机的尾翼上涂有第1步兵师的"大红一师"（Big Red One）徽章。通常情况下，"机灵鬼"会由装备了机枪与火箭弹的UH—1"野猪"（Hog）护送至危险着陆地点。

规格

机组成员：2人
动力设备：1台"莱康明"T53—L—13涡轮轴发动机（功率为820千瓦）
最高速度：236千米/时
航程：418千米
尺寸：旋翼直径13.4米；机长12米；机高4.4米
重量：3854千克
武器：无

　　1969年，C-5A大型运输机开始投入使用。到了1972年上半年，几乎整个C-5A运输机队都在为军事行动提供支援。不仅如此，当美国最终从越南撤离时，该运输机也是负责撤军的主力机型。

　　1972年3月，越南人民军发起了新一轮大规模攻势，美国随即将B-52G轰炸机部署至关岛。该机型的航程较远，能够在不进行空中加油的情况下飞抵大部分目标。1972年，美国发起"后卫"行动，频繁出动B-52轰炸机袭击非军事区（Demilitarized Zone）以北的目标。10月，为了配合越南战争各方在巴黎举行的和谈，美国缩小了"后卫"行动的轰炸范围。在北越方面退出和谈之后，美国发起了"后卫二号"行动。这是越南战争期间，美国出动B-52轰炸机的数量最多的一次轰炸行动——仅12月18—29日，美国就派出了约100个飞行大队，共出动B-52轰炸机729架次，向海防市等重要目标投掷了超过15000吨炸弹。北越方面宣称，该国用米格-21战斗机和地对空导弹击落了12架B-52轰炸机。

激光制导炸弹

美军在撤出越南前，开始将更为先进的武器投入战场。1972 年 4 月 27 日，美国空军使用 F-4E 战机投掷了激光制导炸弹（laser-guided bomb）——这是该炸弹首次在战场上亮相。在此之前，美国空军曾对清化省（Thanh Hoa）的铁路桥发起过多轮轰炸，但均徒劳无功。而名为"宝石路"（Paveway）的激光制导炸弹，则顺利地完成了任务。

1972 年 5 月，美军调整了在海防市部署水雷的策略，改为在海港内布雷。此举虽然迫使北越重返谈判桌，但也给美军自身带来了麻烦。为此，美国方面不得不在达成目的后动用 RH-53D 扫雷直升机，通过拖拽诱爆器的方式来清除海港内的水雷。

这一时期，美国国内的舆论开始偏向"反对美国干涉东南亚事务"。尼克松政府提出所谓的"越南战争越南化"（Vietnamization）方案，逐步从越南战场撤军，抛下南越军队独自同越南人民军作战。不过，南越军队可使用美国提供的武器装备，并接受美国军事顾问的训练。

1970 年时，南越空军已拥有 700 架战机，其中包括：A-1 攻击机、AC-47 对地攻击机、C-47 运输机、C-119 运输机、O-1 侦察机，以及 T-28 和 A-37B 平叛战机（轻型攻击机）。此外，南越空军还拥有 F-5 轻型喷气式战斗机——美国空军曾在一个代号为"幼虎"（Skoshi Tiger）的项目中，对少量 F-5 轻型喷气式战斗机进行过测试评估。

不过，南越空军的军事部署并未取得成效。美国不得不继续向南越输送空中力量，并派遣了一支 4 万人的部队。但是，这些都并未改变美国从越南撤军的决心——在使用 B-52 轰炸机实施了最后一轮轰炸后，美国最终于 1973 年 1 月 27 日签署停战协定。

停战后，美国仍继续向南越提供资金支持，但援助金额从 1974 年开始大幅缩减。这时候，北越终于看到了统一越南全境的曙光。北越从 1975 年 3 月开始，向南越发起了一系列进攻，最终击溃了南越军队，而南越政府也随之垮台。1975 年 4 月底，最后一支美国部队从西贡狼狈撤出。与此同时，美国还派出了重型运输机撤离难民与平民。当北越军队占领了越南境内的全部机场后，美军被迫启动了"常风"（Frequent Wind）行动，派 UH-1、H-53 和 CH-46 直升机将待撤离人员从新山一空军基地转移至在岸边等待的船只上。

4月30日清晨，最后一架美国直升机从位于西贡的美国大使馆屋顶起飞，飞离越南。一天后，西贡被更名为"胡志明市"（Minh City）。虽然美国在军事实力上具有压倒性的优势（特别是在空中力量方面），但最终还是被赶出了越南。

越南战争期间，美国部署的引导机		
机型	所属作战单位	基地
美国空军		
O-1E/G、O-2A、OV-10A	第 19 战术空中支援中队	边和
O-1E/F、O-2A	第 20 战术空中支援中队	岘港
O-1E/F、O-2A	第 21 战术空中支援中队	富吉、新山一
O-1E/F、O-2A	第 22 战术空中支援中队	不详
O-2A、OV-10A	第 23 战术空中支援中队	那空拍农府
美国海军陆战队		
OV-10A	美国海军陆战队第 6 战场侦察中队	广治（Quang Tri）、茱莱港
OV-10A/D	美国海军陆战队第 2 战场侦察中队	五行山

越南战争期间，美国空军部署的救援飞机		
机型	所属作战单位	基地
HH-43B/F、HU-16B、CH-3C	第 33 航空救援与回收大队	边和、那空拍农府、呵叻、塔克里、乌隆、岘港、波莱古
HH-43B/F、HU-16B、HH 3E、HH-53B/C	第 37 航空救援与回收大队	乌隆、岘港
HH-43B/F、HC-54、HC-130H、HH-3E	第 38 航空救援与回收大队	新山一、边和、呵叻、岘港
HC-130P	第 39 航空救援与回收大队	绥和
HH-43B、HH-3E、HH-53C	第 40 航空救援与回收大队	那空拍农府、乌隆
HC-130P	第 56 航空救援与回收大队	呵叻
HC-54、HC-130H	第 31 航空救援与回收大队	克拉克空军基地（Clark AB）
HH-43B、HC-54、HC-130H	第 36 航空救援与回收大队	立川空军基地（Tachikawa AB）
HC-54、HC-130H	第 79 航空救援与回收大队	安德森空军基地

越南战争期间，美国部署的特种作战飞机		
机型	所属作战单位	基地
T-28D、A-1E/G	第 1 特种作战中队	边和、波莱古
A-1E/H	第 6 特种作战中队	波莱古
A-37B	第 8 特种作战中队	边和
A-37A/B	第 604 特种作战中队	边和
AC-47D	第 4 特种作战中队	边和、芽庄、新山一、岘港
AC-47D	第 14 特种作战中队	芽庄

AC-47D	第 3 特种作战中队	波莱古
AC-130A、NC-123K	第 16 特种作战中队	乌汶、芽庄
AC-119G	第 71 特种作战中队	芽庄
AC-119G	第 17 特种作战中队	富吉
AC-119G/K	第 18 特种作战中队	潘阳
AC-47D、U-10A	第 5 特种作战中队	芽庄
AC-47D、O-2B	第 9 特种作战中队	新山一
UH-1B/F/P、CH-3C	第 20 特种作战中队	绥和、芽庄、金兰湾、那空拍农府
C-130E-I	第 15 特种作战中队	芽庄
A-1E/G/H/J	第 602 特种作战中队	边和、那空拍农府
A-1E/G/H/J	第 1 特种作战中队	那空拍农府
A-1E/G/H/J	第 22 特种作战中队	那空拍农府
T-28D、C-123K、A-26A	第 606 特种作战中队	那空拍农府
T-28D、A-26A	第 609 特种作战中队	那空拍农府
CH-3C/E	第 21 特种作战中队	那空拍农府
AC-119K	第 18 特种作战中队	那空拍农府
AC-130A/E/H	第 16 特种作战中队	乌汶、呵叻
MC-130E	第 318 特种作战中队	芽庄、呵叻
AC-47D	第 4 特种作战中队	乌隆
UC-123B/K	第 12 特种作战中队	边和
UC-123K	第 310 特种作战中队	新山一

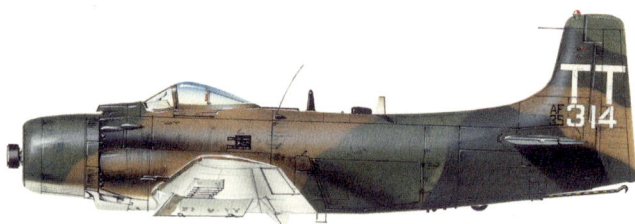

道格拉斯公司（Douglas）A-1H "空中袭击者"
1968 年，美国空军，第 56 特种作战联队（位于那空拍农府）

第 56 特种作战联队的飞行员曾于 1968 年驾驶图中这架 A-1H 攻击机立下赫赫战功——比如，该机曾参与过著名的 "桑迪" 行动（为执行搜救任务的直升机提供近距离支援）。该机型的初始型号为 AD-6，是为满足美国海军的需要而设计的。

规格

机组成员：1 人
动力设备：1 台普拉特·惠特尼 R-3350-26WA 星形活塞发动机（功率为 2013 千瓦）
最高速度：520 千米 / 时
航程：2115 千米
实用升限：8660 米
尺寸：翼展 15.25 米；机长 11.84 米；机高 4.78 米
重量：11340 千克
武器：4 门 20 毫米机炮；最多可携带 3600 千克重的炸弹、火箭弹或其他军械

格鲁曼公司（Grumman）HU-16B"信天翁"（Albatross）
美国空军，第3航空救援与回收大队（ARRS，位于越南）

HU-16B 水陆两用飞机是美国空军部署在越南境内的特殊机型之一。越战期间，HU-16B 主要负责执行战场指挥任务。图中这架 HU-16B 采用了低可视涂装，其尾翼上还喷涂了泛美航空公司（Pan Am）的标识——这表明该机的机组成员来自空军后备役部队（Air Force Reserve）

规格

机组成员：2 人
动力设备：2 台赖特 R-1820-76"飓风"（Cyclone）9 缸星形发动机（单台功率为 1063 千瓦）；2 台或 4 台 15KS1000 火箭辅助推进发动机（单台推力为 4.4 千牛）
最高速度：380 千米 / 时
航程：4587 千米
实用升限：6553 米
尺寸：翼展 24.4 米；机长 19.16 米；机高 7.8 米
重量：14968 千克
武器：无

西科斯基公司（Sikorsky）HH-53C
美国空军，第3航空救援与回收大队（位于越南）

绰号"超级快乐绿巨人"的 HH-53C 直升机，配备了适合在东南亚地区执行远程搜救任务所需的装备。此外，该机型还加装了护甲、防御性武器以及空中加油受油头。值得一提的是，HH-53C 直升机还可使用外挂吊钩回收被击落的飞机。

规格

机组成员：6 人
动力设备：2 台通用电气 T64-GE-7 涡轮轴发动机（单台功率为 2927 千瓦）
最高速度：315 千米 / 时
航程：869 千米
实用升限：6220 米
尺寸：旋翼直径 22.02 米；机长 20.47 米；机高 7.6 米
重量：19050 千克
武器：3 挺 7.62 毫米速射机枪或 12.7 毫米 BMG 机枪

马来亚，1948—1960 年

马来亚人民解放军为争取民族独立，发起"反英民族解放战争"（Malaya Emergency，又称"马来亚危机"或"马来亚紧急状态"），同英国殖民者进行了旷日持久的丛林游击战。

当马来亚的起义活动遭到了英国殖民当局的镇压后，起义军开始进入丛林展开游击战。反英民族解放战争爆发之初，英国在新加坡（Singapore）和吉隆坡（Kuala Lumpur）两地共部署了八支飞行中队（主力机型为"喷火"Mk 18 型与"英俊战士"Mk 10 型）。在利用"蚊式"PR.Mk 34 飞机侦测到游击队的据点后，英国皇家空军于 1949 年发起了代号为"火焰猎犬"（Firedog）的清剿行动。

英国皇家空军先利用"达科塔"运输机将部队投送至丛林中，然后又空投了补给。1949 年，英国皇家空军用"强盗"攻击机取代了"英俊战士"系列战机，并将其广泛用于反游击作战。同年，"暴风式"战斗机被投入战场。截至 1950 年，英国皇家空军已在马来亚部署了 160 架飞机，而起义军则巩固了农村根据地，并在根据地外线同英军展开斗争。为了追踪沿海地区的游击队，英国皇家空军使用了"桑德兰"水上飞机。

德·哈维兰公司（De Havilland）"大黄蜂"F.Mk 3
1951—1955 年，英国皇家空军，第 33 中队（位于巴特沃思空军基地）
马来亚"反英民族解放战争"期间，图中这架"大黄蜂"被部署至巴特沃思空军基地，并长期在丁加机场待命。该机除在翼下挂载了火箭弹之外，还装备了用于打击游击队的特制武器，以削弱游击队在稠密雨林中的优势。

规格

机组成员：1 人
动力设备：2 台 12 缸罗尔斯 - 罗伊斯"梅林"130/131 发动机（单台功率为 1551 千瓦）
最高速度：760 千米 / 时
航程：4828 千米
实用升限：10668 米
尺寸：翼展 13.72 米；机长 11.18 米；机高 4.3 米
重量：9480 千克
武器：4 门 20 毫米西斯帕诺 Mk.V 机炮；2 枚 454 千克重的炸弹；8 枚火箭弹

从 1951 年年初开始，英国用"大黄蜂"（Hornet）战斗轰炸机接替了"暴风式"战斗机的任务。1950 年 12 月，英国又用"吸血鬼"喷气式战斗机战机取代了"喷火式"战斗机。得益于战术的改进，英国及英联邦部队从 1952 年开始在反游击作战中占据了上风。自 1953 年年初起，英国开始用"瓦莉塔"运输机汰换"达科塔"运输机，并将"蜻蜓"直升机用于执行"迅速将小股作战力量插入丛林内的敌人的力量薄弱之处"的任务。在执行侦察任务方面，英国用"流星"PR.Mk 10 型替换了"蚊式"PR.Mk 34。截至 1954 年年初，英国已在马来亚战场投入了 242 架前线战机。也正是从这时起，"先锋"短距离起降运输机开始从丛林简易机场起飞参战。此外，澳大利亚和新西兰也为英国提供了空中支援，澳大利亚出动了"林肯"轰炸机与"达科塔"运输机，新西兰派出了"吸血鬼"战斗机、"毒液"战斗机和"布里斯托尔"（Bristol）170 运输机。

英国与马来亚殖民政府控制着城市，而起义军则在农村地区开展游击战。最终，英国政府给予华人政治权利，瓦解了起义军的民众基础。1960 年战争结束时，英国及英联邦国家仍部署在马来亚的战机有：英国皇家空军与澳大利亚皇家空军的"堪培拉"轰炸机、"黑斯廷斯"与"双先锋"运输机、"流星"夜间战斗机和"旋风"直升机。

婆罗洲岛，1962—1966 年

"马来亚紧急状态"结束后，英国又与印度尼西亚于 1962 年 12 月就边境争端问题发生了对抗，史称"印尼—马来亚对抗"。

英属殖民地与印度尼西亚在婆罗洲岛接壤。婆罗洲北部的文莱（英国保护国）与沙捞越（英属殖民地）发生暴动后，英国殖民当局与印度尼西亚的关系开始变得剑拔弩张起来。英国政府计划建立"大马来西亚联邦"（Great Malaysia），并将沙捞越和婆罗洲北部的沙巴纳入其中。该计划遭到了印度尼西亚的反对，后者试图攫取沙捞越和沙巴的控制权，甚至想要占领享有自治权的文莱。在沙捞越、沙巴和文莱内部，反对建立"大马来西亚联邦"的人逐渐占据上风。于是，印度尼西亚决定渗透上述三地，为反对建立"大马来西亚联邦"的组织提供支援，并在加里曼丹（Kalimantan，位于印尼属地南婆罗洲）境内训练战斗人员，借机煽动叛乱。

此时，英国既要对付北方领地内的民族解放组织，又要防范印度尼西亚渗透边境地带。于是，在"印尼—马来亚对抗"期间，英国皇家空军远东空军（RAF's Far East Air Force）装备了"猎人"与"标枪"战斗机、"堪培拉"轰炸机、"堪培拉"侦察改型、"沙克尔顿"海上巡逻机，并下辖一个运输机编队。此外，澳大利亚皇家空军和新西兰皇家空军（RNZAF）也为英国提供了支援，前者派出了位于巴特沃思（Butterworth）基地的"佩刀"战斗机和"堪培拉"轰炸机，而后者则出动了"堪培拉"轰炸机与"布里斯托尔空中摆渡机"（Bristol Freighter）。[①]

平叛作战

1962 年 12 月，英国军队开始进入婆罗洲北部戡乱，并很快稳定了沙捞越境内的局势。接下来，英国将注意力转向文莱，开始采用双管齐下的办法平乱：一方面派运输机向兵力最为薄弱的地方投送部队，另一方面出动"猎人"战斗机恫吓起义军，帮助文莱政府逐步重掌局势。不仅如此，英军还派"猎人"与"标枪"战斗机在边界上空执行哨戒任务。1964—1965 年间，印度尼西亚军队发起了一系列登陆作战与伞降行动。1966 年，交战双方秘密结束了对抗，并于同年 8 月签署和约。

1962—1966 年，英国皇家空军在婆罗洲岛部署的战机		
机型	所属作战单位	基地
"堪培拉" B.Mk 15	第 45 中队	登加、纳闽岛、古晋
"堪培拉" B.Mk 15	第 32 中队	登加、关丹（Kuantan）
"猎人" FGA.Mk 9	第 20 中队	纳闽岛、古晋、登加
"标枪" FAW.Mk 9	第 60 中队、第 64 中队	纳闽岛、古晋、登加
"流星" F.Mk 8	第 1574 小队	樟宜（Changi）
"沙克尔顿" MR.Mk 2	第 205 中队	纳闽岛、樟宜
"堪培拉" PR.Mk 7	第 81 中队	纳闽岛、登加
"先锋" C.Mk 1 "双先锋" CC.Mk 1	第 209 中队	纳闽岛、古晋、文莱（Brunei）
"瞭望楼" HC.Mk 1	第 66 中队	纳闽岛、古晋、实里达
"瞭望楼" HC.Mk 1	第 26 中队	实里达

---

① 译者注："布里斯托尔" 170 运输机共有两种机型，一种机型可同时运送车辆及车内人员，被称为"布里斯托尔空中摆渡机"（Bristol Freighter）；另一种机型仅能运送各种人员，被称为"布里斯托尔客运机"（Bristol Wayfarer）。

苏格兰航空公司（Scottish Aviation）"先锋"（Pioneer）CC.Mk 1

20 世纪 50 年代末，英国皇家空军，第 209 中队 [位于巴六拜（Bayan Lepas）和实里达（Seletar）]

图中这架常驻新加坡实里达的"先锋"CC.Mk 1 飞机，曾在"印尼—马来亚对抗"期间被调往婆罗洲岛执行任务，为身处婆罗洲岛稠密雨林中的地面部队提供支援。"先锋"CC.Mk 1 战机具备优秀的短距离起降性能，能够在简易飞机跑道上起飞参战。

规格

机组成员：1 人
动力设备：1 台阿尔维斯·利奥尼兹 502/4 星形发动机（功率为 388 千瓦）
最高速度：261 千米 / 时
航程：676 千米
实用升限：7010 米
尺寸：翼展 15.17 米；机长 10.47 米；机高 3.13 米
重量：2636 千克
载客量：4 人

布里斯托尔飞机公司（Bristol）"瞭望楼"（Belvedere）HC.Mk 1

1962—1967 年，英国皇家空军，第 66 中队 [位于实里达、古晋（Kuching）和纳闽岛（Labuan）]

在"马来亚紧急状态"期间，英国皇家空军改进了其直升机战术，让直升机在"印尼—马来亚对抗"中发挥了至关重要的作用。1962—1969 年间，第 66 中队的飞行员长期驾驶"瞭望楼"HC.Mk 1 运输直升机执行任务：不仅负责运送战斗人员与装备，还从位于丛林中的前沿基地出发参与战斗。

规格

机组成员：2 人
动力设备：2 台纳皮尔"瞪羚"（Gazelle）N.Ga.2 涡轮轴发动机（单台功率为 1092 千瓦）
最高速度：231 千米 / 时
航程：740 千米
实用升限：5275 米
尺寸：单个旋翼直径 14.91 米；机长（旋翼转动时）27.36 米；机高 5.26 米
重量：9072 千克
武器：无

格罗斯特公司（Gloster）"标枪" FAW.Mk 9

1963—1966 年，英国皇家空军，第 64 中队 [位于纳闽岛、古晋和登加（Tengah）]

为了对抗印度尼西亚空军的轰炸机（伊尔 −28 和图 −16）和战斗机（米格 −17 和米格 −19），英国皇家空军派"标枪"全天候战斗机从古晋和纳闽岛两地起飞作战。装备此机型的作战单位分别是第 60 中队和第 64 中队，其中第 64 中队的战机挂载了"火光"空对空导弹。

规格

机组成员：2 人

动力设备：2 台阿姆斯特朗·西德利"蓝宝石"203 涡轮喷气发动机（单台推力为 48.94 千牛）

最高速度：1130 千米 / 时

航程：1600 千米

实用升限：16000 米

尺寸：翼展 15.85 米；机长 17.15 米；机高 4.88 米

重量：19578 千克

武器：每侧机翼内安装 2 门 30 毫米阿登机炮[①]；4 枚德·哈维兰"火光"热追踪空对空导弹

---

① 译者注：机炮安装的位置比较特殊——在机翼外翼段起落架支柱的外侧。这种布局方式在现代喷气式战斗机中很罕见，但在二战时期的螺旋桨战斗机上比较常见。

第九章

拉丁美洲

　　虽然从某种程度上来说，中美洲与南美洲属于冷战的边缘地带，但是在二战结束多年后，此地仍然爆发了几场激烈的空战。其中，古巴在 20 世纪 60 年代多次成为各大国之间的局部热战的角斗场。而在 1982 年的福克兰群岛战役中，参战各国也均部署了现代化战机。此外，美国也频繁干预此地事务，并设法颠覆各类有损美国利益的亲苏政权与游击组织。

英国宇航公司（British Aerospace）"海鹞" FRS.Mk 1

在冷战时期，福克兰岛战争只能说是一段小插曲。它之所以被世人所关注，是因为在这场战争期间有大量新式飞机与武器闪亮登场——其中战绩最令瞩目的便是英国皇家海军的"海鹞" FRS.Mk 1战机。照片中这架"海鹞" FRS.Mk 1战机正在从"竞技神"号航母上起飞。

古巴，1959—1962 年

在菲德尔·卡斯特罗（Fidel Castro）的领导下，古巴革命取得胜利，让美国"后院失火"。与此同时，加勒比岛周边地区的紧张对峙局势却将世界推到了核战争的边缘。

1958 年，卡斯特罗发动古巴革命，推翻了腐败的巴蒂斯塔亲美政权，并建立了社会主义古巴。这个距离美国佛罗里达州仅不到 160 千米的国家一跃成为反美的前哨阵地。对此，华盛顿方面立刻做出了回应。

美国中央情报局（以下简称"中央情报局"）决定利用空中力量策动一场隐秘的战争。1959 年 11 月，美国空军派飞机在哈瓦那（Havana）上空抛洒传单。与此同时，美国空军的 C-46 运输机也开始为古巴的反革命武装空投武器与补给。1960 年，中央情报局在危地马拉组建并训练了一支由古巴流亡分子组成的武装力量，随时准备入侵古巴。

猪湾入侵

为了能够随时全身而退，中央情报局在不为人知的情况下精心策划了一场入侵古巴的行动。为此，中央情报局的各个前线组织的飞行员驾驶 C-46 和 C-54 运输机从佛罗里达州起飞，前往古巴支援由古巴流亡分子组成的武装力量。这次入侵行动的登陆地点被定在古巴南部沿海的猪湾，由一架在巴拿马注册登记的 PBY-5A 水上飞机充当空中指挥所。为了将这次入侵伪装成反政府起义，前往古巴执行轰炸任务的 B-26B 轰炸机均被涂上了古巴军队的标记。

1961 年 3 月，肯尼迪总统批准了"猪湾入侵"行动。4 月 15 日，八架装备了机炮、炸弹与火箭弹 B-26B 轰炸机（原隶属美国空军）被编为三个机队，从尼加拉瓜（Nicaragua）起飞，袭击了圣安东尼奥德洛斯巴尼奥（San Antonio de los Banos）、坎普 - 利伯塔德（Campo-Libertad）和安东尼奥·马塞奥（Antonio Maceo）三地的机场。在圣安东尼奥德洛斯巴尼奥机场，古巴的一架 T-33 教练机与数架 B-26 轰炸机被炸毁。在安东尼奥·马塞奥机场，古巴的一架"海怒"战机与一架民用版 DC-3 运输机被击伤。空袭期间，美方有一架 B-26B 轰炸机被击落坠海，另有两架 B-26B 轰炸机分别因引擎故障和燃料不足而迫降。

与此同时，一支由古巴流亡分子组成的两栖登陆部队正在从尼加拉瓜的卡贝萨斯港（Puerto Cabezas）出发——由 24 架 B-26B 轰炸机、6 架 C-46 和 6 架 C-54 运输机为其提供空中支援。4 月 16 日，为了减少登陆行动的阻力，11 架 B-26B 轰炸机提前对地面目标实施了轰炸。其中，有两架 B-26B 轰炸机在进行轰炸时被击落，一架实施了紧急迫降，两架在返航途中被击落。4 月 17 日，登陆行动正式开始，而 B-26B 轰炸机则继续对古巴机场与部队实施轰炸。虽然有两艘登陆船被古巴空军击沉，但是入侵者仍然占领了滩头，并修建了一条着陆跑道（用来接收由 C-46 运输机输送的补给）。4 月 18—19 日，美国派 B-26B 轰炸机继续对古巴实施轰炸，但哈瓦那境内却毫无发生政变的迹象。于是，未涂装古巴军队标志的美国海军 A4D-2 攻击机匆忙从"埃塞克斯"号航母上起飞，掩护 B-26B 轰炸机实施最后一轮轰炸。但是，在得到了火力支援的情况下，B-26B 轰炸机依旧遭到了古巴防空火力的打击。最终，一架 B-26B 轰炸机被古巴空军的 T-33 教练机击落，一架被古巴的防空火炮击落。本次入侵行动，美国共派出了 24 架飞机，但其中有一半被古巴击毁。与此同时，登陆行动也以惨败而告终，120 名流亡分子阵亡，另有 1200 人被捕。

霍克公司（Hawker）"海怒" FB.Mk 11
古巴革命空军（Fuerza Aérea Revolucionaria/Cuban AF），截击中队
美国发起"猪湾入侵"行动期间，古巴革命空军（FAR）派出了 12 架"海怒"（这批战机原是由英国提供给巴蒂斯塔政权的）参与战斗。古巴方面宣称，该国派出的"海怒"战机击毁了至少两架 B-26B。

规格

机组成员：1 人
动力设备：1 台布里斯托尔"人马座" XⅦ C18 缸星形发动机（功率为 1850 千瓦）
最高速度：740 千米 / 时
航程：1127 千米
实用升限：10900 米
尺寸：翼展 11.7 米；机长 10.6 米；机高 4.9 米
重量：5670 千克
武器：4 门 20 毫米西斯帕诺马克 5 型机炮；12 枚 76 毫米航空火箭弹或 907 千克重的炸弹

古巴导弹危机

1962 年，苏联总理赫鲁晓夫决定在古巴部署中程核导弹，进一步加剧了在冷战对峙期间爆发热战的风险。来自美国的威胁使古巴方面深感忧虑，于是卡斯特罗政权接收了大量由苏联援助武器，甚至装备了携载核弹的伊尔 -28 喷气式轰炸机、SS-4 与 SS-5 中程弹道导弹和陆基巡航导弹。

古巴的军备扩张活动引起了美国的警觉，后者通过中央情报局派出更多的 U-2 侦察机飞越古巴领空进行侦察，并在 1962 年 8 月发现了古巴部署的各种导弹。与此同时，美国海军与美国空军的巡逻与侦察飞机也在密切监视驶往古巴的船只。8 月 29 日，U-2 侦察机发现了古巴境内的 SA-2 地对空导弹发射场，而苏联国内的战略导弹基地同样部署了类似的导弹。9 月 4 日，肯尼迪向莫斯科方面发出通告，表示美国绝不会容忍苏联的战略武器出现在古巴境内。赫鲁晓夫对此予以否认，并表示古巴岛内没有美国所说的武器，所谓的导弹不过是美国海军的 P-2 巡逻机与中央情报局的 U-2 侦察机在利用收集到的影像资料来编织谎言。

道格拉斯公司（*Douglas*）*B—26B* "入侵者"
1961 年 4 月，伪装成"古巴空军"的 CIA 机队 [位于迈阿密（Miami）]
图中这架假扮成"古巴空军"战机的 B—26B 轰炸机，在 4 月 15 日参与了袭击古巴的行动，随后便降落在迈阿密国际机场。该机的驾驶员自称是古巴空军飞行员，宣称他与其他几名"起义者"和受美国支持的流亡分子共谋了此次袭击。事实上，这架 B—26B 轰炸机原隶属美国空军，而这场行动也是由中央情报局一手策划的。古巴空军装备的 B—26 机型并非 B—26B，而是 B—26C。

规格

机组成员：3 人
动力设备：2 台普拉特·惠特尼 R-2800-43 星形发动机（单台功率为 1431 千瓦）
最高速度：453 千米 / 时
航程：1850 千米
实用升限：6614 米
尺寸：翼展 21.71 米；机长 16.60 米；机高 5.6 米
重量：16782 千克
武器：11 挺 12.7 毫米 M2 勃朗宁机枪；最大载弹量为 3628 千克

随着更多的导弹于 9 月中旬运抵古巴，美国空军在 10 月 10 日接替中央情报局执行 U-2 侦察任务，并发现了其他与导弹发射场有关的在建设施。其中，从佛罗里达州帕特里克空军基地（Patrick Air Force Base，简称 AFB）起飞的一架 U-2E 侦察机在执行任务时确认了古巴境内的确部署有 SS-4 导弹。于是，美国空军在 10 月 16 日将证据提交给了肯尼迪总统，并下令阿肯色州境内的肖空军基地（Shaw AFB）出动 RF-101C 侦察机对古巴实施低空侦察。

不过，苏联方面仍坚称古巴境内仅部署有防御性武器。此时，美国仍在权衡如何应对古巴问题：入侵古巴，发动空袭，发布最后通牒，还是实施封锁？ 10 月 22 日，美国最终决定实施封锁，并将此任务交给了美国海军第 138 特遣舰队。10 月 22 日，两支 S2F-1（S-2A）中队在"埃塞克斯"号航母的甲板上待命，协助第 138 特遣舰队正式实施海上封锁。与此同时，美国战略空军的 B-52 轰炸机开始转入警戒状态。美国一方面在古巴沿岸设立了一道长达 800 千米的隔离带，一方面派更多飞机进行空中照相侦察（如美国空军的 RF-101C、美国海军与美国海军陆战队的 RF-8A）。

洛克希德公司（Lockheed）U—2A

1961 年，美国空军，第 4080 战略侦察联队 [位于劳夫林空军基地（Laughlin AFB）]

"古巴导弹危机"期间，U—2A 侦察机发挥了至关重要的作用。1962 年 10 月 14 日至 12 月 6 日，美国空军共出动了 U—2A 侦察机 102 架次。图中这架 U—2A 侦察机整体采用了浅灰色涂装，在当时隶属第 4080 战略侦察联队（该联队被部署在得克萨斯州的劳夫林空军基地）。

规格

机组成员：1 人
动力设备：1 台普拉特·惠特尼 J75-P-37A 推力涡轮喷气发动机（推力为 48.93 千牛）
最高速度：795 千米 / 时
航程：3542 千米
实用升限：16763 米
尺寸：翼展 24.3 米；机长 15.1 米；机高 3.9 米
重量：9523 千克
武器：无

10 月 26 日，赫鲁晓夫提出从古巴撤走苏联部署的进攻性武器，以换取美国从土耳其撤走导弹。但仅一天后，一架 U-2 侦察机在古巴上空被苏军的地对空导弹击落，令局势急转直下。不仅如此，另一架 U-2 侦察机因迷航误入苏联西伯利亚领空，更导致了局势的进一步恶化。

最终，苏联在 10 月 28 日做出让步，同意从古巴撤走进攻性武器和正在古巴境内组装的伊尔 -28 轰炸机。11 月，苏联拆除导弹并将其运回国内，而美国也在月底前宣布解除海上封锁，撤走了部署在欧洲的"朱庇特"（Jupiter）弹道导弹，并承诺不会干涉古巴事务。一年后，美苏为了改善相互之间的关系，还在华盛顿与莫斯科之间建立起了一条电话热线。

福克兰岛（Falklands）战争，1982 年

1982 年 4 月 2 日，阿根廷在进攻英国的海外领土福克兰群岛时，几乎没有遇到任何抵抗。因此，阿根廷政府并未料到英国方面会对此采取军事行动。

阿根廷军队最初登陆福克兰群岛（即马尔维纳斯群岛）时，并未得到空中支援。但就在同一天，阿根廷空军的"普卡拉"（Pucára）轻型平叛攻击机便抵达了斯坦利港（Port Stanley），紧随其后的是阿根廷陆军的"美洲豹"直升机、阿根廷空军的"贝尔"-212（Bell 212）直升机与 CH-47C 运输直升机、阿根廷海军的"空中货车"（Skyvan）运输机，以及阿根廷海岸警卫队的一架"美洲豹"直升机。福克兰群岛上的空军基地 [斯坦利机场（Stanley）、鹅绿机场（Goose Green）和圆石岛机场（Pebble Island）] 的面积都不大，无法用于起降阿根廷空军的战斗轰炸机。所以，阿根廷空军的战斗轰炸机只能从远在另一端的阿根廷大陆起飞参战。另外，阿根廷方面的三架"美洲豹"直升机、两架 A.109 直升机和一架 UH-1 直升机也已经海路运抵福克兰群岛，进一步充实了岛上的陆军实力。

3 月 28 日，阿根廷海军的"5 月 25 日"（ARA 25 de Mayo）号航母起航驶往福克兰群岛，该航母搭载了 A-4Q 攻击机。5 月 2 日，因为阿根廷海军的"贝尔格拉诺将军"（ARA General Belgrano）号巡洋舰被英国潜艇击沉，再加上 A-4 攻击机此时尚未形成战斗力，所以"5 月 25 日"号航母被迫返回港口。4 月 11

日，阿根廷把第 4 战斗机集群（GC-4）的 A-4C 攻击机部署至了圣胡利安（San Julian）机场。4 月 14 日，阿根廷又开始将第 5 战斗机集群（GC-5）部署至里奥加耶戈斯（Rio Gallegos）机场。上述两座机场均与斯坦利港相距约 1125 千米。

随着英国划定的海上禁区（Maritime Exclusion Zone，简称 MEZ）于 4 月 12 日生效，阿根廷开始加强对守岛部队提供的空中支援，起初派出了 C-130 运输机、F.27 运输机（海军与空军均装备有此机型）、L-188 "伊莱克特拉"（Electra）运输机及其民用机型（均隶属海军），后又部署了 UH-1 直升机。当英国的特遣舰队（Task Force）抵达福克兰群岛附近后，阿根廷又进一步加强了驻福克兰群岛守军的空中力量，增加部署了两架 CH-47 运输机、五架 "美洲豹" 直升机、九架 UH-1 直升机和三架 A.109 直升机。与此同时，阿根廷在已于斯坦利机场部署了 12 架 "普卡拉" 攻击机的基础上，又在鹅绿机场新部署了 12 架同型号的攻击机。截至 4 月 24 日，阿根廷海军已部署了六架 M.B.339 教练机和四架 T-34C 教练机——用于袭扰英国船只和打击登陆部队。

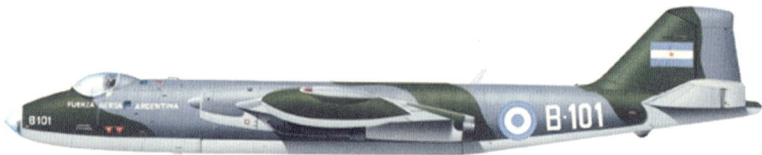

英国电气公司（*English Electric*）"堪培拉" B.Mk 62

阿根廷空军，第 2 轰炸机团 [Grupo 2 de Bombardeo，简称 GB2，位于瓦达维亚海军准将城（Comodoro Rivadavia）空军基地]
1970—1971 年间，阿根廷曾向英国飞机公司（BAC，于 1960 年在英国政府的主导下由英国电气飞机公司、维克斯－阿姆斯特朗公司、布里斯托飞机公司和汉廷飞机公司合并而成）购买了 12 架 "堪培拉" B.Mk 62 轰炸机。1982 年 5 月 1 日，该机型与 A－4 攻击机在 "幻影" 与 "短剑" 战斗机的高空掩护下，共同参与了针对英国特遣舰队的联合袭击行动。这场空战中，一架 "堪培拉" B. Mk 62 轰炸机在斯坦利港以北 240 公里处被英国第 801 海航中队的一架 "海鹞" 战机击落。

规格

机组成员：2 人
动力设备：2 台罗尔斯－罗伊斯 "埃汶" Mk 101 涡轮喷气发动机（推力为 28.9 千牛）
最高速度：917 千米 / 时
航程：4274 千米
实用升限：14630 米
尺寸：翼展 29.49 米；机长 19.96 米；机高 4.78 米
重量：24925 千克
武器：弹舱最大载弹量为 2727 千克；翼下挂架最大载弹量为 909 千克

"黑鹿"（Black Buck）突袭行动

截至 4 月末，英国在阿森松岛部署了 14 架"胜利者"空中加油机，其中大部分加油机都参与了"黑鹿 1 号"突袭行动，为负责袭击斯坦利港的"火神"轰炸机提供了 18 次空中加油服务。4 月 30 日，两架参与"黑鹿 1 号"突袭行动的"火神"轰炸机从阿森松岛起飞参战，其中一架负责执行主攻任务，而另一架则是备用机，这两架轰炸机共携带了 21450 千克重的炸弹。5 月 1 日，首次突袭行动取得成功，成功打击了阿根廷的斯坦利港。此后，英国又发起了五次"黑鹿"突袭行动（原计划执行的第六次"黑鹿"突袭行动因战机的空中加油管受损而被迫中止）。"火神"轰炸机在"黑鹿"突袭行动期间共飞行了 12390 千米，创造了"史上奔袭距离最长的点对点轰炸纪录"。

5 月 1 日，"海鹞"战斗机现身福克兰群岛战场。当天，英国在黎明时分对斯坦利港的机场发起突袭，英阿双方随即爆发了一场并未决出胜负的空战：英国方面派两架隶属第 801 海航中队（801 NAS）的"海鹞"战斗机参与了战斗。阿根廷方面出动三架 T-34C 教练机扫射英国军舰。与此同时，鹅绿机场的一架"普卡拉"攻击机被第 800 海航中队的"海鹞"战斗机直接摧毁在地面上，另有两架"普卡拉"攻击机也被重创失去了战斗力。5 月 1 日下午，阿根廷派 20 架飞机袭击英国特遣舰队。在此过程中，阿根廷的两架"幻影"战斗机与英国的"海鹞"战斗机缠斗在了一起。不过，一架"幻影"战斗机被"海鹞"战斗机发射的"响尾蛇"导弹击落，一架"幻影"战斗机先是遭敌机重创，后又被己方防空火炮击落。数分钟后，第 801 海航中队的两架"海鹞"战斗机被阿根廷的"短剑"（Dagger）攻击机驱离。值得一提的是，其中一架"海鹞"战斗机在避开了阿根廷战机发射的一枚导弹后，击落了对方——经此一役，"短剑"攻击机被降级为对地攻击机。与此同时，三架奔袭英国军舰的"堪培拉"轰炸机在途中遭遇了第 801 海航中队"海鹞"的战斗机，一架"堪培拉"轰炸机被击毁。

仅 5 月 1 日这一天，阿根廷的"普卡拉"攻击机就有一架因重着陆而损毁，一架被"海鹞"战斗机直接摧毁在地面上，两架遇袭受损。于是，阿根廷将剩余的"普卡拉"攻击机转移至圆石岛机场。同一天，阿根廷第 5 战斗机集群的四架 A-4 攻击机在"幻影"Ⅲ EA 战斗机的护航下首次执行作战任务，其中一架 A-4 攻击机投掷的炸弹险些击中斯坦利港附近的一艘己方船只。在此之后，阿根廷第 4 战斗机集群与第5战斗机集群（外加护航飞机）共同执行的另一项任务也因未能发现目标而宣告失败。结合5月1日的战况（两架负责护航的"幻影"战斗机被"海鸥"战斗机击落）和"黑鹿"突袭行动来看，"幻影"战斗机在福克兰群岛上空受到了压制，难以继续展开行动。

为了躲避英军舰炮的攻击，阿根廷军方将直升机疏散至各机场，仅在一些特殊情况下出动直升机。5月3日至4日，英军用舰炮重创了一架"空中货车"运输机和一架"美洲豹"直升机，但一架"海鸥"战斗机在进攻鹅绿机场时被阿根廷的防空火炮击落。5月4日，阿根廷取得了重大战果：两架"超军旗"攻击机发射的"飞鱼"（Exocet）反舰导弹，击沉了英军皇家海军的"谢菲尔德"（HMS Sheffield）号驱逐舰。当天，英国的两架"海鸥"战斗机因遭遇恶劣天气而在中空（真高1000—7000米的飞行高度）相撞。不过，阿根廷军队也在执行反潜任务时损失了一架M.B.339教练机。几天后，英国方面宣称，"考文垂"（HMS Coventry）号驱逐舰在5月9日发射了一枚"海标枪"导弹，再次击落一架"美洲豹"直升机。

道格拉斯公司（Douglas）A—4B"天鹰"
阿根廷空军，第5战斗机集群（位于里奥格兰德机场）
为袭击英国特遣舰队，阿根廷空军派出了两个A—4攻击单位，海军则派出了一个A—4攻击单位。阿根廷空军共出动A—4系列攻击机289架次（第4战斗机集群出动106架次，第5战斗机集群出动149架次，海军出动34架次），击毁敌方战舰4艘、登陆艇一艘，并重创了敌方4艘战舰。为此，阿根廷损失了22架A—4系列攻击机。

规格

机组成员：1人
动力设备：1台普拉特·惠特尼J52-P-408涡轮喷气发动机（推力为49.8千牛）
最高速度：1110千米/时
航程：4345千米
实用升限：10515米
尺寸：翼展8.47米；机长12.58米；机高4.57米
重量：11113千克
武器：2门20毫米机炮；可外挂2721千克重的炸弹

达索飞机制造公司（Dassault）"超军旗"

1982 年，阿根廷海军，第 2 战斗 / 攻击机中队（2 Escuadrilla de Caza y Ataque，简称 3ECA，位于里奥格兰德机场）

福克兰岛战争期间，阿根廷共购买了 14 架"超军旗"攻击机，但实际上只收到了 5 架——其余飞机可能因法国的武器禁运政策而被禁止交付。第 3 航空兵联队第 2 中队列装了这批"超军旗"战机，该中队被部署在里奥格兰德机场。

规格

机组成员：1 人

动力设备：1 台斯涅克玛"阿塔"8K-50 涡轮喷气发动机（推力为 49 千牛）

最高速度：1180 千米 / 时

航程：850 千米

实用升限：13700 米

尺寸：翼展 9.6 米；机长 14.31 米；机高 3.86 米

重量：12000 千克

武器：2 门 30 毫米机炮；最大有效载荷为 2100 千克，可携带核弹和"飞鱼"反舰导弹

1982 年，阿根廷空军		
机型	**所属作战单位**	**基地**
"堪培拉" B.Mk 62	第 2 轰炸机团	特雷利乌（Trelew）、里奥加耶戈斯机场
"幻影" Ⅲ EA	第 9 战斗机集群	瓦达维亚海军准将城、里奥加耶戈斯机场
"短剑"	第 6 战斗机集群第 2 中队	圣胡利安机场
"短剑"	第 6 战斗机集群第 3 中队	里奥格兰德机场
A-4C	第 4 战斗机集群	圣胡利安机场
A-4B	第 5 战斗机集群	里奥加耶戈斯机场
"普卡拉"（Pucará）	第 3 攻击集群（GA3）	圣克鲁斯（Santa Cruz）、斯坦利港、鹅绿机场、圆石岛机场
波音 -707	第 1 空运团（GTA1）第 2 中队	瓦达维亚海军准将城、埃尔帕洛马（El Palomar）、埃塞萨机场（Ezeiza）
"利尔喷气"（Learjet）	第 1 航空照相集群（GAF1）	瓦达维亚海军准将城、特雷利乌、里奥加耶戈斯机场、里奥格兰德机场（Rio Grande）
C-130E/H、KC-130H	第 1 空运团第 1 中队	瓦达维亚海军准将城
F.27、F.28、"双水獭"、BAC1-11、B737	第 9 空运团	瓦达维亚海军准将城
CH-47C、"贝尔" -212	第 17 战斗机集群	斯坦利港

此后，恶劣的天气导致阿根廷方面损失了两架战机，其中一架撞上了山崖，而另一架则在海上坠毁。有鉴于此，阿根廷的 A-4 攻击机并未在 5 月 12 日前继续发起进攻。5 月 12 日，阿根廷第 5 战斗机集群派八架飞机袭击斯坦利港内的英军船只。虽然阿根廷的飞机采用了低空飞行的战术，但英国方面还是宣称"光辉"号（HMS Brilliant）护卫舰发射的"海狼"防空导弹击落了两架 A-4 攻击机，而另一架 A-4 攻击机也在进行闪避机动时不慎坠海。阿根廷的一架 A-4 攻击机投掷的炸弹命中了英国的"格拉斯哥"（HMS Glasgow）号护卫舰，迫使其退出战斗，但这架战机很快便被敌人的防空火炮击落。总的来说，阿根廷的此轮进攻有效地阻止了英国皇家海军继续实施昼间轰炸。

英国皇家特种空勤团出击

5 月 14—15 日，英国向圆岛机场发起袭击，出动"海王"直升机投送了 45 名英国皇家特种空勤团（British Special Air Service，简称 SAS）的士兵和海军前进观察员，由他们负责引导随后的对岸轰击。英国皇家特种空勤团的士兵，摧毁了圆岛机场内的 11 架阿根廷飞机。5 月 20—21 日，"海王"直升机在投送了更多的英国皇家特种空勤团士兵后，便转为待命状态，随时准备为此次入侵行动空运装备和物资 [如"长剑"（Rapier）地对空导弹]。

在这一阶段的战斗中，原本负责执行防空任务的英国皇家空军"鹞式"战斗机被用来补充"海鹞"舰载机可能出现的战损，并于 5 月 18 日被编入特遣舰队。此后，该战机被部署至"竞技神"号（HMS Hermes）航母上。5 月 20 日，为了配合三艘战舰向西福克兰岛 ① 上的阿根廷油库发动轰击，"鹞式"战斗机开始执行对地攻击任务。

5 月 21 日，特遣舰队发起进攻，在天亮前从福克兰海峡（Falkland Sound）和圣卡洛斯水域（San Carlos Water）展开登陆行动。为了配合登陆行动，英国派"猎迷"预警机负责执行雷达监测任务，派"海王"直升机负责监视阿根廷潜艇的行踪。此外，还有一部分"海王"直升机负责将英国皇家特种空勤团的士兵从"竞技神"号航母

---

① 译者注：东福克兰岛和西福克兰岛，是福克兰群岛的两个主要岛屿。

上运送至作战区域。与此同时，英国皇家特种空勤团还向鹅绿机场发起了佯攻。

英国皇家空军的"鹞式"战斗机牵制住了部署在福克兰基地的阿根廷战机，帮助"海鹞"舰载机取得了制空权。此时，英国皇家特种空勤团的士兵发射的一枚"毒刺"地对空导弹击落了一架阿根廷的"普卡拉"攻击机——这标志着特遣舰队已驶抵战场。

阿根廷派八架"短剑"攻击机攻击英国军舰，其中一架"短剑"被"海狼"（Seawolf）导弹击落。作为报复，阿根廷派出了六架A-4攻击机，不仅瘫痪了英军"阿戈尔"（HMS Argonaut）号战舰的动力系统，还重创了"安特里姆"（HMS Antrim）号驱逐舰。此后，两架从鹅绿机场起飞的"普卡拉"攻击机试图袭击"热情"（HMS Ardent）号护卫舰，但未能成功（其中一架还被"海鹞"舰载机击落）。接下来，阿根廷派八架A-4攻击机发起新一轮攻势，其中两架A-4攻击机中途退出战斗，两架A-4攻击机被"海鹞"舰载机击落。英军的"海鹞"舰载机仅针对阿根廷军舰发起了一次袭击，但未能成功。此后，阿根廷的五架"短剑"攻击机加入了战斗，继续打击"热情"号护卫舰，但其中一架被"海鹞"舰载机击落。紧接着，阿根廷又发起了第三轮攻势——派三架"短剑"攻击机对"光辉"号护卫舰实施低空轰炸，但这些战机很快便在"海鹞"舰载机与"毒刺"导弹的联合攻击下全军覆没。

随后，阿根廷海军的三架A-4攻击机击沉了"热情"号护卫舰（该舰此前就因受到了一架M.B.339教练机的袭击而轻微受损），但代价是两架A-4攻击机被"海鹞"舰载机击落，一架因机身受损而退出战斗。与此同时，英国皇家空军的"鹞式"战斗机不仅为地面部队登陆圣卡洛斯港提供支援，还攻击了肯特山（Mount Kent）附近的阿根廷直升机（摧毁了一架"美洲豹"和一架UH-1）。在此过程中，一架"鹞式"战斗机被"吹管"（Blowpipe）导弹击落。阿根廷军队未能阻止英军登陆，后者很快建立起了滩头阵地。英国方面宣称，仅在登陆首日，"海鹞"舰载机便击落了九架阿根廷飞机。

登陆期间，陆军航空队（Army Air Corps，简称AAC）和英国皇家海军陆战队第三突击旅（Commando Brigade Air Squadron，简称CBAS）发挥了至关重要的作用。为了牵制敌军，英国皇家特种空勤团的"小羚羊"直升机从"特里斯特拉姆爵士"（Sir Tristram）号登陆舰上起飞，发起了首轮进攻。另外两架来自"加拉哈德爵士"（Sir Galahad）号登陆舰的"小羚羊"直升机，则负责保护"长剑"导弹阵地，并使用机炮掩护"海鹞"舰载机卸载从舰船上运来的物资——有一架"小羚羊"直升机在护航期间被轻武器击中。与此同时，圣卡洛斯附近也有一架"小羚羊"直升机被轻武器击中。

1982 年，福克兰岛战争期间的阿根廷海军战机		
机型	所属作战单位	基地
"超军旗"	第 2 战斗 / 攻击机中队	布兰卡港（Bahia Blanca）、里奥格兰德机场
A-4Q	第 3 战斗 / 攻击机中队	"5 月 25 日"号航母、布兰卡港
MB.326GB、MB.339A	第 1 攻击机中队（1EA）	特雷利乌、布兰卡港、里奥格兰德机场、斯坦利港
T-34C-1	第 4 攻击机中队	印第安角（PuntaIndio）、里奥格兰德机场、斯坦利港、圆石岛机场
SP-2H	侦察机中队（EE）	布兰卡港、里奥格兰德机场
"伊莱克特拉"	第 1 运输机中队（ESLM）	里奥格兰德机场
F.28	第 2 运输机中队	里奥格兰德机场
S-2A	反潜机中队（EAS）	"5 月 25 日"号航母、布兰卡港、斯坦利港、里奥格兰德机场
S-61D-4	第 2 直升机中队（2EH）	布兰卡港、"伊利萨尔上将"（Almirante Irizar）号运输船、"5 月 25 日"号航母、里奥格兰德机场
"山猫" HAS.Mk 23、"云雀" Ⅲ型	第 1 直升机中队	各型战舰
"空中货车" "美洲豹"	海岸警卫队（PN）	斯坦利港、圆石岛机场

意大利马基飞机公司（Aermacchi）M.B.339A
1982 年，阿根廷海军，第 1 攻击机中队（位于斯坦利港）

为防守福克兰群岛，阿根廷海军部署了多种型号的先进战机。其中，六架第 1 攻击机中队的 M.B.339 教练机在斯坦利机场驻扎至 1982 年 4 月底。该战机性能优秀，能够承担对地攻击与侦察任务。

规格

机组成员：2 人
动力设备：1 台罗尔斯 - 罗伊斯"蝰蛇"（Viper）MK.632 涡轮喷气发动机（推力为 17.8 千牛）
最高速度：898 千米 / 时
航程：1760 千米
实用升限：14630 米
尺寸：翼展 10.86 米；机长 10.97 米；机高 3.60 米
重量：4400 千克
武器：最大有效载荷为 1800 千克

阿根廷军用飞机制造厂（FMA）"普卡拉"

1982 年，阿根廷空军，第 3 攻击集群（位于斯坦利港）

首批"普卡拉"攻击机（平叛战机）于英国入侵阿根廷首日便抵达了福克兰群岛。截至 4 月底，24 架"普卡拉"攻击机持续从斯坦利机场和鹅绿机场起飞参战 [这两处机场分别被阿根廷人称为"马尔维纳斯空军基地"（BAM Malvinas）和"孔多尔空军基地"（BAM Condor）]。

规格

机组成员：2 人

动力设备：2 台透博梅卡·阿斯塔（Turbomeca Astazou）ⅩⅥ G 涡轮螺旋桨发动机（单台功率为 729 千瓦）

最高速度：500 千米 / 时

航程：3710 千米

实用升限：10000 米

尺寸：翼展 14.5 米；机长 14.25 米；机高 5.36 米

重量：6800 千克

武器：2 门 20 毫米西斯帕诺 - 佐加 HS.804 机炮；4 挺 7.62 毫米 FM M2-20 机枪；最多可挂载 15000 千克重的炸弹或火箭弹

洛克希德公司（Lockheed）SP-2H "海王星"

阿根廷海军，侦察机中队（位于里奥格兰德机场和布兰港基地）

福克兰岛战争期间，阿根廷曾出动两种型号的 SP-2H "海王星"侦察机，其中一架发现了英军皇家海军的"谢菲尔德"号驱逐舰，并将该舰的位置信息传送给了"超军旗"攻击机。此后，"超军旗"攻击机发射"飞鱼"导弹将"谢菲尔德"号击沉。虽然 SP-2H "海王星"侦察机在福克兰岛战争中立下了大功，但日后该系列侦察机却因维修保养问题而始终未能再次起飞。

规格

机组成员：9—11 人

动力设备：2 台赖特"飓风"R3350-32W 星形发动机（单台功率为 2759 千瓦）；2 台西屋 J-34-WE-36 推力涡轮喷气发动机（单台推力为 13.7 千牛）

最高速度：586 千米 / 时

航程：3540 千米

实用升限：6827 米

尺寸：翼展 31.65 米；机长 27.9 米；机高 8.9 米

重量：35240 千克

武器：最大载弹量为 4540 千克，可携带炸弹、水雷或鱼雷

亨德利·佩吉公司（Handley Page）"胜利者" K.Mk 2
英国皇家空军，第 55 中队（位于马勒姆）

英国皇家空军的"胜利者" K.Mk 2 空中加油机队驻扎在马勒姆，共有 23 架飞机，其中 22 架被用于支援福克兰岛战争。除执行空中加油任务外，英国皇家空军还有四架经过特殊改装的"胜利者" K.Mk 2 可承担海上雷达侦察任务——它们曾参与英国为收复南乔治亚岛（South Georgia）而发起的"百草枯"（Operation Paraquat）行动。

规格

机组成员：4 人
动力设备：4 台罗尔斯 - 罗伊斯"康威"（Conway）Mk 201 涡轮风扇发动机（单台推力为 91.6 千牛）
最高速度：1030 千米 / 时
航程：7400 千米
实用升限：18290 米
尺寸：翼展 36.58 米；机长 35.05 米；机高 9.2 米
重量：105687 千克
武器：无

特遣舰队遭遇攻击

当英军开始登陆后，阿根廷的三架"美洲豹"和一架 A.109 直升机在 5 月 21 日被两架"海鹞"战机突袭，除一架"美洲豹"得以幸免之外，其余直升机全部被击毁。不过，一架英国皇家空军的"海鹞"战机也在霍华德港（Port Howard）附近被击落。两天后，阿根廷的 A-4 攻击机机群向停泊在圣卡洛斯水域的英国军舰发起攻击。英国皇家海军的"羚羊"（HMS Antelope）号护卫舰被命中，好在第二枚射入船体的炸弹并没有立刻爆炸。不过，当晚这枚炸弹被拆弹小组不慎引爆，"羚羊"号也因此被炸毁。在本轮进攻中，阿根廷的两架 A-4 攻击机被击毁、一架受损返航，还有一架"短剑"攻击机被"海鹞"战机击落。5 月 24 日，阿根廷再次折损三架"短剑"和一架 A-4 攻击机。为此，阿根廷在次日派 A-4 攻击机袭击了圆岛附近的英国雷达哨戒舰，并以损失两架战机的代价，重创"阔剑"（HMS Broadsword）号驱逐舰，击毁"考文垂"号驱逐舰。同一天，英国的"大西洋运送者"（Atlantic Conveyor）号集装箱船也被"超军旗"攻击机发射的 "飞鱼"反舰导弹击中，船上的六架"威赛克斯"（Wessex）直升机、三架"支奴干"（Chinooks）运输直升机、一架"美洲豹"直升机、多架"海鹞"备用机和一些其他的重要物资被摧毁。

从 5 月 27 日起，阿根廷的 A-4 攻击机转为攻击岛上的英军部队。5 月 28 日，阿根廷试图派七架 UH-1 直升机、两架 A.109 直升机、一架"美洲豹"直升机和一架 CH-47 运输机增援鹅绿机场的守军（该部队是英军登陆后的首个打击目标）。与此同时，来自斯坦利机场的"普卡拉"攻击机也开始向英军发起进攻。阿根廷方面宣称，一架"普卡拉"攻击机击落了一架英国陆军航空队的"侦察兵"（Scout）直升机，但随后前者也因恶劣天气而坠毁。

5 月 28 日，英军向鹅绿机场附近的阿根廷炮兵部队发起袭击，试图迫使该部队投降。不过，由于英军在 5 月 27 日和 30 日遭到了阿根廷地面火力的攻击，英国皇家空军的"鹞式"机队仅剩三架飞机。为此，英国方面又派了两架"鹞式"舰载机前来增援。在进行了空中加油后，这两架战机于 6 月 1 日飞抵"竞技神"号航母。

截至 5 月 30 日，阿根廷已撤走最后一批具备战斗力的 M.B.339 教练机，并将仅剩的"普卡拉"攻击机分散部署在斯坦利城附近。5 月 30 日，阿根廷出动了四架 A-4 和两架"超军旗"攻击机，试图袭击英国皇家海军的"无敌"（Invincible）号航母，但未能成功——两架 A-4 攻击机被地对空导弹击落，另外两架 A-4 攻击机在投掷炸弹时，将"复仇者"（HMS Avenger）号护卫舰误当作"无敌"号，并最终击中了"复仇者"号。

英军在圣卡洛斯港建立滩头阵地后，又开辟了升降带。[①]因此，从 6 月 5 日开始，"鹞式"和"海鹞"战机便能够在硬质地面上起降了。英国皇家空军的"鹞式"战斗机为地面部队的进攻提供了支援，并在战斗期间首次使用了激光制导炸弹。

6 月 8 日，阿根廷的 A-4 攻击机向停泊在普莱森特港（Port Pleasant）的英国军舰发起袭击——"特里斯特拉姆爵士"号严重受损，"加拉哈德爵士"号被摧毁。当五架 A-4 攻击机重创了英国皇家海军后，又有四架 A-4 攻击机试图扩大战果。遗憾的是，其中三架 A-4 攻击机在击沉了一艘英军登陆舰后，被"海鹞"舰载机击落（这也是"海鹞"在本次战役中最后一次击落敌机）。与此同时，A-4 攻击机还袭

---

① 译者注：为保证飞机安全起落而设置的，沿飞行方向延伸且地面障碍物高度受到一定限制的长方形地域空间。

击了位于普莱森特港的英军地面部队和两艘运兵船。为此,英军频繁出动"海王"直升机营救幸存的士兵。

1982 年,福克兰岛战争期间英国皇家空军部署的战机		
机型	所属作战单位	基地
"火神" B.Mk 2	第 44 中队、第 50 中队、第 101 中队	阿森松岛（Ascension）
"鹞式" GR.Mk 3	第 1 中队	阿森松岛、"竞技神"号航母、斯坦利
"鬼怪" FGR.Mk 2	第 29 中队	阿森松岛
"猎迷" R.Mk 1	第 51 中队	阿森松岛、智利
"堪培拉" PR.Mk 9	第 39 中队	蓬塔阿雷纳斯（Punta Arenas）
"大力神" C.Mk 1/3	第 24 中队、第 30 中队、第 47 中队、第 70 中队	阿森松岛、斯坦利
VC10 C.Mk 1	第 10 中队	阿森松岛、斯坦利
"支奴干" HC.Mk 1	第 18 中队	阿森松岛、圣卡洛斯港
"猎迷" MR.Mk 1	第 42 中队	阿森松岛
"猎迷" MR.Mk 2	第 120 中队、第 201 中队、第 206 中队	阿森松岛
"胜利者" K.Mk 2	第 55 中队、第 57 中队	阿森松岛
"海王" HAR.Mk 3	第 202 中队	阿森松岛

最后一次"天鹰"出击

6 月 13 日,阿根廷派八架 A-4 攻击机攻击袭击了位于肯特山与龙丹山的英军阵地,并成功摧毁了数架英军直升机。本次进攻是福克兰岛战争期间的最后一场"天鹰"突袭。

5 月 28 日至 31 日,阿根廷派一架"双水獭"（Twin Otter）水上飞机和两架"海王"直升机撤走了圆石岛的驻军。与此同时,阿根廷的最后一架"美洲豹"直升机也被友军击落。整个撤军期间,UH-1 直升机一直在负责将伤员从斯坦利城撤出,而 CH-47 运输机从 6 月 9 日起便不再执行撤军任务。至于执行夜间飞行任务的 C-130 运输机,则一直工作至 6 月 13 日（在此期间,其得到了阿根廷海军的"伊莱克特拉"与 F.27 运输机的支援）。

在英军进攻斯坦利港期间,直升机再次证明了其价值。例如,"侦察兵"直升机可在部队进行巡逻时提供支援;"海王"与"威赛克斯"直升机参与了进攻斯坦利港的行动（负责将弹药运送至肯特山）;"小羚羊"直升机可执行侦察任务——在发现阿根廷的部队后,呼叫廓尔喀（Gurkha）雇佣兵支援（英国会使用"海王"直升机将其运送至目标区域）。

阿芙罗飞机公司（Avro）"火神" B.Mk 2

1982 年，英国皇家空军，第 44 中队（位于阿森松岛）

图中这架编号为 XM607 的"火神"轰炸机曾参与"黑鹿 1 号"突袭行动。前两次"黑鹿"突袭行动的目标是轰炸斯坦利港机场。
在此之后，英国为继续破坏该机场，分别于 5 月 31 日和 6 月 3 日发起了"黑鹿 5 号"和"黑鹿 6 号"突袭行动[1]，并使用"百舌鸟"
（Shrike）反雷达导弹袭击机场附近的远程雷达。

规格

机组成员：5 人

动力设备：4 台奥林巴斯 Mk.301 涡轮喷气发动机（单台推力为 88.9 千牛）

最高速度：1038 千米 / 时

航程：7403 千米

实用升限：19810 米

尺寸：翼展 33.83 米；机长 30.45 米；机高 8.28 米

重量：113398 千克

武器：内置弹舱最多可携带 21454 千克重的常规炸弹

霍克·西德利公司（Hawker Siddeley，后更名为英国宇航公司）"海鹞" FRS.Mk 1

1982 年，英国皇家空军，第 809 海航中队（位于福克兰群岛）

英国皇家海军为增援第 800 和第 801 海航中队，从训练单位处和库存中调拨飞机，组建了第 809 海航中队。该中队的 28 架"海鹞"
舰载机共出动了 2370 架次，在空战中击毁 21 架敌机，并击毁了六架停放在地面上的敌机（三架直升机和三架"普卡拉"攻击机）。
据英方宣称，图中这架编号为 ZA177 的"海鹞"舰载机，曾击毁了两架"幻影"战斗机。

规格

机组成员：1 人

动力设备：1 台罗尔斯 - 罗伊斯"飞马"推力矢量涡扇发动机（推力为 95.6 千牛）

最高速度：1110 千米 / 时

航程：740 千米

实用升限：15545 米

尺寸：翼展 7.7 米；机长 14.5 米；机高 3.71 米

武器：2 门 30 毫米机炮；可携带 AIM-9"响尾蛇"导弹或马特拉"魔术"（Matra Magic）空对空导弹、两枚"鱼
叉"（Harpoon）或"海鹰"（Sea Eagle）反舰导弹；最大载弹量为 3629 千克

---

① 译者注："黑鹿 3 号"突袭行动因天气原因被取消，"黑鹿 4 号"突袭行动因"胜利者"加油机故障而被取消。

1982 年，福克兰岛战争期间英国海军航空兵部署的战机		
机型	所属作战单位	基地（或所属战斗群）
"海鹞" FRS.Mk 1	第 800 海航中队	"竞技神"号航母、圣卡洛斯港、斯坦利
"海鹞" FRS.Mk 1	第 801 海航中队	"无敌"号航母、圣卡洛斯港、斯坦利
"海鹞" FRS.Mk 1	第 809 海航中队	"竞技神"号航母、"无敌"号航母、"卓越"（Illustrious）号航母
"海鹞" HAS.Mk 5	第 820 海航中队	"无敌"号航母、阿森松岛、斯坦利
"海鹞" HAS.Mk 2	第 824 海航中队	英国皇家海军辅助舰队"奥尔米达"（Olmeda）号油轮、圣卡洛斯港、英国皇家海军辅助舰队"格兰杰堡"（Fort Grange）号军需弹药补给船
"海鹞" HAS.Mk 2	第 825 海航中队	"伊丽莎白女王二世"（Queen Elizabeth 2）号邮轮[1]、"大西洋堤道"（Atlantic Causeway）号集装箱船[2]、圣卡洛斯港
"海鹞" HAS.Mk 5	第 826 海航中队	"竞技神"号航母、圣卡洛斯港
"海王" HC.Mk 4	第 846 海航中队	"竞技神"号航母、"无畏"（Fearless）号两栖攻击舰、"无惧"（Intrepid）号两栖攻击舰、"堪培拉"（Canberra）号邮轮[3]、"埃尔克"（Elk）滚装船、"诺兰"（Norland）北海渡轮、各类岛屿基地
"威赛克斯" HAS.Mk 3	第 737 海航中队	"安特里姆"号驱逐舰、"格拉摩根"（Glamorgan）号驱逐舰
"威赛克斯" HU.Mk 5	第 845 海航中队	"资源"（Resources）号军需弹药补给船、斯坦利、"奥斯汀堡"（Fort Austin）号后勤补给舰、圣卡洛斯港、"潮汐泉"（Tidespring）号舰队补给油船、阿森松岛、"潮汐池"（Tidepool）号舰队补给油船、各类岛屿基地
"威赛克斯" HU.Mk 5	第 847 海航中队	英国皇家海军辅助舰队"恩加丹"（Engandine）号直升机支援船、"大西洋堤道"号集装箱船、圣卡洛斯港、各类岛屿基地
"威赛克斯" HU.Mk 5	第 848 海航中队	"坚韧"（Endurance）号破冰船、英国皇家海军辅助舰队"摄政王"（Regent）号军需弹药补给船、英国皇家海军辅助舰队"奥尔纳"（Olna）号舰队补给油船、"奥斯汀堡"号后勤补给舰、"奥尔温"（Olwen）号舰队补给油船、"大西洋运送者"号集装箱船、"天文学家"（Astronomer）号集装箱船、圣卡洛斯港
"山猫" HAS.Mk 2	第 815 海航中队	各型军舰
"黄蜂"（Wasp）HAS.Mk 1	第 829 海航中队	各型军舰

值得一提的是，英国的"侦察兵"直升机还曾使用 AS.11 导弹袭击了阿根廷的阵地，并在 12—13 日的激烈交战中协助地面部队俘获了敌军士兵。尤其是在最后四小时的战斗中，"侦察兵"直升机发挥了重要作用，不仅消灭了阿根廷的炮兵部队，还负责将伤员撤出塔布唐山（Tumbledown Mountain）。当"大西洋运送者"

---

① 译者注：福克兰战争爆发后，该邮轮被征用为运兵船。
② 译者注：该船被改装为了直升机支援平台，拥有舰艇机库与航空燃油补给系统。
③ 译者注：被征用为运兵船。

（Atlantic Conveyor）号集装箱船被击毁后，英军可用的运输力量仅剩一架"支奴干"直升机。于是，这架飞机承担了将船上的补给运送上岸的任务，开始频繁地运送弹药。此外，"支奴干"直升机还要负责运送士兵，有一次甚至运送了81名士兵（达到了正常载荷的两倍）。

6月10日至13日，阿根廷派"普卡拉"攻击机发起了数次袭击。然而，阿根廷守军最终还是被英军击溃。6月14日，阿根廷宣告投降。

美国的警察行动，1954—1989年

冷战期间，美国对拉丁美洲诸政权持强硬态度，并采用了各种公开或秘密的手段。

根据多米诺骨牌理论，如果一个国家倒向了敌对阵营，那么其他国家便很快会发生剧变。因此，美国在1954年介入了于危地马拉（Guatemala）进行的军事行动，并推翻了当地的左翼政府。虽然美国没有公然在危地马拉部署空中力量，但是中央情报局仍然秘密派遣尼加拉瓜基地的B-26轰炸机来对付危地马拉政府军。此外，一支经中央情报局训练的叛军也从洪都拉斯（Honduras）入侵了危地马拉（由美国派尼加拉瓜基地的B-26、F-47、F-51和C-47战机提供支援）。在美国看来，此次行动达成了预定目标——推翻了危地马拉的左翼政府。此后，一直到20世纪80年代，美国仍在持续干涉危地马拉境内的军事活动，支持反游击作战并提供各种武器装备（如UH-1、军用版"贝尔"-212和"贝尔"-214直升机）。

1961年，美军镇压了尼加拉瓜境内的起义活动。1965年，美国派兵进驻加勒比海域——参与此次行动的"拳师"（Boxer）号航母，搭载了美国海军陆战队的H-34直升机与UH-1直升机（这两种直升机分别负责执行海军陆战队机降登岛任务和撤离美国侨民）。

干涉格林纳达（Grenada）

20世纪80年代初，随着美苏关系的进一步恶化，美国再次被卷入了拉丁美洲地区的纷争。1983年，美国出兵格林纳达，发起"紧急暴怒"行动，意图撤离美国侨民、消灭当地的军队和平息因格林纳达政变而引发的动乱。行动开始后，

美国派 SR-71 间谍飞机进行侦察，使用 C-130E 和 C-130H 运输机执行伞降任务，并部署 C-141 和 C-5A 运输机运送补给。与此同时，搭载了海军陆战队员的 CH-46E 和 CH-53D 直升机也从"关岛"（Guam）号两栖作战舰上起飞，在 AH-1T 武装直升机的护航下实施机降突击——负责提供空中支援的是 AC-130H 重型对地攻击机和"独立"（USS Independence）号航母上的舰载机。此外，美国陆军的 UH-60A 直升机也在此次行动中首次亮相。经过八天的战斗，美国达成了此次行动的既定目标。

"贝尔"飞机公司（Bell）AH-1T"海眼镜蛇"
美国海军陆战队

在美国出兵格林纳达期间，美国海军陆战队的运输直升机在 AH-1T 武装直升机的掩护下，将作战人员从"关岛"号两栖作战舰上运送至目标区域。在弗雷德里克要塞（Fort Frederick）战斗期间，两架 AH-1T 武装直升机被击落。除 AH-1T 武装直升机外，美国海军陆战队常使用的直升机还有 UH-1N——主要负责执行战场指挥与控制任务。

规格

机组成员：2 人
动力设备：1 台"莱康明"T53-L-13 涡轮轴发动机（功率为 820 千瓦）
最高速度：352 千米 / 时
航程：574 千米
实用升限：3475 米
尺寸：旋翼直径 13.4 米；机长 13.4 米；机高 4.1 米
重量：4500 千克
武器：2 挺 7.62 毫米机枪；70 毫米口径航空火箭弹；7.62 毫米 M18 速射机枪吊舱

在 20 世纪 80 年代初的尼加拉瓜与萨尔瓦多（El Salvador）的内战中，美国的行动更为隐秘。在尼加拉瓜，美国通过中央情报局支持由流亡的右翼分子组成的游击组织康特拉（Contra），反对左翼桑迪诺解放阵线（Sandinista）执政。在萨尔瓦多，美国选择支持政府军作战。

1969 年，萨尔瓦多在与洪都拉斯的短暂交战中取得了胜利。战争期间，双方上演了"世界空战史上的最后一次活塞战斗机的近距离缠斗"。到了 1980 年，萨尔瓦多爆发内战，不断有反政府人士被军政府暗杀小组（death squads）的杀害。美国再次介入其中，不仅提供了 UH-1H 直升机，还派遣了军事顾问和训练当地士兵。反游击作战期间，萨尔瓦多空军（Salvadorean AF）在执行对地支援任务时，美国也会派 C-47 运输机和各种直升机来投送部队。1982 年 1 月，当地游击队袭击了伊洛潘戈（Ilopango）[①]机场，摧毁了多架萨尔瓦多空军的飞机。事后，美国再次向萨尔瓦多空军提供了 C-123 运输机、O-2A 观察机、A-37B 攻击机和各种直升机。此外，随着战争进程的推进，萨尔瓦多空军还大量使用了改装后的 C-47炮艇机。1984 年，萨尔瓦多新总统当选后，该国的内战开始降级为小规模冲突，并一直持续至冷战结束。

西科斯基直升机公司（*Sikorsky*）CH-53D "海上种马"（*Sea Stallion*）
一架美国在入侵格林纳达期间使用的 CH-53D 直升机（隶属美国海军陆战队）。在这张照片的左下方，有一门来自古巴的苏制 ZSU-23 高射炮。格林纳达战争期间，CH-53D 直升机从"关岛"号两栖作战舰上起飞参战。

---

① 译者注：原文为 Ilopango，经查证，应为位于萨尔瓦多中南部的伊洛潘戈。

洛克希德公司（Lockheed）C—130E"大力神"

1989年，美国入侵巴拿马，发起"正义事业"行动（Operation Just Cause），并出动美国空军的 C—130、C—5 和 C—141 运输机投送了首批作战部队。照片中的这架运输机，是美国在此次作战行动末期使用的一架 C—130E 运输机，该机隶属第 934 军事空运联队。

1981 年，美国试图推翻尼加拉瓜的桑迪诺政权，开始支持康特拉游击组织（该组织由右翼流亡分子组成）及雇佣军同尼加拉瓜政府军（装备有由苏联提供的米 -8 和米 -24 直升机）展开对抗。为了阻止康特拉游击组织渗透进国内，萨尔瓦多空军出动了 A-37B 攻击机。与此同时，中央情报局也在萨尔瓦多境内设立了空军基地，不仅部署了 O-2A 观察机，还部署了供尼加拉瓜流亡飞行员执行秘密任务使用的其他飞机。洪都拉斯空军（Honduran AF）同样积极支持康特拉游击组织。尼加拉瓜内战一直持续至 1990 年（桑迪诺政权在大选中失势）。

冷战即将结束之际，美国又在拉丁美洲介入了一次军事行动。1989 年，美国空军出动 AC-130H 重型对地攻击机、C-141B 运输机、C-5 运输机和 C-130 运输机等飞机，参与了巴拿马战争，并成功推翻了曼努埃尔·诺列加将军（General Manuel Noriega）政权。值得注意的是，美国空军的 F-117A 隐身轰炸机在 1989 年 12 月进行的作战行动中首次参与了战斗。

选边结盟的世界，1950—1989 年

冷战的本质，是美苏两国意识形态的冲突。因此，受两国支持的北约与华约也存在意识形态的对立。

冷战时期的冲突的表现形式，主要是代理人战争。所谓代理人战争，指当各国"选边结盟"后，如一国爆发内战或民族解放运动，美苏两大国便会趁机介入其中。

在欧洲，"铁幕"人为地将欧洲大陆分裂成了两大对抗阵营；在有着"美国后院"之称的南美洲，美国牢牢地把持着当地政局；在非洲与中东，美苏两国一次次插足当地冲突，妄图以此打击对方势力；在东南亚，大量流血冲突的背后，也都隐隐浮现美苏两国的身影。